浙江省新型重点专业智库宁波大学东海战略研究院研究成果

水产品追溯体系的产业链协同机制研究

胡求光　魏昕伊　马劲韬｜著

九州出版社
JIUZHOUPRESS

图书在版编目（CIP）数据

水产品追溯体系的产业链协同机制研究 / 胡求光，魏昕伊，马劲韬著. -- 北京：九州出版社，2022.7

ISBN 978-7-5225-1004-0

Ⅰ.①水… Ⅱ.①胡… ②魏… ③马… Ⅲ.①水产品—质量管理体系—研究—中国②水产品—产业链—研究—中国 Ⅳ.①TS254.7②F326.4

中国版本图书馆 CIP 数据核字（2022）第 104688 号

水产品追溯体系的产业链协同机制研究

作　　者　胡求光　魏昕伊　马劲韬　著
责任编辑　蒋运华
出版发行　九州出版社
地　　址　北京市西城区阜外大街甲 35 号（100037）
发行电话　（010）68992190/3/5/6
网　　址　www.jiuzhoupress.com
印　　刷　唐山才智印刷有限公司
开　　本　710 毫米×1000 毫米　16 开
印　　张　17
字　　数　269 千字
版　　次　2022 年 7 月第 1 版
印　　次　2022 年 7 月第 1 次印刷
书　　号　ISBN 978-7-5225-1004-0
定　　价　95.00 元

前　言

2016年我写过一本名为《农产品质量安全、追溯体系及其实现机制研究》的专著，近几年一直对食品质量安全问题饶有兴趣。由于一直生活在宁波这个海边城市，对海、对水、对水里和海里的动植物怀有特别深厚的感情。水产品是沿海人，尤其是宁波人几乎天天少不了的美味，但是每次去超市购买时，总是有一种“洁癖”似的魔怔，这个鱼来自哪里？那里的水干净如洗还是浑浊如泥？脑海里马上就会闪现出一个个自己见过的养殖场，想起麦德龙的麦咨达，调研过几次的海通公司、獐子岛、国联水产，以及考察日本水产株式会社、冰岛和挪威等国家的水产品追溯体系时的所见所闻所想，这总是让我有一种想要去追查这个水产品来历的冲动。

现实中的兴趣促使我对追溯体系研究的兴趣与日俱增。从2010年申请到第一个教育部项目开始研究农产品追溯体系，当时总是认为“这么多的食品质量安全问题，应该都是政府监管不力所致”，但是随着研究的深入，我竟发现，中国这样千家万户家庭作坊式的小农作坊式养殖场，就是政府监管再严苛，又怎能做到万无一失呢？由此想到，应该充分发挥社会机制作用，让更多的消费者、媒体和行业协会等介入监管。等我去过了欧洲访学，看过了荷兰和德国的养殖场，对比以后，似乎恍然大悟，是不是我们的关注面太表象化了，只是关注外生性的政府监管问题，可究竟什么才是追溯体系的内生性影响因素呢？是否就得从源头上开始去关注水产品产业链上的每个环节？试想要是有个核心企业，能以契约或交易利益为约束，严格要求关联企业实施追溯体系，通过价格显示机制来激励产业链上的每个环节的利益相关者，还需要每天有人来监管吗？通过产业链的协同可以将原先的外在的监管成本内部化，这样才能真正做到从田间到餐桌的全产业链的可追溯。

基于这点突破，我申请到2014年的国家自科基金面上项目“基于产业链协同的水产品追溯体系运行机理及政策调适研究”（项目编号：71473138），由于兴趣所致，我实地考察调研了许多沿海的养殖场、加工厂以及水产品出口企业，也发放了几百份的问卷，其间在总结刊发的一系列阶段性研究成果的基础上，我提炼总结了成果要报并作为中方代表在2018年上海海洋大学承办的“水产品可持续性价值链：可追溯性”的国际研讨会上作了主旨报告，得到与会专家的认可。本项目提前一年左右就完成了。

本著作是国家自科基金面上项目“基于产业链协同的水产品追溯体系运行机理及政策调适研究”研究成果的基础上修改完善而成，主要围绕着产业链协同是否对水产品追溯体系产生影响，怎么影响，影响程度以及通过什么路径来产生影响而展开。全书七个章节在以下几个方面作了一些尝试性的创新工作：第一，整合现有水产品追溯体系与产业组织关系的理论，结合中国水产品追溯体系实施及其水产品产业组织成长的现实，基于产业链视角和协同理论，构建追溯体系与产业组织协同机理理论。第二，探究和界定中国水产品追溯体系运行和产业组织协同关系的作用因子；构建测度追溯体系与产业组织协同度模型，检验和实证影响追溯体系实施绩效的产业组织协同度、产业组织属性之间的相关关系。第三，从产业链视角，在理论分析、实证分析、案例分析基础上，提出完善中国水产品追溯体系与产业组织协同发展的政策建议。

诚挚希望能在对农产品追溯体系的政府监管、消费者激励等外生性因素研究的基础上有所突破，从中发现内生性的产业链的协同因素对水产品追溯体系产生的作用，进一步佐证“安全的食品是生产出来的，不是靠监管出来的”。政府对食品质量安全的监管责无旁贷，但能不能保障所有的食品都是安全的，关键在于产业链上的每个相关生产经营者。

“人生不易，成事更难。”这是千千万万的人生写照，正是这些困惑让我们找到了对于水产品质量安全追溯体系问题研究的新的切入点。人文社科领域的创新，哪怕是一点点不起眼的创新，也需要高度集中精力和时间，更需要非凡而丰富的知识技巧去建模，看似显而易见的现象源于对现实问题如同解剖麻雀似的研究与思考。

期待以此书与各位共勉。

目 录
CONTENTS

第一章

绪　论

中国作为全球最重要的持续发展的新兴经济体，现代农业产业体系的不断形成和升级是其标志性特征之一。当前，中国水产业正处于从自给型向商品化、社会化、产业化和国际化快速发展的拐点区间，在这拐点之际，中国水产品生产产值以及水产品的出口量目前位居全球水产品生产与出口量的首位，出口农产品中，水产品位居第一。水产品质量安全问题已成为关系国计民生的重大问题，当今人们对水产品的消费需求一改以往单纯追求归一化的实物比重，转型升级成内涵实物价值、注重品牌口碑、保障质量安全可追溯的价值需求。为满足这种顾客价值导向的需求以保障水产品质量安全，中国建立了世界上第一套电子信息化食品安全监控体系（FSCS）（孙波，2012）以及专门针对水产品出口的HACCP体系，并在浙江等地建立了水产品可追溯平台，成立了诸多质量安全监管组织和部门，但水产品质量安全问题仍时有发生。

从产业动力机制视角看，政府管制和消费者监督是外生机制，根本原因在于其产业组织缺乏内生的、驱动追溯体系运行并协调产业组织升级演进的动力机制。目前，中国水产品产业组织仍存在传统旧有的生产方式，小农生产规模小且分散，产业链上呈现冗余的层次结构，环节多且层次复杂，在生产、经营、流通、消费等方面还处于粗放式的结构模式，未形成一体化的纵向模式。产业链条上的各利益主体之间的市场交易也存在零散化、粗放式、随机性的特点，这种方式与可追溯体系的运行需要在技术经济上一体化和规模化的基本要求相冲突。此外，产业组织零散化加剧了产业组织之间的信息不对称、市场失灵现象，引致了水产品产业经营主体的“偷懒”“公地悲剧”等机会主义行为。水产品追溯体系作为一种特殊的技术和制度化的专用性资产投入，如果产业链治理缺乏合理的租金分享和价值补偿机制，必然导致水产品追溯体系在实施中缺乏组织内生的激励动力和约束机制。因此，水产品产业组织形态的松散与水产品追溯制度虚化缺陷的双重叠加，是导致中国水产品质量安全问题频发的根本原因。

水产品生产、加工、经营、流通和消费的方式决定了水产品追溯体系的重要地位，水产品追溯体系在保障全产业链流畅性、一致性等方面界定了质量标准与要求，对稳定产业组织选择及其演化所面临的供需双边关系具有重要意义。从产业链视角看，水产品产业组织需要通过产业组织结构、组织方式以及组织治理结构形成一定的制度契约来约束和激励成员行为，进而促进组织内部能够建立稳定的合作关系与产业协同机制，以此实现产业链的最优配置并达到帕累托最优的目的，最终实现产业组织内部的高效率运作。此外，对于优化水产品产业组织的选择和变革，还需要考虑政府对于水产品追溯体系和产业组织管制的互补性制度安排。

本著作从中国水产品追溯体系实施与产业组织的实际出发，遵循理论与实证研究相结合的思路，按照“文献综述—背景与现实—理论基础与机制解析—关系检验与绩效分析—案例分析与经验启示—争议与重构—路径与保障”这一逻辑框架，从理论上分析水产品追溯体系与产业结构演化协同机理，运用一系列的实证分析方法，对当前我国水产品追溯体系实施成效及其与产业组织系统绩效进行检验分析，借助案例分析进行对比，并在此基础上提出优化产业组织以保障追溯体系有效实施的政策建议。

第一节　研究动因

一、保障民生的基本要求

“民以食为天、食以安为先”，食品安全无小事。安全性是全世界食品行业极其重视与关注的问题，联合国粮食和农业组织每年都会对水产品质量安全方面进行数据统计与报告总结。根据陆海两域供给的人类食物比重来看，海洋为人类提供了10%的食物供给量。在陆域资源开拓有限与经济发展不断进步的双重作用下，开辟海洋生物资源与合力开发利用海域空间已经成为维持人类经济发展与满足当下发展需求的必然趋势。中国作为一个耕地资源有限、农业资源日趋紧张而海洋渔业资源丰富的人口需求量大的国家，解决水产品供给与食品安全问题具有特殊且重要的意义，同时对于水产品产业发展的研讨更具延伸性的意义。

作为农产品中重要组成部分的水产品，早在2001年年初，联合国营养组织就将它列为21新世纪人类获取动物蛋白质的最佳来源，水产品给世界人民的饮食和营养需求提供了非常重要的保障。随着人们对于水产品的认知渐渐深入，世界水产品的产量和消费量也在逐步增加。联合国粮食及农业组织发布的《2020年世界渔业和水产养殖状况》报告指出，到2030年世界水产养殖产量预计将达到1.09亿吨，这个数据相较2018年水产养殖的产量增长了32%（2600万吨），并且捕捞渔业和水产养殖的总体产量预估达到2.09亿吨。与之相对应的是全球水产品消费量的暴增，欧盟委员会联合研究中心（JRC）的数据显示，2018年世界水产品总体消费量达到1.54亿吨，是过去的50年的两倍多。现代化的渔业生产在世界农业生产中的地位越来越高，保障水产品质量安全已经成为全球各个国家的迫切议题。

水产业作为农业产业之一，不但是发展大农业的重要产业之一，也是国家政策重点扶持的产业，在农业经济发展和国家粮食安全方面占有举足轻重的地位。中国是水产品生产大国。根据《2020年中国渔业统计年鉴》，2019年的中国水产品总产量是6480.36万吨，占世界总产量的40%以上，自1998年以来已经连续二十多年水产品产量位居世界第一位，同时中国也是水产品消费大国。自改革开放以来，中国居民的生活水平显著提高，随着人均收入水平的提高，人们对食品质量和食品结构的客观需求也发生了变化。水产品作为优质动物蛋白质的重要来源，其丰富的营养成分日益受到居民的关注和重视，中国水产品的人均消费量相当于牛肉、羊肉和禽类的总和，大约为每年11.4千克，占中国城乡居民整体动物类蛋白质摄入总量的16%，并且仍然呈现出上涨的趋势。不论是水产品的生产还是消费总量，抑或是水产品的出口，中国都占据重要的大国地位，中国的水产品出口量自2002年以来一直位居世界首位，在世界水产品贸易总额中大约占10%。2019年年底，中国水产品进出口总量1053.32万吨，进出口总额达到393.59亿美元，同比分别增加10.28%和5.42%，连续第18年成为世界上最大的水产品出口国。

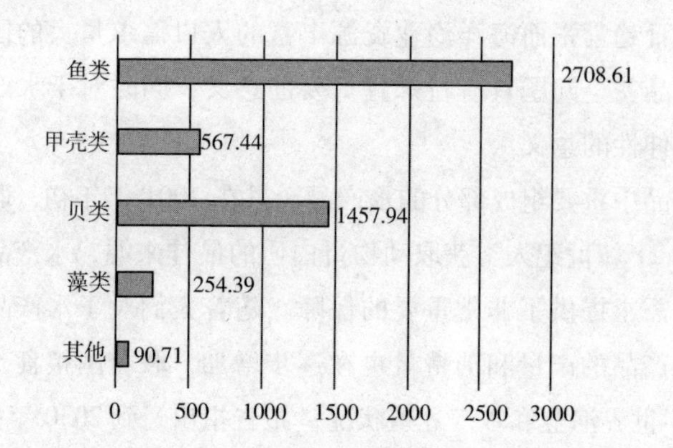

图 1-1　2019 年我国水产养殖各类水产品产量（万吨）

资料来源：《中国渔业统计年鉴》

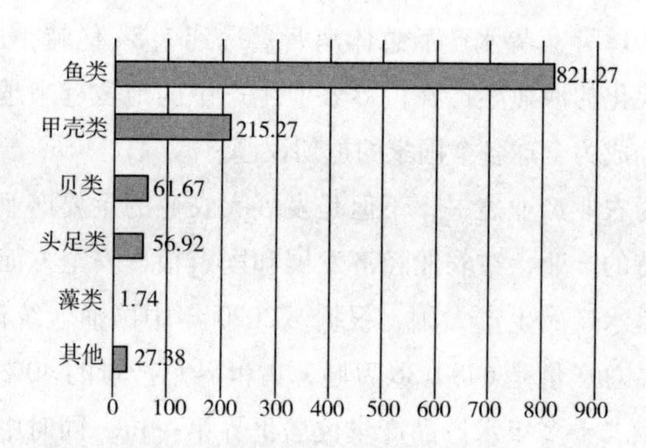

图 1-2　2019 年我国各类水产品捕捞产量（万吨）

资料来源：《中国渔业统计年鉴》

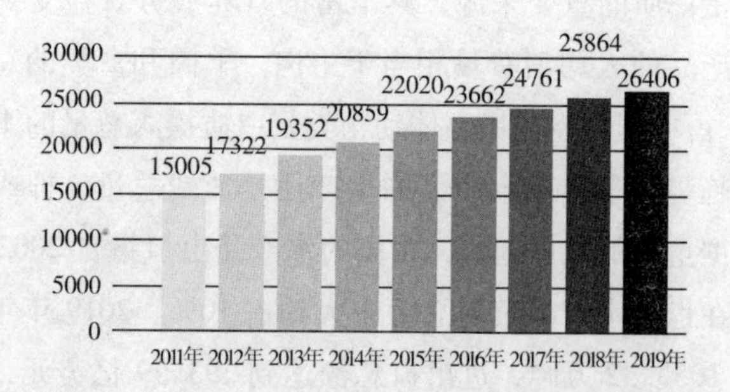

图 1-3　2011—2019 年我国渔业经济总产值走势（亿元）

资料来源：《中国渔业统计年鉴》

中国水产品质量安全问题已成为关系国计民生的重大问题。水产品作为重要的蛋白质来源占据粮食供给的重要地位，水产品的质量安全问题对维护国计民生、满足粮食市场的供给以及维护社会生活的稳定和谐具有重要影响，加之中国在水产品生产、进出口等方面具有关键引领性的国际地位，因此，中国水产品质量安全问题成为当下影响深远的关键话题。新中国成立尤其是改革开放以来，中国水产品行业的发展取得了巨大成就：水产品人均占有量远高于世界平均水平，并充分保证了中国的粮食安全。随着人们生活水平和生活质量的不断提升，十九大提出要实施“水产品安全战略”，因此，水产品追溯体系是否完善对于全民健康和生活品质的提高具有重大影响。

二、实现水产品安全的内在需要

作为水产品生产、消费、出口的大国，中国的水产品在提供优质蛋白质、满足居民营养所需、优化食品结构方面发挥了重要作用。然而随着水产品质量安全问题事件的浮现，水产品安全引起了国内国际的广泛关注。由于水产品自身生长环境特点和水域内易被污染的特质性，水产品的质量安全面临较高的食品安全风险，自身存在安全弱质性的问题；此外，从中国水产品产业分布的特点看，组织结构仍处于初期发展水平，规范化、标准化、流程化尚未形成，而产业分布也呈现出零散化的特点，这不仅增加了对水产品质量安全的监管难度，同时为水产品质量安全风险的发生埋下了隐患。

随着居民生活水平的提高、食品营养供给需求的增加以及健康保健意识的增强，水产品质量安全问题愈来愈受到广大居民群体的关注和重视，不论是普通民众还是地方各级政府，甚至中央层面的政府都开始重视包括水产品在内的各类农产品的质量安全问题。2017 年 10 月，十九大报告中针对食品安全问题作出了长远的战略规划，旨在保障食品从生产到消费、从田地到餐桌全过程的质量安全工作，从预防、管理、控制三方面严格管控食品安全风险，确保居民饮食结构的稳定以及食品质量安全。中央定期召开针对农产品质量安全的相关会议，紧密联系农产品质量安全与优质化实际工作，在切实保障农产品质量安全和农产品优质化事业发展的基础上促进乡村振兴。2021 年，农业农村部农产品质量安全中心公布了 108 项“十三五”时期农产品质量安全营养健康优化领域科研技术创新的重要亮点成果。此前国家相继颁布了相关食品安全与产品追溯的相关政策文件,《国务院办公厅关于加快推进重要产品追溯体系建设的意见》《商务部办公厅、财政部办公厅关于开展供应链体系建设工作的通知》《农药经营许可管理办法》以及《农业部关于加快推进农产品质量安全追溯体系建设的意见》等系列相关产品质量安全追溯体系建设的政策法规的出台和重要讲话都旨在从各个环节保障包括水产品在内的食品的质量安全。为满足消费者日益多元化的需求,确保从"田园到餐桌"的质量安全,自2001年开始,中国水产品领域逐步引入了质量安全追溯体系,颁布了包括《关于加强农产品质量安全全程监管的意见》在内的多条政策法规,成立了诸多产品质量安全监管组织和部门,建立了第一套电子信息化水产品安全监控体系以及专门针对水产品出口的HACCP体系,完成了浙江、广东、山东、上海等地水产品可追溯平台的建立。但在中国水产品追溯网络逐步辐射全国、连接城乡的同时,质量安全问题仍时有发生,诸如嗑药多宝鱼、小龙虾违规养殖、福寿螺等重大水产品质量安全事件,国内消费者和经营者遭受严重损失的同时,也严重影响了中国水产品出口。

优化和创新包括水产品在内的农产品可追溯体系运行机制面临着迫切的实践需要。2017年,中央一号文件《中共中央、国务院关于深入推进农业供给侧结构性改革加快培育农业农村发展新动能的若干意见》中强调,要健全农产品质量和水产品安全监管体制,建立全程可追溯、互联共享的追溯监管综合服务平台。2021年,中央一号文件《中共中央、国务院关于全面推进乡村振兴加快农业农村现代化的意见》以推进绿色发展为导向,强调农产品质量及安全监管的重要目标,推进包括水产品在内的绿色农产品、有机农产品和地理标志农产品的发展。但要落实水产品的质量安全不能仅从事后控制与监管发力,更要注重水产品生产的源头(陈君石,2012),即要做到事前的预先控制,从源头发力并定位水产品质量安全问题的症结点,利用组织化的生产体系思路保障水产品质量安全监管体系的建立与稳定发展,进一步保障水产品质量安全追溯体系所依托的产业链模式协同演进(吴俊等,2017;温铁军,2012;方金,2008)。但就目前中国渔业经营现状中呈现的分散化、小规模化、传统化的产业特点不利于建立产业链协同一体化的水产品质量安全追溯体系,传统旧有的经营模式束缚并制约了当下水产品质量安全追溯体系产业链的发展(胡定寰,2006),而水产品质量安全追溯体系中协同产业链的发展需要整体性、系统性、及时性的上下游链条之间的紧密联系，现有相对分散的产品体系降低了水产品链条上企业之间的有效传递，降低了产业链前端供给生产者对质量安全监督和管理的积极性（方金，2008）。因此，诸多学者认为对水产品质量安全方面的监督和管控做到体系化追踪、标准化监测、产业化发展才能保障水产品质量安全，推动水产品产业链协同与水产品质量安全追溯体系间的相互促进以提高水产品的质量安全（蒋翠红，2016；殷俊峰等，2015；高小玲，2014；张文革，2013）。因此，基于产业链协同理论，将水产品质量安全追溯体系（下文简称为水产品追溯体系）运行从激励和监管的外生因素分析转向产业链协同的内生关系研究，建构水产品追溯体系与产业链协同的关系机理模型，在探讨影响水产品追溯体系运行的产业链组织内生因素、协同关系的基础上，分析产业链协同对于保障水产品质量安全追溯体系具有重要作用。

三、破解当前困境的必然选择

水产品追溯体系在实践领域已被强制实施多年，但在运行中被“表面化”“空心化”，导致效率低下。从产业动力机制视角看，其根本原因是水产品产业链不相协同与水产品追溯制度虚化缺陷的双重叠加：首先，水产品产业链上实施追溯体系具有明显的外部性和准公共品特征，产业链上各节点的机会主义行为导致实施可追溯体系内生的激励补偿缺乏动力机制，制约了追溯体系的运行功效；其次，可追溯体系技术上要求覆盖全产业链，需要水产品商品生产流与质量安全信息流叠加和一体化流动，但是，当前中国水产品产业链模式具有随机性和离散性，数量多、规模小的“公司+渔户”生产模式由于组织委托代理费用高、边界成本高、规模不经济等原因，增加了追溯体系运行成本，导致追溯体系“缺位”和“空洞化”；最后，大量分散的、规模太小的产业链主体之间主要通过市场交易或者弱联系的市场网络进行交易，增大了水产品供应链上的不同利益相关者的可追溯行为选择的随机性和短期性。

在当前水产行业发展背景下，理论上要从产业链协同机理的内部框架切入，改变传统基于外生变量或外部性因素影响的分析思路，从产业链协同视角看，基本能依据发展路径厘清水产品质量安全追溯体系与水产品产业链条之间的影响机理以破解当前水产品质量安全的瓶颈。虽然学界已对水产品供应链、水产品质量安全及其追溯体系进行了大量研究与探讨，然而水产品追溯体系仍然存在追溯实施内生动因难明确、外生因素易混淆的问题，并且利用产业链协同机理促使水产品追溯体系实施以确保其质量安全的有效制度设计目前也没有得到重点关注与支持。

从产业链协同的视角探索水产品质量安全追溯体系并对其构建具有重要的现实意义。第一，为水产品经营者选择产业链组织模式提供借鉴。当前中国农产品追溯体系运行的产业链模式种类繁多，主要分为“农户自主经营一体化”“公司+农户”“公司+合作社+农户”“公司+第三方中介组织+农户”等不同模式。然而在实际运用中由于“越位、缺位和错位”等问题，导致其实施绩效都不甚理想。本书从水产品追溯体系与产业链协同的内在关系机理出发，在探讨影响水产品追溯体系运行的产业链内生因素、协同关系的基础上，分析两者协同的产业链模式，为中国水产经营者选择产业链组织模式提供借鉴。第二，促进水产品追溯体系与产业链协同发展，为政府提出政策框架和对策建议。虽然中国从2006年就已开始试点建设追溯体系，但近年来水产品质量安全问题仍是屡见不鲜，传统追溯性体系模式亟待完善与更新。对此，本书结合中国水产业发展情境，分别从产业链结构、产业链关系以及产业链治理几个方面架构促进水产品追溯体系与产业链协同发展的政策建议。水产品产业组织需要通过产业组织结构、组织方式以及组织治理结构等产业链协同方式形成一定的制度契约来约束和激励成员行为，使之形成长期稳定的合作和协同，确保产业链整体效率以实现帕累托优化，以寻求破解水产品追溯体系实施在实践中的空洞化这一现实困境。

第二节　水产品追溯体系实施及产业链协同研究动态

一、水产品质量安全追溯体系研究

（一）水产品质量安全及其追溯体系实施的必要性研究

水产品是农产品的重要组成部分，水产品具有资产专用性高、经营不确定性和产品易腐性等特性，与一般农产品相比更易出现质量安全问题（陈金玉等，2019），追溯体系的实施也更为重要（聂小林，2019）。以往对水产品追溯体系的研究也更多地被包含在农产品范畴内，因此，对水产品追溯体系研究动态的把握离不开对农产品领域研究成果的参考。

1. 水产品面临的质量安全问题研究

目前学术界主要有以下两种观点。一种是从水产品本身进行分析，大多数学者认为水产品生产和加工环节的不规范是导致出现质量安全问题的关键。水产品之所以会出现质量安全问题，往往是由于其生产过程中存在的药物使用超标、使用添加剂、养殖水域不健康等问题造成的，比如有学者为了监测市场上贝类产品中农药残留是否过量以及水产品中重金属污染状况，进行了相应的抽样调查。因此需要从生产的源头进行治理，通过制定严格科学的养殖生产规定来保障水产品的质量安全（宋菊梅，2015；万克夫，2017；杨宏亮等，2019；黄徽等，2020）。另一种是在生产研究的基础上，从水产品加工环节可能会存在的安全问题进行分析，认为水产品加工是水产业发展的重要环节，但与之对应的管理混乱、法律法规标准不健全以及缺乏相对应监测评估预警机制阻碍了水产品加工的发展，在水产品精深加工方面主要存在创新不足、企业规模较小、综合利用率低等问题，由于水产品品类较多，且大多生产周期较长，因此质量安全控制较为困难，外在表现为水产品质量安全问题的出现（赵海军等，2015；邓尚贵，2017；李婉君，2018）。

2. 水产品追溯体系的影响因素研究

由于水产品单体较小，数量和种类较为庞大，实施追溯体系的难度较大。相比较而言，追溯体系在水产品领域的实施相对滞后，其研究也较为薄弱。大量相关研究主要集中于农产品追溯体系方面，专门针对水产品追溯体系的研究很少。关于农产品追溯体系的研究中，大多是对实施追溯体系影响因素的分析，包括外生性因素和内生性因素。追溯体系实施外生性影响因素的研究主要涉及追溯体系实施中的农户行为（陈丽华等，2016）、消费者对可追溯产品的偏好与支付意愿（吴林海等，2012；徐姝等，2019）、政府对追溯体系实施的监管（傅进、殷志扬，2015）以及追溯体系的信息系统管理等问题。这些研究表明，不同因素对农产品追溯体系产生的作用不同，具体影响的成效也有差异。有学者从这 4 个主体出发，即追溯系统本身、生产者、监管者、消费者，探究其在环境、技术以及组织中的表现，来研究其对于追溯系统的经济效益、治理能力、决策效率以及社会效益的影响（王新平等，2021）。随着对追溯体系认识的深入，相关研究逐渐从对外生性因素的探讨转为对产业组织等内生性因素的探讨。有研究表明，包括水产品在内的农产品质量安全水平与其产业组织模式有着十分紧密的联系（王常伟、顾海英，2013；周洁红，2012；王宏智，2017）。传统小规模、分散化的农业生产家庭组织的机会主义行为容易造成追溯信息失真（赵荣、乔娟，2011），同时也容易引起追溯体系实施中的逆向选择问题，加剧质量安全监管的难度（郑江谋、曾文慧，2011；王二朋、周应恒，2011）。鉴于此，基于产业链协同的视角，推动水产品追溯体系的实施，学者们认为应该加强产业链上各节点企业对追溯体系实施的主动性，因为产业链不同环节行为主体之间的协同以及产业链纵向协作机制，有助于解决追溯体系实施中的信息不对称问题，从而保障水产品质量安全（Fearne，1998；Buhr，2003；温铁军，2012；王华书、韩纪琴，2012；戴天放等，2017；郑鹏、邹丽，2018）。

（二）水产品质量安全追溯体系的理论研究

中国农产品可追溯系统的开发自2004年就已经开始了逐步探索，农产品主要集中在畜禽产品、水产品、茶品以及蔬菜等方面（陆昌华，2004；白云峰，2005；杨信廷，2006；李广明等，2007；吴林海等，2010；韩杨等，2011；赵荣等，2011；周洁红等，2013；董银果、邱荷叶，2014；夏俊等，2015；应瑞瑶等，2016；胡树煜、刘孝刚，2017；张铎，2019；陈杰等，2018；陈璐璐，2019；李建春，2020；陈娉婷，2021）。水产业在“大农业”中作为重要且优质蛋白类的产业代表，承担着保障农产品供应充足以及国家粮食安全的角色，一部分学者主要基于利益相关者、供应链等不同视角的关注并对水产品的质量安全追溯体系展开讨论。

1. 基于利益相关者视角的研究

水产品追溯体系涉及“从养殖到餐桌”整个过程的每一个环节，因此它所涉及的相关利益主体也较为多样化，主要包括生产者、消费者和监管者，各利益相关者行为受不同因素的影响，会产生差异化的选择，并在一定程度上影响追溯体系实施成效。目前，针对利益相关者的研究主要集中在两个方面：一是主体特征研究。水产品追溯体系实施的生产者主要包括养殖户和生产加工企业（胡求光，2016），其中养殖户参与追溯体系的动机大致可以分为五个，分别是取得更高水产养殖收入、利于产品销售、提高产品声誉、得到政府的支持和补贴、尝试新的生产技术（赵荣、乔娟，2011）。而企业作为水产品追溯体系实施中的核心角色，在提高水产品追溯体系落实和激励水产品追溯体系建设方面发挥重要作用（付勇，2019）。从内部动机看，企业通过降低生产成本并增加企业的利润来提高水产品质量安全的稳定性；从外部动机看，企业建立与交易成本之间的关联关系提高水产品质量安全的动机（Holle-rAn，etAl，1999）。另外，消费者作为可追溯水产品的受益者，其对可追溯产品的认知和购买意愿对水产品追溯体系的实施具有重要影响，企业根据消费者传递的各种信息、行为特征等设置市场上的信息节点，一些忍耐度较大的消费者，会对溯源体系的构建起积极影响（刘晓琳等，2015；王一舟等，2013；周维林，2016；刘然、赵林度，2021）。政府作为追溯体系实施的"掌灯人"，不仅可以帮助消费者重拾对产品的消费信心，而且在建立完善的追溯市场中扮演重要角色（吴林海，2014；陈俊科等，2016）。二是影响利益主体行为选择的影响因素分析。其中，影响生产者实施追溯体系的主要因素有个体特征、认知程度、经济因素、外部影响、收本收益预期、地区差异以及政府监管（J. E. Caswell，2000；赵荣，2012；侯熙格，2016；李新，2015；徐芬、陈红华，2020）。而影响消费者的因素主要包括消费者本身的年龄、收入、受教育程度、性别、家中有无未成年人、营销环境以及追溯产品价格等（张蓓等，2014；刘增金等，2016；郑建明等，2016；陈香玉等，2017；王春晓，2021）。

2. 基于供应链视角的研究

水产品供应链发挥着多重价值的作用，既是连接供应端和消费端之间的物流链，又是传递供需补给的信息链，同时还是基本生产要素传递的资金链，更是保障收益的增值链。供应链上的各个企业需要同时同步协调运行，让供应链上的所有企业都能从物流链、信息链、资金链、增值链中获得收益，而这个过程需要水产品供应链上各类链条之间的相互流通（易法敏，2006；张海涛，2008；王瑞梅等，2017）。畅通的供应链端之间的信息互通能有效保障水产品的质量安全，利用数据信息支撑与产品质量安全追溯理论能建立起可追溯的供应管理链条（张海涛等，2008）。追溯体系的建立可以从三个方面影响产品的供应链：首先，基于水产品供应链运作方式的有益调整。追溯体系的核心是供应链内各利益相关者间水产品安全及可追溯信息的共享，通过追溯体系的实施，可以有效解决供应链上企业间的信息不对称问题，降低信息优势方在供应链交易中可能存在的道德风险和逆向选择，从而使责任主体在出现问题时能够明确责任，激励供应链各主体在保障水产品质量安全方面付出更多努力（胡求光，2016；吴天真，2015；陈芳等，2011）。基于 TAR 理论，可追溯平台的信息属性，事前保证食品质量和事后可追溯，是有利于各主体的信息对称（万君，2021）。其次，基于水产品供应链结构优化的可追溯体系的落实。追溯体系中的信息共享机制有助于剔除供应链中不按照统一安全标准生产加工和养殖的生产者，同时吸引优秀企业加盟，从而简化和优化供应链结构（陈融航，2015）。最后，基于水产品供应链管理模式的改进。建立可追溯的水产品供应链管理，利用中介组织的简化、水产品供应链的纵向一体化以及水产品质量安全的标准化和统一化，在链条流通环节提高了效率，同时优化了水产品供应链的管理方式和方法，从而提高了链条的精简性和便捷性（张海涛等，2008）。

（三）水产品追溯体系的实证研究

国内外诸多学者对包括水产品在内的农产品追溯体系均做了诸多的实证研究，研究对象、研究方法以及影响因素等各有不同。

1. 研究方法

国内外研究大多基于 Porbit 模型、比较分析法、博弈分析法和案例分析法等方法展开（Liu S、Ma T，2016；Zhang L，2016；Liu S、Ma T，2015；胡求光、童兰，2012）。

（1）Porbit 模型法

Probit 模型是一种非线性模型，适用于服从正态分布的对象研究。运用 Porbit 模型研究不同家庭对追溯体系和源产地标识等的认知程度（W. Verke & R. W. WArd，2005），有学者以江苏省水稻生产的调查问卷结果切入，分别对农户基本情况、稻米生产过程中的安全问题、对稻米质量安全的认知、优质安全稻米生产过程中的政府规制问题、农户在生产优质安全稻米过程中面临的市场问题等方面进行了设计与分析，进一步将江苏苏南、苏中和苏北三个不同经济区域的农户在优质安全稻米生产中的总体行为特征做了描述性统计分析与实证检验。基于 Logit 模型的定量分析论证了农户在生产安全农产品方面的影响因素，以此针对性地提出了相关的政策建议（杨天和，2006）。郑建明等（2016）学者利用调查问卷数据，对北上广一线城市的消费者展开调查，实证检验结果发现，基于 Probit 模型与 Ordered Probit 模型的检验结果论证的消费者对可追溯水产品消费者支付意愿或表现出的明确的肯定态度能够激励消费者购买可追溯的水产品；并且在家庭需求中更关注水产品质量安全、家庭成员中有年幼孩童等方面时，消费者对可追溯水产品以及为其支付更高价格的购买行为表现出更积极的态度和购买意愿；另外，在中老年群体中，尤其是接受过高等教育背景、生活水平相对较高的群体具有更高的支付意愿来购买可追溯水产品。消费者对于水产品的消费意愿与可追溯信息偏好是相互影响的，因此陈雨生等（2019）基于 Multinational Logit 模型，得出对水产品可追溯信息偏高时其消费意愿也会相对较高，因此要加强以政府为主体的多元的信息监管机制。

（2）比较分析法

比较分析法用于研究不同对象之间的相似性以及差异性，在研究对象之间形成参照物对比，进一步分析异同的研究与判断方法。利用比较分析法不局限于两两对比，可以是两个及以上的事物规律之间异同的研究判断，以此作为一个探求事物普遍规律和寻找特殊规律的常用研究方法。国外学者运用比较分析法研究了消费者对不同追溯体系的水产品的支付意愿差异（D. BAily，2003）。国内有学者比较欧盟、美国和日本的可追溯体系的实践经验后，认为中国应该建立健全相关法律法规体系，充分发挥政府的主导作用和调动企业的积极性，并在此基础上探索适合本国国情的方式（刘华楠、李靖，2009；周真，2013）。还有的学者通过研究中、美两国有关水产品质量安全可追溯性，利用对比研究法以美国水产品质量安全可追溯治理机制为对照，将对应的法律法规、监管部门设置和运行、技术发展和应用、水产品追溯相关标准体系方面纳入研究框架，阐述了当下中国在水产品追溯体系的建设方面仍然存在法律法规不明确、政府监督机构设置分工混乱且权责不明、互联网信息化技术应用较狭窄、建设体系相对较落后等问题（郑建明、郑久华，2016）。国内有学者还把以政府主导的可追溯系统和以企业为主导的可追溯系统进行了对比分析，对这两类追溯体系进行了清晰的阐述，发现极具地方特色、难以模仿（陈红华等，2017）。

（3）博弈分析法

运用博弈论分析发现，政策是影响水产企业实施追溯体系的关键因素之一（J. E. Hoobs，2004）。有国内学者利用 Matlab 模拟计算的方法建立垂直差异化的博弈模型，进一步分析在水产品质量安全可追溯体系的框架内，市场消费者、供应生产者剩余以及社会福利方面会发生什么变化，以及水产品可追溯体系对这种变化的具体影响机制（山丽杰等，2013）。也有学者通过建立企业与农户之间的博弈模型，分析得出在协议流通模式下，从长期交易来看，企业与农户都会按照约定的合作协议保持双方信息的对称性以推进合理的交易行为，从而实现产品追溯体系供应链上的信息流通以保障农产品信息可追溯体系的质量安全（王晓平等，2013）。还有的学者通过建立第三方检测机构与养殖户之间的博弈支付矩阵，认为充分考虑第三方检测机构在水产品供应链上的中介作用能有效提高鲜活水产品的质量安全（张倩云，2014）。基于博弈论模型的定量分析方法依据假设条件设定了淡水养殖生产的不同放养模式，通过模拟不同情境下的放养模式筛选出最优策略（张展等，2016）。运用动态演化博弈理论发现水产品可追溯体系的建设中，政府和企业之间的动态博弈关系受到多种因素的影响，双方分别投入的各类成本、质量安全风险发生率、机会成本等损失、交易违约、超额收益等因素会造成政府和企业在合作意愿选择策略上的概率变化（侯熙格，2016）。基于水产品追溯的多主体视角，有学者构建了以政府部门、生产者、消费者三方为基础的追溯体系演进的博弈模型，旨在研究其对水产品追溯体系的影响（杨煜，2021）。

（4）案例分析法

国外有学者通过案例分析研究法探索了海上餐饮业水产品安全追溯体系（Kevin R. Roberts，2014）。国内有学者利用隐马尔科夫模型（HMM）作为决策意愿的理论模型，结合企业在实际水产品追溯投资行为中的案例展开了分析，发现水产品追溯体系建设过程中的经济收益会驱使生产企业的投资决策行为发生变化，考虑未来企业的收益情况是生产企业投资决策的核心因素（吴林海等，2014）。也有学者通过对贝类产品、条斑紫菜与腌醉泥螺三例水产食品标准问题的对比分析，提出处置“危机”的应对之策（张卫兵等，2009）。还有学者发现由于河北省的水产品消费和生产量都相对较大，为解决水产品质量安全可追溯体系的实施问题，从水产品本身特点、相关部门等角度出发，制定了一系列包括法律法规、优惠制度等方面的措施（张桂春，2021）。

2. 追溯体系的影响因素研究

（1）关键技术对水产品追溯体系的影响

水产品追溯体系的实施绩效在一定程度上取决于其所包含技术的发展水平与成熟程度。国内专家学者主要是对追溯系统的构建、追溯技术、追溯码的编码体系等几个方面进行了探索（陈珏，2015）。国内学者还建立了基于EAN-128条码的流通环节水产养殖产品的质量追溯系统，基于数据支撑下的XML Web服务技术传递产品数据信息，为水产品的个体依次进行了流程式的编码，建立一套用户涉及广、权限范围大、层次分类多的水产品追溯体系（刘学馨等，2008；吉增涛等，2008）。部分学者采用经纬度坐标标记位置码，在产品的追溯码上进行了压缩和加密处理以便于即时利用追溯码实时追溯农产品数据信息，不论农产品的数据信息是否脱离数据库都可以捕捉关键信息，最后据此提出基于地理坐标的农产品追溯编码方案。杨信廷和陈雷雷等（2009）提出了基于RFID技术的水产品追溯系统框架来实现水产品的质量安全追溯。一些学者设计了一种由产品码、产地码、生产日期码、认证类型码共同构成的农产品追溯码，而农产品追溯体系内，每个表示生产企业信息的区位码都有且仅有一个汉字与之对应。利用RFID技术通过Web服务实现了水产品身份识别唯一性的目标，提高了水产品的可追溯性并优化了水产品追溯系统。利用可视化工具并以Google Earth地图为基础底图，通过调用Google Map API设计实现了网络平台展示的农产品快速图形化追溯系统，能够快速进行农产品的可视化查询（余华、吴振华，2011；马莉等，2011；钱建平等，2011）。也有学者利用AES算法提出具有唯一标识的追溯码，从而形成完整的追溯码加密方案以提高农产品追溯码的安全性。采用基于USB Key技术的动态密钥分配方式，探讨出一种适合中国水产品发展情形并且基于行政监管的水产品追溯系统架构方式，通过技术实现同时能够包含一维条码、二维条码的混合追溯标签，继而应用到水产品的追溯编码和识别系统中（李文勇等，2012；孙传恒等，2012）。有学者指出基于图像识别的二维条码能非常便利地追溯猪肉产品的前端信息，消费者可以利用手机客户端的扫描功能获取猪肉产品从养殖、生产、加工到销售等各个环节上的相关信息（冉彦中等，

2013)。还有的学者采用 RESTful Web 服务和 ATOM 数据协议搭建体系架构并根据 QR 二维码和数据聚合的应用技术设计出农产品追溯服务系统的实施方案，满足了差异化客户端对农产品追溯的及时性、便利性、实时性需求（文斌等，2014)。针对当前的水产品追溯体系监测的周期较长及准确性有待提高的问题，有学者提出通过一系列技术创新提高追溯流程的效果（高磊等，2021)。

（2）相关法律法规对水产品追溯体系的影响

中国目前现行的专门针对水产品追溯相关的法律法规尚不完善，在水产品追溯方面的法律法规以及水产品质量安全监管方面的法律法规仍主要聚焦在大农业产品追溯、质量安全管理以及食品安全监督等方面，并且涉及渔业的法律法规中较少出现水产品质量安全追溯体系的规定或内容。然而水产品质量安全追溯体系与相关的监管措施与大农业并不能完全一致，不论是实施措施还是现实需求甚至是相关标准都存在不同之处。首先，水产品及其产业发展自身存在特殊性，一般情况下水产品的生产批量较大、单体小，很难在产品上添加或标记可识别的标签或标志。其次，水产品流通销售相对零散且不方便统一监管。水产品主要是以鲜活散货的方式销售到市场上，其产业生产规模相对较小，销售点多、铺面分散广，在管理方法方式上很难进行统筹规划。最后，由于水产品与普通大农业在各方面上的差异较大，因此水产品质量安全追溯以及安全生产监管方面急需具有针对性、专业性的法律法规。不论是在水产品生产环节还是产品加工标准制定方面，抑或是产品销售进入市场的流通环节都需要纳入相应的法律法规框架内，才能提升水产品质量生产、安全加工、标准化上市整个产业链体系的质量与安全水平，从而切实有效地保障中国水产品追溯体系的优质建设以及合理化、规范化、体系化运行。

（三）水产品追溯体系实施的对策研究

由于目前集中在水产行业的研究较少，所以在对水产品追溯体系对策的研究进行梳理的基础上，主要借鉴整个农产品行业的研究。欧美等发达国家对追溯体系的研究成果涉及水产品（农产品）追溯系统（FTS）的定义、推动力、实施过程的障碍、效益、技术、改进手段、运行信息体系，以及开发完整有效追溯体系链的经济、法律、技术、社会因素等各个方面（Wang X，2017；Durresi M，2016；Clemens R，2015；Hobbs，2014；Zhou H，2010；

Robade & Alfaro, 2006; V. M. Moretti, 2003; Frosch, 2008; Donnelly, 2010), 并以红酒、巧克力和酸奶等为例研究了不同品类可追溯体系的差异性（Regattieri A, 2007; Maurizio Aceto, 2013; Rolando Saltini, 2013）。中国于2006年开始在水产品领域建立追溯体系并试点实施，相关研究主要集中于实践和操作层面，其中，实践层面主要集中于对实施水产品追溯体系的现实意义、基本思路、GSI系统、政府职能定位等方面的探讨（郑建明、林洪等，2016；陈校辉等，2015；黄磊等，2011）；操作层面主要涉及对水产品追溯体系运行的出口应用（郄海拓、李忠诚，2013）、实施路径（宇通，2013）、信息管理（王秋梅，2008）、基于复杂性视角的可追溯平台建设（夏俊等，2015；Bo Yan，2012；王宏智、赵杨，2017）、防伪装置（Chuan-Heng Sun，2014）等诸多问题的研讨；基于FAHP构建可以衡量水产品加工的可追溯体系的有效评估系统（何静等，2018）。另外，也有学者对水产品追溯体系进行国际对比研究（潘澜澜等，2011；王媛等，2012）。

上述研究从实践和操作层面为水产品（农产品）追溯体系的实施厘清了思路和方向，但对于实施过程中存在的诸如水产品追溯体系实施不到位、质量安全无法得到有效保障等问题缺乏探讨（郑建明，2018）。更为具体的研究，可以归纳成以下四个方面：

1. 基于制度构建的视角

实现质量安全追溯的途径主要有行之有效的质量记录，严格按照质量记录的每项要求实录产品质量状况，制定严格的质量记录传递、交接以及保管程序，最后对质量记录采取纠正措施（张雪梅，2000）。国内有学者基于条形码和RFID等技术研究了供应链上的产品追溯过程，通过分析对虾产品从养殖生产、加工包装、库存管理、运输与供应整个链条上的产品追溯过程，完善了对虾产品质量安全的监控和追溯体系（吴晓萍等，2008）。国外学者基于面板标记的方法设计了一个牛肉可追溯系统，这个系统不仅确保了动物产品的质量安全，同时优化了农产品追溯系统的面板标记方法的应用（Filmer等，2008）。国内有学者遵循HACCP原则初步设计了水产品追溯系统总体方案并重点针对水产品供应链的关键风险点和控制点进行了标记，继而建立了水产品追溯体系，同时完善了水产品追溯的中心数据库、核心企业管理系统以及面向消费端的水产品追溯系统（周慧等，2009）。有学者发现针对蔬菜等农产品的质量安全追溯体系的建立要以批发市场为中心，基于市场经济环境下的交易费用、合约经济理论支撑指出利用市场批量销售的模式能有效保障蔬菜的质量安全管理（周洁红等，2011）。基于水产品追溯体系运行的现状，发展不平衡、不持久等问题，在每一个方面针对性地提出制定相应的法律规范来确保各方面工作的顺利进行并加强筛查力度（徐汇宏，2020）。

2. 基于政府监管的视角

国内有学者提出积极推进水产品可追溯体系的建立需要政府从三个方面完善与优化。一是机构的权威性、标准化、独立性，加强监管力度与效力，明确各方责任，职责分明；二是激励手段的实用性、及时性以及多样性，采取补贴、税收优惠等手段以提高企业参与的积极性；三是信息供给渠道的透明性、公正性以及快捷性，提高利益相关者之间的信息对称性（周洁红等，2011；郑鹏、邹丽，2018；曹楠等，2019）。国外学者通过对消费者和追溯体系的相关研究得出，生产者和政策制定者应该一起努力，以增强消费者对于可追溯水产品的认知，从而加快水产品追溯体系的建设（FrAncescA，2014）。

3. 基于消费者监督的视角

有学者提出建设水产品安全可追溯体系要关注并重视消费者监督的角色定位，尤其是农村消费者的维权意识和认知程度有利于增强消费者在水产品质量安全监督方面的助力效果（侯熙格、姜启军，2012）。还有学者提出，第一要加强水产品安全宣传教育，改善社会水产品安全观念；第二要加大水产品安全追溯体系配套技术的支撑作用；第三要优先在大众城市建立水产品安全追溯体系；第四是要提高水产品安全可追溯信息传递的有效性（陈雨生，2014）。有学者指出若食品具有事前的质量保证和事后可追溯体系，消费者就会具有更高的消费意愿，因此加强消费者对于可追溯水产品的完整信息属性，会提高其消费偏好（吴林海等，2018）。

4. 基于龙头企业引领的视角

基于水产品加工企业的追溯体系进行的研究，国外有学者认为一个在各方面都处于较高优势的企业，其可追溯系统的设计和执行需要保持在一个更高的水平，才可实现企业更高层次的发展要求（John，2013）。还有学者采用实地调研的方法，对加纳 74 个水产品加工企业进行了开放和封闭式的调查问卷调研，调研结果表明：通过合适的机构为水产品行业的工作人员进行水产品质量安全的专业培训，同时鼓励学生从高中研读水产品科学和水产品制造技术的优化方案都可改善目前水产品质量安全的局面（PAtricAA. ForiwAA Ab-Abio，2013）。国内有学者基于 FSDN 理念发现，水产品供需流相连接的节点企业之间的完全或不完全合作，可以使利益最大化、节约成本（何静、周培璐，2017）。

二、水产行业产业链协同研究

产业链协同理论自产生以来受到各国学者的广泛关注与探讨，协同理论在产业链领域的延伸与发展不仅丰富了产业链协同的理论研究，也为不同的行业领域带来新的研究热点。整体上可以将产业链协同的研究概括为产业链结构特点、产业链关系以及链条治理这三个方面。

（一）产业链结构

根据主流产业链理论哈佛学派的 SCP 范式可以将产业链结构概括为多个利益主体之间的相互关系，并且通过这种利益关系最终提高了市场反映效率。多个利益主体之间的相互关系是在产业内部的各个企业之间以及企业与顾客、原材料供应商、政府之间形成的，并且每个利益相关者各自的经营行为直接影响和决定产业结构的市场反映与市场绩效。

1. 产业链结构的内涵

产业链结构是针对某一产业的上下游环节包含买卖双方相互关系和关系特征的集合概念。产业链结构内部买卖关系对应的主体之间构成了企业内部或外部企业之间的组织形态，并通过企业与企业之间的行为关系表现出一种包含市场交易、经营合作、资源占用与利益分配的市场关系（田夏，2012）。基于煤炭产业，一些学者对产业纵向结构进行了解释，他们认为产业链纵向结构可以从前向关联和后向关联两个方面去理解。以煤炭产业为例，前向关联产业是以煤炭产业为主导产业时，其向前关联的深加工产业，表现为形成煤炭之前利用煤气化、液化等方式所创造的价值链延伸的关联。后向关联产业是以煤炭产业为主导产业时与其向后关联的产业，包括将煤炭作为供应上游的下游产业、相关物流企业、下游电力企业等（过广华、袁书强，2017）。还有一些学者则认为，随着时代的发展，产业链结构的特征不再单纯地表现为纵向一体或横向一体控制的链状特征，也不再是长而复杂的纵向一体控制的链状结构，而是逐渐发展成以产品价值为核心、以衍生加工产品向外延伸、以品牌树立与服务提质增效实现价值链增值的相互融合促进的新型产业链模式（崔凌霄、刘霞，2017）。当前对于产业链结构的内涵研究，更多的是从全球价值链视角进行分析，基于产业链、资金链、创新链、人才链等角度提高产业链现代化的研究（何军，2020）。

2. 产业链结构的类型

产业链的结构类型是由产业上下游之间的市场行为决定的，主要表现为纵向式的结构特征，市场行为是产业链结构分类的关键影响因素。市场行为在产业链中具体表现为市场内部前向与后向关联的产业之间其产品的特征以及包含的技术要素，根据上下游产业关系以及产品、技术要素的影响可以将产业链结构类型分为纵向与横向两大结构（靳松，2006；郁义鸿，2005）。有学者认为产业链的纽带链接问题可以基于市场供需视角分类，针对企业之间对供给与需求的依赖强度差异可以将产业链分为资源导向型、产品导向型、市场导向型以及需求导向型四种（李心芹等，2004）。在此基础上，部分研究聚焦资源产业链，根据上游产业产品是否具有中间产品属性，对资源产业链进行纵向的类型划分，包括“生产商-零售商-消费主体”、“上游厂商-下游厂商-消费主体”、“厂商 1-消费主体/厂商 1-厂商 2-消费主体”三种类型（过广华、袁书强，2017）。

3. 产业链结构的成因

中国学者从纵向市场中产业间的结构关系分析产业链结构的成因，基于组织形态与结构变化两个维度展开研究。部分学者认为纵向市场即考虑上下游产业之间的结构关联，而产业链组织即产业纵向结构上或其相邻市场间的关联关系（郁义鸿，2005）。纵向市场的结构特征是产业链结构的外在表现，并且市场行为能够对产业结构类型起到决定性的影响。因此根据中间产品这一属性特征作为上游市场产品的分类标准，将产业链中的纵向关联市场所生产产品的情况概括为企业生产最终产品的情况、企业生产中间产品的情况以及企业生产混合产品的情况这三种类型，之后根据这三种典型的产品生产情况进一步阐释了受市场纵向结构中上下游产品之间供需关系的重要影响，纵向市场中产业链之间的环节可能会出现垄断势力（郁义鸿、管锡展，2006）。还有部分学者基于微观经济学市场结构理论的视角将产业链结构分为核心企业构成的产业链结构类型和非核心企业构成的产业链结构类型，而产业链结构的类型主要由核心企业垄断势力的强弱程度决定。卖方市场的形成就是受核心企业较强垄断势力的影响，企业在产业链各个环节中占有较多份额的市场比例；买方市场则表示核心企业具有相对较弱的垄断势力并占据相对较少的市场份额。因此，买卖市场之间的关系将直接影响产业链的结构类型（刘富贵，2006）。

4. 水产行业产业链的结构现状

国内外学者对水产行业产业链结构的研究按生产特性主要分为水产养殖业和捕捞业两大方面，随着产业的发展又可细分为远洋渔业和休闲渔业两个方面。第一，中国水产养殖业的发展特征可归结为水产养殖的时间成本高，养殖设施及技术相对落后，经营模式及养殖理念相对滞后，水产业不同于大农业的特殊性，养殖投资意识薄弱以及产业工业化、规模化程度低等方面（雷霁霖，2006；李建华，2006）。在水产养殖经营现状及规模经济发展方面，水产品产量的变动最主要受到苗种支出和水产养殖技术的影响，同时会受到水产业技术进步和市场价格波动的显著影响，而对水产养殖面积的大小和投入养殖固定资本的多少这两方面的影响关系不显著（周井娟、林坚，2008；徐忠、李艳红，2013；蒋逸民等，2013；李京梅、王磊，2013）。另外，不少学者从产业发展的视角系统性地分析了中国水产养殖业发展的策略，整体上可以归纳为充分发挥主导产业的引领优势、最大化转化并利用养殖业的特色资源、有序且合理地扩大渔业生产规模、重视并给予技术投入的最大空间、顺应市场需求构建现代化渔业体系、完善服务供给提高服务质量、确立切实有效的产业保障策略这七个方面（王淼、潘学峰，2003；赵晟，2007；孙吉婷、赵玉杰，2011；韩立民、张静，2013）。第二，制度要素对水产业的影响力逐渐凸显。有学者利用计量模型检验了早期阶段的“入世”制度尚未对中国水产捕捞业发展产生显著的影响效果，指出捕捞业面临着渔业资源有限、捕捞区域污染严重、生产与作业成本高、捕捞区域受限以及水产品价格市场波动大的问题，而捕捞业中出现的种种问题根本原因在于捕捞管理制度和渔业生物资源物理属性、渔业生物资源经济属性、渔民心理及行为活动之间存在偏差以致不相匹配的结果（王海峰等，2006；綦振奕等，2006 慕永通，2005）。第三，休闲渔业的兴起使水产业的产业结构发生了变化。有部分学者认为休闲渔业作为水产业发展中的一种服务性产业是水产业向第三产业延伸的结果，在中国拥有良好的发展前景。休闲渔业的发展使得水产业的结构得到调整与优化、水产资源得到合理开发与利用以及产品质量得到提高。于是基于问题导向指出中国休闲渔业由于发展初期整体的规划统筹尚不完备，基础设施及休闲服务仍需完善，休闲渔业的发展要尽量减少由于渔业资源分散、渔民小农户经营的传统模式所带来的影响，同时认为在远期规划战略上要采取科学手段，充分利用海岸资源设计并开发垂钓娱乐、沿海旅游、海岸观光等旅游服务项目（高强等，2008；李季芳等，2006；苏昕、王波，2006）。第四，远洋渔业的发展规划。有学者通过对现行政策规定和制度的分析，着重从远洋渔业规划、国际水产行业关系、远洋渔业管理和渔民观念等方面探讨了发展中国远洋水产行业的若干问题（乐美龙，2003）。

（二）产业链关系

1. 产业链关系的内涵

产业链关系是指产业链上各主体之间通过市场交易、策略联盟、合资经营、转包加工、虚拟合作等不同组织形式和连接机制组合在一起形成的具有特定产业形态和独特功能的经营方式（钟真、孔祥智，2012；胡求光、朱安心，2017）。其中，当前针对产业链关系的研究主要集中在对产业链纵向关系的探讨中。有学者从产业链上下游之间的结构关系出发，认为产业间纵向关系除了是一种客观的垂直结构关系之外，还可以从生产流程的视角将其看作为一种投入产出关系（张雷，2007）。产业链中的上下游企业会形成多种纵向关系，其中涉及较多的是纵向一体化和纵向约束（杨蕙馨，2007；Bolton，P.、M. D.，1993）。一方面，产业链上下游企业纵向一体化的研究目前主要集中在影响因素方面的探讨，现有文献大致将其影响因素归为三类，分别是技术因素（Williamson，1971；Rey、Seabright、Tirole，2001）、交易成本（Coase，1937）和市场信息不对称（Perry，1978；Carlton，1979）；另一方面，对纵向关系的考虑主要基于制造商和销售商之间的纵向约束展开，具体表现为价格转售与适度调控（Tirole，1988）、交易独立与分离（Salop、Sheffman，1983）、区域划分与独立（Klein、Murphy，1988）等方面。

2. 产业链关系的主体

在整个水产品追溯体系中，产业主体主要指水产品生产企业，其行为选择对追溯体系的实施存在明显的影响。生产者行为主要包括养殖户和水产企业，国内外对水产行业生产者的行为研究主要集中在其行为动机的影响因素方面。

首先，养殖户行为会受到各种不同因素的影响。第一，利益驱使下的农户行为。利益动机影响着养殖户在生产经营中的行为准则，农户在生产、经营、消费过程中追求的理性经济目标即追求利益最大化（张启明，1997）。第二，外界信息处理与应对能力。受到外部养殖环境和宏观制度的影响，水产养殖过程需要根据实时的外部信息随时调整决策计划、提升应对能力（胡求光，2016）。第三，内部因素影响养殖户的决策与行为。养殖人员的文化水平、养殖劳动力人口数量、水产养殖技能培训以及养殖面积都是影响主体决策与养殖行为的内部因素（郑建明等，2011；张玫等，2016）。第四，外部因素影响养殖户的决策与行为。水产养殖容易受到环境的波动影响，此外，养殖技术的成本与效益、政策环境、需求市场、养殖户间的竞争关系以及宣传推广服务等都是重要的影响因素（王志威、侯博，2014）。第五，信息传递与接收速度。养殖户自身应对内外部环境变化的能力，关键在于接收、处理、应对信息的能力与速度，进一步作出决策，改变养殖户的应对方式（袁晓菁、肖海峰，2010）。

其次，水产企业的行为动机和行为意愿主要受交易成本、市场竞争力以及风险控制这三个方面的影响。水产企业在实施水产品可追溯体系时优先考虑产品交易成本问题，减少交易过程的管理成本，优化供应链管理是首要因素；随后是需求产品在市场竞争环境中的份额，提高产品竞争力；最后是有效地将水产品质量安全问题可能带来的风险损失控制在一定范围，降低风控成本（GolAn，2000；Pettitt，2001；Choices，2003；SouzA Monteiro 等，2004；GolAn 等，2004）。此外，成本与效益问题仍是水产企业在可追溯管理过程中重点考虑的要素与方向，成本与效益问题影响企业实施追溯管理制度的积极性（CAswell 等，1998；MAsten 等，2000）。国内许多学者也对中国水产企业行为的影响因素进行了大量的实证研究。水产企业的质量认可、产品出口等企业特征变量以及外部政策支持、消费者支付意愿等外部环境变量均对水产企业的经营行为产生显著的正向影响，而市场风险则存在明显的负向影响效果（杨秋红等，2009）。在企业实施建立水产品追溯体系方面，水产品质量安全的保障、政府政策的支持与财政优惠补贴、市场竞争与收益水平以及企业承担产品质量安全的社会责任这四个方面是企业实施追溯体系主要考虑的因素（韩阳等，2011）；企业实施产品可追溯体系时的投资意愿会受到内部经济规模、人员储备数量、管理层次水平、政策支持程度和市场预期反馈情况的影响，而实际企业的投资规模与投入水平会根据水产加工业的行业特征、市场销路的外延性、管理能力与水平以及预期投入成本与收益来动态调整投资策略（山丽杰等，2011；胡求光等，2016）。

3. 产业链关系的分类

由于当前研究者的出发点不同，产业链关系的分类各有差异，梳理现有文献研究可以发现，当前对产业链关系的分类主要是从以下两个视角展开的。

一是基于要素的视角对产业链关系进行分类。依据不同产业之间的结构关系与链接方式，将农业产业链的形态归纳为四种分类标准，分别是基于资本要素的农村股份合作经济组织、基于合作契约关系的责任承包体制制度、基于土地要素的社区合作经济组织、基于劳动力要素的专业合作社经济组织（周立群等，2000）。有学者从农业产业间的合作契约模式、互助合作的龙头企业一体化模式和资本带动的一体化模式三个方面总结农业产业化组织模式的类型与特征（张学鹏，2011）。

二是依据主体利益联结方式对产业链关系进行分类。按照不同的利益主体类型可将产业链关系分为龙头企业引领型、合作社等中介组织拉引型、市场机制驱动型和其他市场模型（陈吉元，1996；王凯等，2004；牛若峰，2006）。依据市场机制中不同类型的利益模式分类，有学者指出经济人组织模式、专业合作社模式、契约协作模式以及批发零售市场模式这四种模式有利于产业链条与农村经济之间的协调发展（韩晓翠等，2003），并且进一步指出利益分配是产业链管理的核心内容，依据生产运作流程可将产业链分为以加工企业为核心的主体生产模式和以物流装配企业为核心的分配模式（谭涛，2004）。部分学者基于交易的费用成本、资本专用性特征、交易效果与频率以及不确定性因素这五个方面阐述了以市场交易为主要表现形式的传统产业链和以横向组织合作、纵向一体化为主要表现形式的新型产业链之间共存发展的原因（唐步龙，2009）。还有一部分学者根据产业链之间的紧密程度将产业链分为以市场机制驱动型为主的松散型产业链和以中介合作社牵引、龙头企业带动型的紧密型产业链（王太祥，2011）。

（三）产业链治理

1. 产业链治理的内涵

对产业链治理的研究主要以国内少量文献为主，国外更是鲜有研究。梳理当前国内关于产业链治理的研究可以发现，学者们对产业链内涵的解读有一个演变发展的过程。在研究初期，学者们大多从企业的视角出发对产业链治理进行研究。国内有学者以集团治理视角探讨了企业内部治理过程中针对产业链的治理思路（李维安，2009）。也有学者提炼产业链条中市场环境、生产资源、技术水平、产业协调这四个关键要素，将产业链的治理模式归纳为市场机制主导型、资源生产驱动型、技术引领进步型三种模式（杜龙政等，2010）。还有学者从公司层级治理角度提出构建信息化支撑和数据技术支撑的董事会结构，在层级治理上形成产业链模式的董事会结构框架（汪延明等，2010）。产业链治理内涵的研究不断深入，学者们开始从单纯关注企业主体转向关注产业链的整体结构。因此有学者基于供应链端的经销商视角指出根据契约与关系的权重比例能够将制造业纵向交易的治理模式分为契约性较强型治理、关系性较强型治理、契约与关系并重平衡型治理以及契约与关系俱弱型治理模式（袁静、毛蕴诗，2011）。也有学者指出价值链延伸与增值、产品质量安全与保障、利益共享与分配、产业环境保护与治理以及产业生产安全与保障是产业链治理过程中重要的五个关键方面，并进一步延伸性地探讨了产业链治理的重要内涵与对象范围（张利库、张喜才，2010）。还有学者从产业链结构与治理方式之间的协同关系出发探究了集群式的结构链条和产业治理关系间的协同演进规律（严北战，2011）。也有学者指出农业产业链、价值链和利益链的相互协调发展是确保农产品质量的保证（匡远配、易梦丹，2020）。

产业链治理的内涵、产业链治理中的结构组成和产业链治理的最终目的可以基于多主体、复杂关系以及产业竞争这三个方面详细展开：首先，治理的主体来源不同的层次，由于产业链治理过程中嵌入了主体之间的关系及其活动特征，因此产业链的治理具有动态的持续调试性、行动变化协调性以及战略指导性的特征，继而能够应对外部环境的不确定性；其次，产业链治理依据主体和空间的变换关系主要形成以主体之间互动为主的合作治理、以上下游企业之间活动组织而形成的网络治理和以区域性产业聚集的空间治理三种形式；最后，产业链治理是以促进产业链竞争力提升为导向的产业组织设置、经济活动安排和制度管理。

2. 产业链治理的模式

当前学界对产业链治理模式的分类仍然莫衷一是，学者们基于不同的角度研究产业链治理模式的差异化特征。国外一部分学者将产业链治理模式概括为准等级制治理、等级制治理、市场式治理和网络式治理（Humphrey，2000；Schmitz，2003），而另一部分学者认为模块化治理、领导式治理、等级制治理、市场式治理以及关系式治理是产业链治理的五种类型（Gereffi et. al.，2003）。对比学者们对产业链治理类型的分类，等级制产业链治理和市场化产业链治理是学者们公认的两种产业链治理类型，从治理类型的含义上看，网络式治理类同于模块化、关系式的治理类型，而准等级制治理模式又和领导式治理模式有相通之处（陈然，2011）。基于同类属性要素的提炼，从董事会和经营结构层面分析产业链的治理框架，有学者指出生产资源、产业间协调性、市场化程度、技术水平是产业链治理中的关键要素，根据结构特征与产业模式两个方面将产业链治理结构归纳为市场主导型治理结构、资源驱动型治理结构和技术支撑型治理结构（杜龙正等，2010）。还有学者基于产业链主体视角通过对比国内外生态产业链的发展特征与治理特点，将产业链的治理模式分为市场机制下的企业主导型、政府机制主导型以及利益相关者协同治理型这三种（郭永辉，2014）。有学者在对现有产业链治理内容进行系统整理的基础上，将产业链治理模式总结为三种，分别是链内企业单边治理模式、链外政府单边治理模式和链内链外主体协同治理模式（伍先福、杨永德，2016）。为了提高水产企业的核心竞争力，基于产业链视角，应整合行业内外各资源，产业链各节点协同合作（黄云霞，2021）。基于区块链，有学者指出可运用于农业产业链治理，解决农户与市场等的信息不对称问题，使得农产品交易效率更高以及成本变低（史艺萌、王军，2021）。

3. 产业链治理的绩效

国内外学者对水产行业产业链绩效进行了丰富的研究。但其早期研究始于国外，例如有学者采用西班牙加的斯湾 1998 年和 1999 年的数据，运用多种方法对其技术效率进行了测算和比较分析，认为技术效率值可能由于所采用的研究方法的不同而存在差异，从而最终影响水产行业的产业政策（Juan Jose Garcia del Hoyo，2004）。也有学者从投入产出视角出发构建 SBM 模型评估混合效率，研究指出管理限制过程中存在管理扭曲并表现为混合投入内部的低效率输出结果（Ines Herrero，2006）。还有学者分析了欧盟共同水产行业自发展以来渔船技术效率相对较快的提升趋势，指出技术提升趋势快于渔船捕捞能力的降低速度（Sebastian Villasante，2010）。另外，有学者基于随机前沿模型评估了韩国东海岸刺网捕捞业的平均生产效率仅为 0.59，捕捞业的生产仍处在低效率的发展水平（Do-Hoon Kim，2011）。还有学者研究分析了 1990—2005 年间马来西亚半岛东部和西部海域这两大海区内水产业的生产效率，评估发现通过限制渔船捕捞量以及人工岛礁的建造数量将有助于水产业生产率的提高（Gazi Md. Nurul Islam，2011）。Sepideh Jafarzadeh（2016）以 2003—2012 年挪威渔船的资源利用效率为评估对象，研究表明资源利用效率可以作为一种切实有效的政策工具，设定合理的效率目标能够提高储备利用率同时有利于合理地分配产业资源。与此同时，国内的相关研究起步较晚，其中国内最早将 DEA 方法应用到中国水产业效率的测算与评估体系中，其研究结果指出受制于捕捞渔船固有的量大体小的属性限制，中国传统远洋渔业生产效率普遍偏低（郑奕，2002）。随后，有学者发现内部价格竞争造成的优价攀升、外部资源紧缺和环境恶化是福建海洋捕捞渔业经济效益显著降低的关键（冯森，2003）。刘大海（2008）分析了中国“十五”期间的海洋产业科技进步贡献率，发现其对中国行业发展存在明显作用，同时尚存在较大发展空间。另外，在现有研究基础上，以挪威海洋捕捞渔业管理现状及其产业捕捞效率为研究对象，有学者发现船只数量与捕捞渔民数量会对捕捞效率产生一种负向影响，适度地减船与渔民转产能有效提高渔业捕捞效率（张建华，2012）。李磊（2013）通过对中国沿海 11 个省市近海捕捞效率的测算发现，部分省市捕捞水平相对较弱，渔业的规模经济效益尚不明显。梁盼盼（2014）通过对中国水产经济投入产出绩效的分析发现，中国水产业全要素生产率依然有待提高，同时绩效率处于下行阶段，且存在区域性差异。周薇（2015）深入研究了中国的水产科技效率，结果发现，虽然中国水产技术的创新投入日趋合理，但科技成果的重复低效建设状况却日趋严重，科技成果的转化能力尚待提高。

三、产业链协同对水产品追溯体系的影响研究

通过文献梳理发现，诸多研究成果揭示了包括水产品在内的农产品质量安全水平与其产业链关系有着十分紧密的联系（王常伟、顾海英，2013；Furness. A，2003；郑建明，2012；洪银兴，2009），保障水产品质量安全需要追溯体系所依托的产业链关系协同演进（胡求光、童兰，2014；方金，2008）。以往关于产业链协同对追溯体系影响的文献，大多集中在产业链上各主体对追溯体系的影响方面。

（一）水产企业对于追溯系统能否成功实施有着决定性影响

中小企业希望政府辅助其实施水产品追溯体系，而规模较大的企业考虑自身成本与效益优势更偏好主动且自愿地采取水产品管制措施以实行水产品追溯体系（E. M. TAvernier，2004）。为了保持产品市场竞争力，自愿认证费用来源于企业是有效的，当企业处于垄断地位时，基于一个固定费用的强制认证是必要的（John M. Crespi，2001）。水产品外部市场的负外部性也会激励企业注重产品可追溯体系的实施，具体表现为行业中产品质量安全问题存在的风险性和威胁性越高，政府采取产品追溯措施进行市场控制和管制的力度越强，企业便会因为外部环境监管、风险承担责任、交易成本所带来的影响自主采取产品可追溯体系的防治措施（J. E. Hobbs，2004）。企业实行可追溯性的动机主要有对要承担的法律责任以及产品召回的担忧（EmA MAldonAdo-SimAn，2012）。另外有学者认为，通过对本企业的可追溯系统进行的全面评估，能够提前确定水产品的安全问题，从而采取适当的纠正措施（John，2013）。实现可追溯性的关键因素包括对于追溯立法，确保追溯信息的充分性和正确性，追溯信息识别的标准化以及来自政府对追溯系统的技术支持（BAsem Azmy sAAd Boutros，2014）；但政策规制下的可追溯体系标准可能会超过企业自身能够提供或承担的程度，这种状况下会造成政府和企业之间产生成本差异，一方面政策更接近于社会福利导向，另一方面作为消费者的社会大众会根据自身感知差异和支付意愿差异承担政府和企业间的交易费用差额。有学者通过调查水产企业实施可追溯体系的情况发现，79.2%的水产品生产企业倾向于自主构建追溯体系，而企业自身经济规模、内部职工人数、管理者的特征属性以及实施质量安全认证流程等因素会影响企业采取产

品追溯的决策（吴林海等，2014）。

（二）养殖户对于水产品追溯体系的实施具有重大影响

有研究认为文化水平可以增加养殖户采用渔业技术的可能性；也有研究认为养殖户的年龄会影响其改进水产品质量的行为决策（AzhAr，R. A.，1991；Kimhi，A.，2000）。目前国内对于养殖户的研究主要集中在学历等个体特征、生产条件和环境特征。国内学者基于四川省137个养殖户的调查发现，养殖户个人文化水平、养殖风险感知与预测、市场准入许可、水产品追溯体系建设的认可与意愿程度、可接受的价格波动是影响养殖户采取建立可追溯体系决策的主要因素（王芸等，2012）。然而，分析养殖户参与行为的影响因素除了从单独个体上考虑之外还要根据养殖户的群体关系进一步分析外在的影响因素。也有学者指出养殖户的主观意识与规范认知是影响主体参与水产品追溯体系建设最紧密的因素；养殖户态度与感知行为控制也是影响参与效果的关键因素；而养殖户对外在组织的信任感、归属感则通过影响主观认知、行为态度间接地对参与意愿产生影响（方凯等，2013）。

（三）消费者对水产品追溯体系的实施具有关键影响

消费者对水产品可追溯体系的认知态度和意愿付诸的成本费用影响水产品可追溯体系的建设与发展（A. Bernues 等，2003；J. Roosen 等，2004；M. B. Mc CArthy & S. J. Henson，2004；B. Kissoff 等，2004；J. E. Hobbs 等，2005；Y. E. KAlinovA & I. M. ChernukhA，2005；松田有义，2005；Essam Abdelmawla 等，2020）。学者们在欧盟成员国、日本、美国、俄罗斯、加拿大等各个国家开展水产品可追溯体系建设的市场调查，针对消费者在水产品追溯体系及可追溯水产品认知态度方面做出了定性描述的分析。而定量分析方面，有学者发现较高收入的消费者愿意为可追溯水产品支付更高价格；也有学者发现风险忍耐力越高对安全水产品的支付意愿越低；还有一些学者通过构建Probit模型实证检验出水产品市场中，相较于标识出水产品原产国等方面的信息，消费者关注并更加重视水产品质量安全的认证信息（CAstro，2002；Jennifer Brown & John A. L. CrAnfield，2005；M. L. Loureiro & W. J. Umberger，2007）。有学者基于消费者动机和个性的MetA理论模型得出，拥有开放、认真、外向性格的消费者更关心水产品价值，对追溯标签持有积极的态度，这使得他们更倾向于购买带有可追溯标签的商品（CAng AihwAd 等，

2013)。一些学者的研究结果显示消费者越来越关注产品质量安全，但是他们对追溯性的概念仍然不了解，通过研究发现，国家和地区之间影响消费者对于可追溯性认知的因素是不同的，主要有年龄、教育、收入和对产品安全的关注度（FrAncescA，2014）。此外，国内有学者从消费者偏好视角对不同质量信息的可追溯体系进行了研究。还有学者从消费者行为在可追溯体系中产生的重要影响展开分析，指出识别市场中消费者的特征属性、对水产品质量安全的需求和购买力、付出成本与收益效果以及风险预测与偏好是影响水产品可追溯体系建设的关键因素。也有学者指出消费者的感知易用性也就是健康意识会显著影响消费者对于水产品可追溯体系的接受度（吴林海等，2012；于辉，2006；徐姝等，2019；郭沛楠，2020；徐芬，2020；陈猛，2020）。

四、国内外研究评述

水产品追溯体系及其产业链协同关系的现状为本书提供了研究实践基础，现有文献为本书研究方案设计提供了重要的参考依据。通过整体归纳与对比分析得出如下主要评析：

（一）现有研究发展

水产行业是“大农业”的重要组成部分，在农业经济和国民经济中扮演着越来越重要的角色。随着其研究价值的不断提升，近年来，学者对水产品行业也展开了丰富的研究，在以下方面打下了坚实的基础。

1. 对水产行业的现状进行了全面系统的梳理。一方面，从水产品追溯体系的视角出发，学者对追溯体系的实施现状、发展进程和存在问题等方面进行了比较全面的梳理；另一方面，研究者们也从产业链的视角对水产行业的发展现状进行了分析，厘清了当前中国水产品行业的产业链发展模式，提出了当前发展模式中的不足之处，为将来的发展指明了方向。以上两个方面的梳理将为本研究及该行业的其他研究课题提供重要的参考。

2. 对产业链上各利益主体及其行为选择的影响因素进行了丰富的研究。研究领域覆盖了包括水产养殖企业、水产品加工企业、水产品销售企业、政府和消费者在内的水产品产业链上各主体的行为动机、行为选择影响因素和自身特征等，并对此进行了全面的梳理。这些丰富的研究成果将为后期构建产业链协同与追溯体系协同发展机制提供理论支撑。

3. 搭建了保障水产品追溯体系有效实施的宏观实现机制。从中国水产品质量安全现状入手，全面分析实施水产品追溯体系的必要性、动因及其实施过程中出现的问题。在此基础上，大多数学者以水产品追溯体系相关利益主体行为选择及其影响因素为切入点，对中国水产品质量安全追溯体系的实施绩效进行分析，从企业、市场、消费者和政府四维视角探讨中国水产品追溯体系的宏观实现机制。

（二）研究中存在的不足

根据对文献综述的梳理可得，影响水产品追溯体系实施的因素涉及从饲养到餐桌的全过程，包含养殖、加工及销售环节，这些环节的企业行为不规范、不协调是导致水产品质量问题的重要原因。目前来看，学者们对水产品的研究大多侧重于从加强政府和社会机构监管的角度展开，而从产业链协同的内部展开的研究较少。体现在以下几个方面：

1. 缺乏对追溯体系实施绩效内在影响因素的探讨。水产品产业链、水产品的质量安全及其追溯体系的研究一直为学者们所重视，但现有研究大多关注如何通过政府和市场监管等外部途径确保水产品追溯体系的有效实施和水产品的质量安全，缺乏对水产品追溯体系无法有效实施的内生动因的揭示。基于产业链，通过产业链协同促使水产品追溯体系实施以确保其质量安全的有效制度设计也被忽视。基于产业链视角，深入产业链的内在动因，分析水产品追溯体系实施绩效的适用性研究更是鲜有涉及。

2. 缺乏对水产品追溯体系实施绩效的实证研究。只有清晰地认识中国水产品追溯体系的具体实施现状，才能发现主要困难及影响因素，进而找到适合的途径来促进中国水产品追溯能力和绩效的提高。一方面，目前国内学术界对水产品追溯体系的实施现状和水产品产业链的发展问题等进行了较多研究分析，但对产业链协同与水产品追溯体系协同发展现状的研究极少；另一方面，农产品产业链研究领域的一些模型和分析方法在水产品上是否同样适用需要得到实证支持，从产业链的角度来解释水产品质量安全问题的研究以及将水产品整个产业链进行纵向集成的研究目前还非常欠缺。

3. 缺少产业链协同与水产品追溯体系协同发展内容及其协同机制的研究。目前国内对水产品产业链协同与追溯体系两者协同发展问题的研究，缺乏清晰的界定和系统的认识。对水产品产业链协同与追溯体系协同发展的相关问题及其演进机制进行系统研究与深入剖析，可以明确水产品追溯体系实施过程中各节点企业协调发展的影响因素及相互作用机理，进而促进水产品追溯体系的实施绩效，为保障水产品质量安全提供理论依据。

（三）对本研究的启示

1. 水产品质量安全是消费者的基本需求。研究和实践都证明水产品追溯体系是一个系统性工程，只有对全过程实施可追溯管理才有可能在最终环节实现水产品安全目标；产业链协同作为一种全新的管理模式和手段，通过打破企业间的信息不对称，从而促使链条节点间各主体的紧密合作，进而建立统一的追溯体系标准，有效实现从“田头到餐桌”的全方位监控的质量安全管理。可以说，实施水产品追溯体系是实现水产品安全的有效途径，而产业链协同发展是实现水产品追溯体系高效实施的必然选择。

2. 产业链协同发展既强调整体性，也要充分重视各环节主体的质量安全管理行为。产业链协同强调的是整个水产品产业链上下游在信息互通、平台共建和利益共享等方面做到互通有无、共同发展。在这个系统工程中不但要考虑生产者实施追溯体系和选择协同发展的可能性，同时也要考虑消费者对安全农产品的需求水平，做到产业链上每个消费者在实现自身利益最大化的基础上，实现整个产业链协同效应的最大化和追溯体系实施绩效的最优化。

3. 产业链协同是影响可追溯体系运行的内生关键因子。本研究将基于产业链理论，构建水产品追溯体系与产业链协同关系机理的分析框架，通过结构方程（SEM）、仿真模拟等实证方法，识别和分析水产品追溯体系有效运行的产业链协同机理，为水产品经营者选择产业链组织模式提供借鉴，为促进水产品追溯体系与产业链协同发展提出政策框架和对策建议。

第二章

产业链协同对水产品追溯体系的影响：理论基础与机制解析

在对产业链协同、追溯体系、质量安全等核心关键词进行内涵和外延分析的基础上，对相关概念加以界定；以已有的研究文献为逻辑起点和理论出发点，构建产业链协同和追溯体系运行之间相互作用的理论模型；并基于该理论模型提出相应假设，对假设进行后续检验，为后文进行实证检验提供理论依据。

第一节　概念界定与理论基础

一、概念内涵、基本属性及实施动因

（一）产业链协同

协同效应指的是两种及以上的组分加和或者相互搭配时能够发挥出更大的外部效用，呈现出一种类似于一加一大于二的效果，协同效果大于每个组分单独发挥作用的效果。产业链是由产业内部相互对接而形成的一种具有客观规律特征的产业内模式，产业内部主要包含了市场维度的供需链、利益主体维度的企业链、产品增值维度的价值链以及区域分布性质的空间链。这四个维度在产业内部均衡地建立对接关系，“无形”调控着产业链的内部关系。产业链是各个产业之间通过各个层级关系、空间布局联系与技术经济关联，而形成具有特定逻辑联系的产业链条形态。产业链的形成是利用市场关系来协调各个地区之间的差异，同时优化不同地区专业化的分工标准和匹配个性化的市场需求，以充分发挥产业间的互补优势形成稳固的区域性合作载体。产业链协同是实现产业间上下游关系间效率提升、成本下降的有效方式，综合利用产业间交易成本、交流信息、生产流程等要素通过市场机制中的企业

链、产品增值中的价值链、生产供给中的供需链以及区域性的空间链的方式将要素进行整合、配置和利用。通过产业链协同能够促进产业各个环节之间的有机整合，以达到提高效率、提升市场竞争力的目的。产业链协同依据几何结构的分类方式能够在水平、垂直以及交叉三个方面发挥产业链的协同作用，而这一协同过程是融合了产业间的知识从创新、传播与延伸再到专业化分工与储备的过程。产业链的创新性有利于搭建相对稳固的技术平台，一定程度上保障了技术支撑的可持续性；而随着知识结构的传播与扩散，产业链端的技术壁垒逐渐降低，并随着时间推移逐渐攻破壁垒性障碍。当技术壁垒不再是阻碍企业创新的因素时，企业通过掌握一定的技术实力占据市场份额，产业链上的协同合作将更加紧密并且创新性的产业分工逐渐深入，这有利于企业获得创新性带来的规模报酬。企业市场地位的提升、竞争力的凸显是产业链各个环节之间协同合作、技术壁垒攻破、精细分工的必然结果。产业链的协同合作有利于充分发挥价值链、企业链、供需链之间的紧密分工，在整合外部环境资源和企业内部要素中推进产业链系统的优化升级，从而提高企业的市场竞争力。

1. 概念的提出

根据研究内容和切入角度的不同，国内外学者对产业链概念的界定也有所差异。产业链的本质是基于产业分工的思想将资源进行最优化的整合，以分工合作中的劳动力为组合对象，致力于提高企业竞争力、优化企业内部分工结构（沈颂东、亢秀秋，2018）。从组织分工的角度来说，产业链是协同合作关系下的资源自由化组合，基于精细化的分工体系能够实现关联产业之间的经济效率的提升，从而占据一定的市场地位（杜龙政等，2010）。王俊豪（2012）归纳产业链是在一定经济范围、技术支撑、空间格局、链条逻辑范式下，各个环节的产业部门依据精细化的分工与市场供需关系而呈现的一种客观的关系形态。芮明杰、刘明宇等（2006）从企业生存的市场性目的出发，指出产业链是一定时期市场主体为寻求利益最大化和经济效益的提升而形成的产业部门之间社会生产性质的发展产物。潘为华、贺正楚等人（2021）深入研究习近平关于产业链发展的重要论述，提出产业组织上下游之间存在着一种等价的交换、产品或者服务的输送以及一种信息的反馈，这是产业链的本质所在，它表现出一种环环相扣的产业关联关系。张其仔（2022）通过总结产业链供应链的进展，指出产业链是以生产或者服务阶段的分割为基础形成的分工网，指的是地区或者国家的产业之间或产业内部的一种联系。

安索夫（Ansoff）（1965）将协同的指导思想充分地运用到管理学领域，指出产业链上的各个部门之间形成系统性的合作组合关系能够发挥大于单个主体的系统效益，复合性质的连接关系能够表现出更好的业务效果。《协同学导论》是德国的物理学家赫尔曼·哈肯在20世纪70年代的著作，该专著首次对协同理论的框架结构进行了构建，以信息、控制、突变三大理论为指导，基于数学统计和系统动力学的思想创立了“协同学”；协同理论搭建起产业链之间的数学模型，通过对比分析协同系统内部的要素运动与变化进而找到研究主体从无序到有序的演化规律（李爽，2017）。从系统论的视角来看，协同理论建立在开放的系统环境下，各个子系统之间的无序性运动表明了彼此之间较弱的协同效应；而当独立运动的子系统相互之间的作用超过某一个临界点时，各个系统之间自组织地建立起作用关系并呈现出有序的协同状态。赫尔曼·哈肯创立的“协同学”理论无论在社会科学领域还是自然科学领域甚至扩展到工程学科等其他领域都很好地以系统论的思想解释了研究主体之间的变动关系（Wu I L、Chuang C H、Hsu C H，2014）。协同理论既是系统内部自组织运动的协同合作状态，同时也是各个独立子系统在非平衡状态下从无序向有序运动与变化的过程；这个过程使两个看似无关的子系统通过相互作用在整体上能够凸显出独立性、自发性、联结性与协同性的结构特征，并且在内部遵循某种演变规律将要素整合，实现系统内部自发地、有序地进行状态的转换与优化更新，从而产生系统合力大于单个子系统作用力的协同效果（刘慧波，黄祖辉，2007）。20世纪60年代，安索夫首次从经济学视角定义了协同学的理论，并基于问题导向阐述了协同效应的存在使市场中的企业能够在协同框架下呈现出合力大于单独产业价值链的局面。伊丹（Itami）（1987）在安索夫研究的基础上重新严格地界定了协同的含义，从“协同”与“互补”两个方面解释产业链上各个环节之间的作用效果，并且协同效应能促使产业链上的资源进行高效整合。在经济学、管理学的研究中，协同的概念被广泛应用于不同产业间、产业链条各节点间以及企业间关系的分析。徐海峰（2019）在研究新型城镇化与旅游业、流通业耦合协调发展时指出，产业协同描述的是因技术、信息、知识等因素在产业之间的融合共享，产品研发、要素市场、技术创新等方面的相关性的存在促进了各个产业的相互依存、相互影响。

张树华（2005）从协同效果角度入手，指出在一个系统内部各个相对独立的子系统能够在有序变动中产生“增效作用”。协同影响可以简单地从数学不等式的角度理解为“1+1>2”，实现系统内部资源之间的联通共享。而产业链可以被看作一个系统，各子系统可以是处于产业链条上的各个环节，包括生产、加工和销售，可进一步划分为处于各个环节中的企业，李爽（2017）认为，产业链是各个不同领域的产业组合而成的，在链条上实现从产品生产到加工制成成品，再转入市场完成信息交换、物质传递、产品交易的过程；产业链各个部门之间的关系是包含企业价值链、区域空间链以及联系逻辑链的交叉网状形态，因此，就产业链所具有的多单元特性而言，产业链协同问题具有极为重要的现实意义。不同产业之间或相关业务之间的紧密性、联通性越强，它们之间的协同效果越明显，而这种产业链间的协同效应可以作为企业或产业内部的竞争力在市场上体现出来，即产业之间或业务之间的协同水平有利于凸显企业的竞争优势（H. 哈肯，1981；李爽，2017）。李雪松、龚晓倩（2021）从产业链与创新链的协同角度出发，指出双链协同度主要通过促进技术进步而对全要素生产率产生显著正向影响。

2. 概念内涵

产业链是在一定时空范围内依据产业之间形成的供需关系，通过各类服务、产品的提供形成的稳定的链条式的关联形态。产业链中涉及的主体是不同的厂商，包含的产物是不同产业制造或生产的产品与提供的服务，涵盖的过程是这些产品、服务在产业链的传递过程中实现了从原材料到加工、制造，再到形成消费品最终进入市场的过程。整体来看，产业链的形成是内外部信息、产品或服务价值、交易模式在各个不同的上、中、下游产业空间上发挥作用的结果。企业在市场中展现的竞争力，提供的产品或服务价值，除了受自身资源等能力的影响外，产业链各个环节也会产生制约效力。产业链形成过程中将不同产业环节进行交叉连接，进而发挥链接间相互影响与网状连通的效果。吴金明（2006）认为产业链搭建的本质其实是主体企业链、市场供需链、区域性分布的空间链以及产品或服务的价值链之间的相互交叉、网络式连接，这四种链接式的关系从四个维度空间上进行不同产业之间的对接。

杨增科、攀瑞果等人（2021）从装配式建筑产业链核心企业协作的角度出发，指出构建产业链的协作关系可以帮助企业有效降低交易成本、减少各环节的冲突和资源浪费。

20 世纪 70 年代协同理论被提出，在那之后赫尔曼·哈肯以系统论的思想进行了理论研究的补充与延伸，1976 年创作的《协同学导论》为协同理论领域的研究起到了“抛砖引玉”的作用。协同理论研究两个具备独立性、自发性、均衡性、差异性的系统由原来看起来完全不相关的内部移动轨迹在相互影响中发生变化，相对稳定的均衡状态经过系统之间碰撞运动下逐渐远离平衡状态，以无序运动状态转变为有序状态继而实现系统间的协同合作。这种合作使系统之间的结构特征更加凸显，不仅改变了原有单独系统的运动状态，同时产生了大于单个系统运动时的协同合力。

“产业链协同”是协同学理论和产业链相关理论的结合，将协同效应纳入经济学框架中，基于供应链的角度研究市场环境中的供需关系在产业发展的供、产、销及售后服务环节的协同关系。产业链协同从产业的全局角度出发，利用市场信息做嫁接的桥梁以实现企业之间价值流、物质流的紧密联系，从而优化企业在市场中的战略部署，快速应对市场需求的变化，保障产品与服务供给的市场稳定性，让联合起来的产业链条发挥协同优势，最终优化并提升企业的竞争力以谋求产业链整体的合力和实现效益最大化。在大量文献资料中，产业链纵向一体化与产业链协同的概念较为接近，但也存在一些不同。相同点在于产业链协同和产业链纵向一体化均是为了减少交易过程中存在的交易费用，从而避免市场失灵，提高运行效率。不同之处在于，纵向一体化实质是将产业链各环节的交易内部化，取代了市场契约的形式，这也是学界有关纵向一体化研究中争论的焦点，但产业链协同并不排斥市场交易，也并不一定需要将交易进行内部化，只要处于不同环节的企业能够实现长期、稳定的合作，纵向一体化就并非必须，正如威廉姆森（Williamson）在 1971 年所指出的，利用纵向一体化取代市场的原因在于中间产品市场的交易失灵。在市场契约下，利益冲突会引起交易双方采取机会主义行为，从而引起市场失灵。因此，问题的关键在于尽可能地降低交易失灵，而通过产业链协同，能够降低交易失灵的可能性。威廉姆森的交易费用理论认为对经济组织的研究基本是建立在节约交易成本的基础上的，产业链协同的目的就在于通过减少市场交易费用来增加利润。朱蕊（2012）从价值网角度分析物联网产业链的关键环节和网络协同效益，指出产业链之间的协作关系是基于自有资源、科学技术、市场信息、费用成本等要素的建设而连接成的协调合作关系，有利于提升产业竞争力，并促进产业链高效运转以提高市场占有率。

供应链协同与产业链协同存在众多的相通之处。供应链协同体系主要存在三个方面的特点。一是共同目标的一致性。供应链上的各个主体在上下游之间实现信息的传递、物质的交换、产品的流转、服务的递延等，而在供应链协同中不同的企业主体之间都是为了追求并实现整体利益的最大化。二是转型升级后的新型合作模式。协同关系使企业之间不再是简单的竞合关系，而是超越了原有的市场业务类型的关系模式，转变为业务关系上的传递合作与发展，驱使企业之间的关系变得更加紧密与复杂。三是高效率的信息共享、传递与利用。由于供应链协同关系实现了企业内外部的协作经营，这使得协同企业之间的合作对信息的共享、传递与利用提出了更高的需求和标准，以谋求供应链协同企业之间信息的实时流通与传递。

在梳理已有概念的基础上，参考胡求光、朱安心（2017）的研究，本书总结产业链协同的概念为：产业链协同指的是在一系列包括水产养殖、捕捞、生产加工、物流运输、批发经营和终端销售等环节中，以各节点企业的业务流程和操作机制实现高效整合为基础采取的一种整体行为和模式，它强调对市场需求的快捷反应和整体生产效率的最优化。

3. 实施动因

（1）寻求产业链上各个组织的中间效应。市场经济下根据企业所处的内外部环境可以将企业关系分为两种类型：一是产业链上各个企业之间由于上下游产业交易活动而形成的外部组织关系，受外部各方面因素的影响，此时企业为追求利益目标而促使彼此间偏向于竞争状态；二是各个企业内部组织部门、成员之间的关系，内部各个子企业或成员依据总公司的战略指导开展经营活动，为达到全公司整体的利益目标而采取行动。这两种关系实质上就是市场环境驱使的外部关系与经营企业的内部关系性，而在实际的生产经营中，产业链上各个组织之间还存在着一种介于这两种关系中间的合作联系。1937 年科斯发表《企业的性质》，探讨了企业存在的原因，主要观点是有些活动在企业内部组织的交易费用要明显低于在市场环境下组织的费用，因此，实质上企业之所以存在的原因是市场和企业之间存在分工合作的关系。1975年威廉姆森出版了《市场和等级组织》，将市场和企业之间的边界问题进一步做了深化研究，他认为在完全竞争的市场环境中，基于链式结构的一体化企业之间还存在着中间性组织，即一种介于市场和企业之间的关系纽带。作为中间性组织的企业在保持自身竞争力的同时，维护其他上下游企业之间的紧密关系，中间性组织既不完全以追求自身利益最大化的目的为行动导向，又不完全以创造其他组织主体的利益最大化为行动导向。这种状态有利于维护市场活力，在激烈的竞争环境中有力地减少了信息不对称情况下盲目性的规模扩张，中间组织发挥的中间组织效应在一定程度上避免了市场供需关系之间的不稳定性，促进了产业链端各个企业之间的协同合作，进而减少了产业链上各个企业之间的交易费用，强化了产业链在市场中的竞争优势。

（2）充分发挥渔业产业信息资源的作用。由于在当前渔业产业链中存在需求信息量变大、信息输出和输入的两端信息不对称的情况，在渔业产业链发展中设置了信息阻碍的屏障，即产生了“牛鞭效应”。为减免或规避这种连锁反应的情况就需要对市场信息的处理做好预判，尽可能使由于供需失衡而产生的“牛鞭效应”得到缓解。协同理论将产业在生产、经营、销售等提供产品或服务的过程进行合作式整合，对零散杂乱的市场信息进行整合从而获得及时、准确的信息。协同理论一方面有效缓解了“牛鞭效应”带来的负面影响，另一方面市场需求走向被做出最大化反应。协同理论思想整合了渔业产业在生产过程中分散、杂乱无章的信息资源，使市场信息的高效传递得到实现，从而避免了产业链上各个企业之间的交易壁垒，推进企业在产业链内外部环境下的交流与沟通。在产业链协同作用下，各环节的信息得到有效整合，增强了整个行业对市场需求的反应能力和速度。同时，大量信息的整合有利于迸发出创新的火花，如组织模式的变革、产品创新，增强竞争力。就各节点企业而言，内部与外部信息的再次更新重组使企业之间的信息链、价值链、物质链进行了重新规划与配置，从而提高了资源在共享与建设投资过程中的利用效率。

（3）降低成本，打造高竞争力的渔业产业链。就中国当前水产行业情况而言，水产品普遍存在附加值低、竞争力弱的劣势，高令梅、郭建林等人（2021）通过分析浙江省主要渔业经济指标，指出浙江渔业经济发展面临渔业资源不断减少、机械化水平较低、渔业安全隐患以及产品融合协调程度不高等问题。其主要原因在于水产行业整体还处于散乱、无序的发展状态，行业内缺乏有效的合作。而通过产业链协同，上游、中游和下游企业能够有效地整合起来，纳入统一的系统当中，使得每一家企业的生产活动都必须符合一套标准的规范，需要在生产运作初期对于长远规划战略、研发设计、市场销售模式以及技术设备支撑等方面进行协同，这一方面提高了水产品的质量和安全，另一方面可以有效降低企业在无序状态下所面临的交易费用，从而将更多的利润保留在企业内部。同时，在产业链协同的情况下，整个水产行业情况会更加明晰化，通过信息的整合能够了解链条中相对薄弱的环节，有利于政府提供相应的扶持政策，实现精准扶持，提高水产行业的竞争力。

4. 产业链协同的影响因素

（1）产业规制。对于水产行业而言，家庭作坊式生产模式仍被大约90%的企业采用。现今水产行业的集中度低下，小规模、分散化的小农生产模式是主要生产模式，并且在行业竞争中，大量渔业企业处于弱势地位，对于价格的掌控能力不足、获利机会较低等问题是现今水产企业面临的主要问题。在这种情况下，单靠行业内自发形成的产业链协同而提高水产企业利润，可能性相对较低（至少在短期看来不太可能实现）。产业链协同需要依赖不同环节企业的合作，在缺乏外部推动力量的情况下，通过企业自发谈判开展合作面临着较大的不确定性，同时信息不对称、道德风险等问题制约着企业间契约的签订，即使签订了合作协议，由于市场环境的变动，也极有可能面临解散的情况。因此，需要通过外部力量降低企业间合作的不确定性。政府具有非营利性、权威性等特点，其采取的政策措施能够有效规范企业主体的行为，降低企业合作的风险，在产业链协同构建初期将起到十分重要的作用。因此，在产业链协同构建的初期，政府提供有针对性的扶持措施就显得尤为重要。在产业链协同运行过程中，为防止部分企业可能存在的机会主义行为对水产行业造成危害，政府需要对水产企业进行适当的监督，建立相应的惩罚机制，稳定企业合作的预期，从而推动水产行业建立长效的产业链协同。此外，在产业链协同构建初期，需要投入大量的资金用于协同网络的构建以及相应的技术服务，由于“搭便车”问题的存在，依靠企业自发投入难以实现，而政府通过财政扶持可以对产业链协同所需的基础设施提供动力，同时引导市场主体参与到协同网络的构建当中。赵又琳（2020）认为，应该通过具有法律效力的 WTO（世界贸易组织）框架来处理渔业补贴问题，促进渔业补贴纪律更为严格的发展。

（2）技术创新。技术创新是产业链协同的直接动力，水产品产业链可分为上、中、下游，各个环节均包含着大量的信息，如养殖信息、加工信息、市场信息，诸如物联网、大数据等技术形态的出现可以将原本散落在各处的信息整合起来，将产业链各节点紧密联系起来，使所有的信息能够在产业链条当中自由流动，各节点企业彼此之间得以相互了解，帮助企业寻找协作的契合点，在初始阶段为水产行业产业链协同提供了可能，而在产业链协同建立后，又可以起到增强协同能力的作用。盛楚雯、朱佳等人（2021）指明技术、资金、人才等都有效促进了渔业产业化的发展。从技术创新的角度进一步进行拓展，政府对信息技术开发的支持可以间接起到增强产业链协同的作用。一方面，政府通过加强基础科学的投入，利用高校、研究所等科研平台进行基础科学和技术的研发；另一方面，政府通过鼓励和引导企业进行高新技术投资，推动市场力量发挥作用。

（3）市场因素。产业链协同的实现一定伴随着市场的融合，市场因素在产业链发展中发挥着关键性的促进作用。产业链协同过程中基于主体方面，要维护企业与客户、不同企业之间的关系管理；从供需链、价值链方面看，要处理好市场供需和产品对接价值实现的管理；从市场经营方面看，要将企业内外部的生产经营体系进行耦合升级。伴随互联互通的网络时代以及信息技术的飞速发展，数字化的信息流、价值流、产品流或服务流突破了时空性的障碍，产品或服务实现了跨产业、跨行业、跨领域的交易与传递，从产品或服务价值实现的终端促进了市场融合。而这种融合推进了在市场环境中竞争局势的扩大，反过来竞争的市场环境又加速了市场融合的进程。除此之外，市场需求也是推动产业链形成的关键因素，市场需求的影响体现在水产品消费多样化、质量和安全要求的提高。陈颖桐（2019）通过分析当前我国水产品现状，指出沿海地区过饱和状态和西部地区欠饱和状态是我国水产品需求市场的现状，沿海与内陆都面临判别水产品的产品安全质量问题。在收入水平较低的阶段，消费者对水产品的价格波动变得更为敏感，对多样性、质量安全性的关注度相对较低；随着收入水平不断提高，消费者会更加追求水产品的合格性、标准性、规范性、多样性及安全性。市场的反馈力量能够调节水产品产业链上的生产活动，对市场销售端反馈信息的处理可以调节产业链各个环节的生产活动以保障水产品的质量安全，在严格把控产品生产各个环节时将处理水产品的关键信息进行共享以提高产品在生产加工运输环节的监控力度与质量安全性，进一步加强各环节对水产品的了解，提高加工的品质。安全性要求迫使各环节不仅在内部要实现信息的共享，还需要利用传递方式让消费者更多地了解产品信息，从而提高消费过程中信息的对称性以促进产品销售。多样化要求最接近市场的环节需要将消费者的多样化需求传达给其上游环节，提高整条产业链对市场的适应性，因此，需要产业链各环节必须在多层面进行协同。

（4）企业个体因素。企业是产业链上的主体，产业链协同关键在于主体采取的推进举措与制定的合作计划。受制于企业主体各个方面的属性特征，如企业文化、革新意识、执行方式、战略规划等，企业主体只有在充分认识产业协同的优势与前瞻性目标后，才有利于转变传统的产业发展模式，发挥产业链的协同优势。企业除了在意识观念上的转变外，还可以从研究需求出发，通过市场反馈的信息，结合产业发展中的技术支撑，实现产业链的重组与优化，通过混合协作、兼并协作、联盟协作等形式搭建产业链上的信息流、物质流、价值流、企业流与资源流的传递平台，共担企业在市场开发与产品风控方面的风险。以上企业作用的发挥在很大程度上依赖于企业的规模。产业链协同需要各环节上的企业能够在各方面开展有效合作，共同推进行业朝着积极的方向发展。小企业在资金储备、资源整合、研发能力上弱于大企业，若各环节均是数量多、规模小的企业，则不同环节要达成某种合作协议会面临庞大的交易费用，在这种情况下，不仅不能实现协同，反而可能降低现有的效率水平。大企业的存在能够在一定程度上缓解这类问题，因为大企业整合上下游的能力高于小企业，尤其是当某一大企业处于行业的核心位置时，会显著降低协同成本，大企业的这种作用也隐含了产业链各环节存在的差异性。因此，产业链条各环节企业的规模也是影响产业链协同的重要因素。

（5）国际因素。市场和技术这两个层面是国际因素的主要体现。从技术的角度来看，国际领域拥有先进的技术生产经验，学习并借鉴成功的产业链协同发展经验，从外部将技术引进来，以开放的格局吸纳先进的技术，吸引跨国公司在国内建立从研发到生产再到销售等一体化的管理平台，为产业链协同提供技术基础。就市场而言，与国内市场类似，国际市场需求的变化也会引起水产行业对产业链协同的需求，通过使产业链各环节协同起来，更好地满足国外消费者对水产品日益增加的多样化、品质化、安全化以及可控化的消费需求。但国际市场所带来的影响并非都是积极的，对外开放使得跨国公司得以进入中国市场，这有可能打破水产行业原有的格局，在短期内可能并不利于产业链的协同。

5. 产业链协同的功能

一是有助于整合企业内部价值链。在缺乏产业链协同的情况下，产业链的各节点缺乏有效的互动，产品价值往往被限制在单个环节当中，价值创造极为有限，在产业链协同的情形下，企业集中于产业链的某一个或连续的环节中，采取针对性的优化措施，在价值增值、产品与服务的专业化升级过程中，以多样化的方式促进产业链上不同企业之间的紧密合作与高度协同。这种产业链协同的方式有利于在整体上提高企业生产与运作的效率，同时降低了企业在产品或服务的生产、加工、销售等流程方面的费用成本，从而开拓市场资源并占据一定的市场份额。

二是有助于将产业链上企业之间的协同合作关系变得更加紧密，发挥协同效应的作用以应对市场需求的波动性变化。在企业之间进行合作、投资、交易的过程中，产品与服务的价值实现了增值，通过开发、生产、销售等进入市场实现了产业之间的协同合作，建立了供应企业与客户企业之间的价值链的连通关系，这不仅增加了产品或服务的有效差异性，同时提升了双方的合作效率，稳固提升产业链的整体竞争力。整体上，紧密的协同关系推进企业内部完成了结构化的转型，自身的市场竞争市力与市场地位得到了巩固与加强，在产业结构演进中将企业的控制权与利润效益沿产业链方向进行了移动变化，企业从中获得了较高的竞争优势与利益效果。此外，产业链协同使得处于产业链上、中、下游的企业在信息资源、自然资源等方面得以实现一定程度上的共通，无形之中形成了一条高度合作化的产业链条。当市场环境发生变化时（如市场需求下降、消费者偏好发生变化），最接近市场的环节能够通过已经建立起来的产业链协同将市场信息快速传递给其他环节，使得整个产业链条能够快速调整以适应市场变化。

三是有助于释放产业整体的利益效能，优化产业链上的结构问题。产业链协同下各环节信息交流与互动使得水产品的整个生产过程得以透明化，生产过程存在的问题以及相对薄弱的环节得以被识别，在此基础上，政府部门能够有针对性地开展政策扶持，加强对薄弱环节的治理。就企业而言，也能够通过信息的有效管理和利用更为容易地识别自身在生产和管理中存在的诸多问题，强化水产品生产链条中的薄弱环节，从而提高企业生产的运作效能。同时，薄弱环节的强化和企业在产业链协同下实现的效率提升会产生很强的正外部效应，产业链某一环节或企业生产效率的提升可以带动产业链条上其他环节或企业效率的提高，产生“1+1>2”的效应。实际上就是利用优势企业的带动力量协同各个企业实现产业链上的资源整合、优势互补，既能通过高效率的企业影响或控制低效率的企业采取应对措施，又能够利用战略联盟的合作伙伴关系引领带动，还能通过产业链的协同效应发挥整体联动的作用，进而提高低效率的企业的生产能力与效率。何秋洁、赵睿等人（2021）通过研究健康产业，指出健康产业与主体功能区的协同关系有效促进了企业发展的可持续性。

四是有助于抓住关键环节，重新组织产业链。由于加工程度低、品牌弱，水产行业的整体利润水平处于较低的水平，因此，企业需要精准对接、高效识别、关键定位，既要找准产业链的核心环节，又要挖掘链条内的核心价值，识别与定位好资源集中的关键节点，增强产业链的核心竞争力。产业链协同通过建立密集的企业合作网络，推动合作网络中的企业进行不断的交流，在各个企业间建立了正向的收益扩散机制，不仅能够提高弱势企业生产的效率水平，还能推动水产行业在产品和技术方面的创新，从而提高行业整体竞争力，充分发挥产业链上各个企业之间协同合作的竞争优势。

（二）水产品追溯体系

1. 概念内涵

“可追溯性”是利用标签、标码等实物载体，通过识别或读取数据信息来追踪到产品实体的历史、外部应用情况以及流经的场所信息的一种能力。这个术语源自国际质量保证体系《质量管理和质量保证——基础和术语》（ISO 8042-1994）。可追溯性这一标准的产生源于一次全球范围内水产品安全问题的爆发，由于欧洲疯牛病危机而引发的大范围的水产品质量安全危机，之后召开 CAC（国际食品法典委员会）生物技术水产品政府间特别工作组会议以快速应对此次危机，以法国为代表的部分欧盟国家联合提出了“可追溯性”这一标准以作为处理产品质量安全问题的危险管理措施。

目前，国际上对水产品可追溯性的权威标准尚未形成完全一致的实施体系。根据韦氏大辞典（Webster's Dictionary），“可追溯”是指跟踪或解决某一过程中细节的能力或跟踪某项活动和某个过程历史的能力。根据国际标准化委员会（ISO）的定义，“可追溯性”指能够利用记录的标识向前追踪到实体的历史、用途或位置。欧盟委员会（EC178，2002）将水产品“可追溯性”定义为水产品在生产、加工、销售等各个环节能够查询或追溯到产品的源端饲料、源端用于生产的动物等其他物质的系列痕迹。美国食品科技协会（IFT）在一份关于追溯试点的官方报告文件中将“可追溯性”解释为根据食品供应链的结构，以方向性为导向的一种向前和向后锁定食品移动轨迹、跟踪定位的能力，并将前后不同的追溯方向进行了分类，向前追溯被理解为追踪（trace-forward），向后追溯则被解释为溯源（trace-back）。在美国的相关食品安全法律法规中并没有针对“可追溯性”的权威性官方定义，但官方报告等文件中表述的“可追溯性”的含义多侧重于使用“product tracing”（产品跟踪）这个术语。总体来看，“可追溯性”是一种追踪实体信息的能力，能够利用记录的标识、数据化的追踪技术、信息化的管理设备追溯产品实体的运动轨迹。从对象上看，“可追溯性”的目标对象是全产业链中与被追溯产品相关的所有信息，这些信息可以被用于作为供应链的上游和下游，也可以被用于向外部或第三方提供信息。从方向性上，可分为顺向跟踪和逆向追溯，顺向跟踪是指上游厂商可沿着供应链追踪到往期产品，逆向追溯是指下游厂商或消费者可沿着供应链自下而上追溯产品的生产信息。更为通俗化的理解，“可追溯”就是当出现危害健康事件时，可准确追溯到危害事件发生的源头，从而快速有效地解决问题。“可追溯性”的概念涉及所有产品种类和供应链类型，现今，可追溯性是获得市场认可不可或缺的要素。

Guidentti and Beghi（吉登特和贝吉）（2014）认为由于食品贸易的全球化，在食品链条当中，不仅包括安全性问题，还包括产地来源和质量问题，因此消费者需要可追溯作为判断食品质量和安全的标准，在此背景下，针对产品质量安全方面的追溯体系应运而生。可追溯体系在食品质量安全方面的应用不仅使产品的数据信息透明化，能够快速追溯到历史身份、运动轨迹、源端材料，同时将产业链上的前端生产环节和末端销售环节贯穿连通，提升了产品内部质量安全管理的黏性，保障了消费者购买产品安全性的权利。水产品领域的追溯体系是利用水产品的记录标识来追溯水产品的源端运动轨迹、生产加工信息和流通数据等历史信息，从而降低水产品食源性疾病的风险、稳固产品质量安全的保障体系、维护水产品消费者的权益。在水产品追溯体系建设的范围内，主要包括了生产端的产地信息、原材料信息，再到加工过程的培育方式，最后到消费终端的流通历史与定位信息等。周海霞和韩立民（2013）以海产品为研究对象，将追溯体系分成质量安全追溯、流通信息追溯和末端监控管理追溯三个部分。标准化、规范化的水产品追溯体系为水产品生产、加工、流通、消费的各个环节建立了一套源头至末端的质量安全信息库，有效保障了水产品的质量安全，维护了消费者的权益。张桂春（2021）根据农业部相关通知标准，认为水产品的可追溯体系应能够提供产品在产业链流通各个环节的重要信息，如生产、运输、销售等，更重要的是可以向上追溯到产品的相关责任方。郭伟亚等（2017）认为食品的可追溯体系是解决一些由信息不对称而引起的相关安全问题的重要途径，其在体系构建中要确保食品的追溯信息具有连续性，即在信息追溯上应保证供应链各节点上的企业信息记录的完整性。

2. 水产品追溯体系的组成

根据目前的研究可知，行业内对水产品追溯体系组成的认定并非是一致的，不同的学者从不同角度出发，对水产品追溯体系的组成进行了不同的分析，当前水产品追溯体系的组成分析主要包括以下三种：

（1）由对产品路线和有效追溯的范围两部分组成

该种组成分类由丹麦学者 T. Moe（T. 莫伊）提出。他指出水产品追溯体系是对水产品流通路线和追溯反馈路径的框架构建，水产品追溯的体系框架涵盖了产品自身生产到加工流通再到市场终端的整个运动轨迹。在其研究的基础上，中国学者马汉武于 2005 年又按照实施范围的不同，将水产品追溯体系分为企业之间的外部追溯和企业主体内部的追溯。

（2）由跟踪某产品或产品特性的记录体系组成

美国学者 Elise Golan（艾莉丝 · 戈兰）将水产品追溯体系概括为记录水

产品产业链整个生产、加工、流通、销售过程中产品特征信息，跟踪产品运动轨迹的信息集合体系；依据体系内部产品追溯的差异性设定了精确度（precision）、深度（depth）、宽度（breadth）这三个评估标准。于辉和安玉发在2005年进一步对上述三者的概念进行了详细解释，认为精确度基于首末端和固定属性的视角明确产品问题的源头或产品所具备的某种特性，深度基于产品追溯的方向性指出信息在追溯过程中向前或向后的距离，宽度则从边界范围上定义了追溯体系的信息范围。

（3）按供应链角色分类的供应、加工、消费等各个环节组成

美国学者 Simon Derrick（西蒙·德里克）和 Mile Dillon（米勒·迪隆）在2004年的研究中指出，水产品追溯体系具体可以由供应者可追溯、加工者可追溯性和消费者可追溯三者组成。之后，欧盟的学者 Otermans S（奥特曼斯）和 Beumer H（博伊默）也在研究中也采纳了这样的追溯体系。这一组成分类在美国和欧盟学界有比较高的认可度。

3. 水产品追溯体系类型及特点

依据产品追溯体系在目标设定、追踪定位、追溯方式、信息范围以及市场需求等方面的差异，将水产品追溯体系分成了四种类型。

（1）农业部组织建立的行业追溯体系

农业部相关部门从种植、畜牧、水产和农垦这四个不同的行业分类上搭建了产品的追溯体系。一是基于全国种植业的产品质量安全追溯体系，主要由农业部牵头带动，通过设立优质农产品开发服务中心开展追溯体系的组织工作；二是由中国动物疫病预防控制中心建立的动物标识及疫病可追溯体系；三是水产品质量安全管理追溯体系，主要由中国水产科学研究院设计、开发与运行；四是农垦追溯体系，由农业部农垦经济发展中心进行筹划建设。基于行业不同分类标准下的追溯体系设计在四个方面具备相通之处，首先，追溯体系的设计与实现与行业本身紧密相关。追溯体系的设计、开发、运行与维护整个过程充分考虑行业特点，信息搜集、数据处理以及线索追踪过程中重点关注行业质量安全的关键环节，并以行业标准、制度规范、组织结构作为监督和管理的有效保障。其次，追溯体系具有一套标准化、规范化、体系化以及全面化的要求。体系内参与的主体、追溯内容的建设、追溯标准的设立等都需要遵循统一的原则要求，并能够在信息检索平台上快速审查。然后，

追溯体系的建立需要拥有相对完备的技术支撑。在管理产品追溯体系的平台设计、开发与建设中，硬件设备的支撑与软件系统开发的需求都需要现代化先进的科学技术的支撑。最后，必须逐步稳固地推进体系建设，循序渐进。追溯体系的设计与建设要先以优质安全的行业做示范性推进，一般选择商品率高的安全产品，不论在技术支撑方面还是品种开发培育方面都具备一定的稳健性，并且逐步推进。

（2）地方政府牵头建立的“从农田到餐桌”追溯体系

地方政府建立源头至终端的追溯体系，组织相关部门建立从生产源端到市场终端的全流程追溯。如樊虎玲等（2012）认为在农产品的质量追溯体系中一大难点就是信息的不对称，从而需要相关部门来联合协同，促进信息共享。以杭州市农产品设立的质量安全追溯管理平台为例，依托政府组织成立的专人领导小组建立对蔬菜和生猪的管理与追溯管控体系，并重点把握三方面的内容。首先，政府作责，秩序管理。地方政府发挥主观能动性，对水产品追溯体系的建设与管理制定战略部署、制度安排，通过考核目标的制定强化体系建设，依托财政预算支持、统筹、协调各类资源并进行有效整合。其次，协调产业链条的稳定性与完整性。农产品追溯体系要从产品生产到加工再到流通消费各个环节，实现农产品产业追溯链条从“农田到餐桌”的全程式管理。最后，落实责任监督管理制度。在体系运营中要以法律法规为指引，对各个环节落实监督责任，严格实施检测等防范制度。明确责任、严格管理，不得违反法律法规。

（3）地方农业部门建立的“从农田到市场”追溯体系

农产品追溯体系的设计与实施可以从地方农业部门逐渐开展示范工程，以上海、宁夏为代表的省份实施并开展了动员产品追溯体系建设的组织工作，从部分可实施追溯的农产品入手，建立一套过程质量控制、认证管理结合、规范生产与包装标志管理的农产品追溯体系。首先要把握过程的质量安全，根据关键环节定点排查。对农产品的生产状况、原料产地、培育管理、饲料等投入品以及产品检测等历史信息进行采集与处理。其次要对产品的认证管理落实到位，并依照规定进行操作管理。在产品先行先试中以无公害农产品认证管理为主要参照标准，根据实际产品情况设计制度框架。最后要在产品记录与包装标志管理中做好检查、筛查与审查。对产品信息的记录要来源清晰、信息准确，并做好包装标志管理，有利于将产品的追溯信息与追溯载体相互对接，使信息关联明晰，最终完善追溯体系。

（4）以企业为主建立的企业内部追溯体系

企业根据自身农产品特点建立生产标准与追溯体系，由少数食用农产品生产企业根据自身生产流程规范、食用质量安全标准建立内部追溯管理制度，这是典型的根据内部管理流程自行构建的追溯体系。此外还有企业依托科研机构建立研究成果追溯体系、外聘专业化咨询企业建立标准的追溯体系这两种类型。总体上看，搭建追溯体系要具备有追溯意识、有管理基础、有产业基础的“三有”特点。首先，企业内部具备产品质量安全管控的储备意识。质量安全防控意识不仅单纯地以企业投入生产要素为重点，而且要基于长远眼光从市场反馈效果、企业信誉、市场口碑等角度进行长久可持续性的投入与发展。其次，企业要对内部运行、组织与战略计划做好充足的管理基础。追溯体系是一套完善的管理体制，需要企业针对性地拥有一定程度的生产规模、监督管控、科技支撑、市场前景与发展前景。最后，企业要基于产业链的相对完善性构建追溯体系。企业从生产初期到销售末期所涵盖的生产、加工、流通、销售等各个环节要落实产品追溯的管控制度以保障产业链追溯体系的逐渐优化。同时，有学者认为目前根据传统方法构建的水产品可追溯体系已陷入瓶颈，可以将供需网的管理模式与水产品追溯体系相结合（刘位祥，2019）。

4. 水产品追溯体系的功能

水产品追溯体系的实施对整个社会的发展具有多重作用，具体可体现在以下几个方面。

（1）水产品追溯体系的实施有助于增进消费者对产品的了解程度，提高消费者对产品的认可度。追溯体系的实施使得水产品生产各个环节信息被记录保存下来，购买到最终产品的消费者能够获取该产品的相关信息，减少了消费者信息收寻的成本，提高了交易的效率。同时，利用历史信息追溯所赋予产品的可追溯性特征增加了市场消费者对产品质量安全方面的认可与信任。王春晓等（2020）建立二元 Logistic（回归分析）模型，分析了影响消费者购买可追溯水产品的影响因素，发现可追溯产品提供的质量安全保证是影响消费者购买的重要因素。此外，在追溯体系建立的情况下，消费者能够通过追溯产品信息在不同产品之间进行选择，提高对可追溯产品的消费，倒逼行业范围内追溯体系的建立，从而提高行业整体效率。

（2）有助于完善水产品监管体系。杨煜等（2021）通过构建政府—企业—消费者的演化博弈模型，分析动态博弈过程，发现对追溯体系中不同主体的惩罚与奖励不仅可以增加消费者的购买意愿，也可以推动监管体系更加完善。在缺乏追溯体系的情况下，因为企业数量过于庞大，难以实时掌握每个企业产品的生产情况，在这种情况下，政府对水产品等农产品的监管往往是被动的，通常只有在出现食品安全事故时才能识别某个企业或产业存在的食品安全隐患，这种监管模式需要耗费大量的物质成本和社会成本。而通过建立完整的水产品追溯体系，构建涵盖产业链各环节生产信息的数据库，实时地将产品生产信息发送给监管部门，大大降低了监管部门收集信息的难度。而一旦出现水产品质量安全问题，也有助于监管部门追根溯源，对肇事者进行处罚。因此，水产品追溯体系的实施丰富了政府事中、事后的监管手段，健全了监督体系，提高了水产品质量安全监管的效率，实现了政府监督与社会监督的有机结合。另外，追溯体系建立有利于高效定位产品的历史信息，能够针对性、及时性地反馈问题产品，这对于构建完善的水产品安全保障与风险防御措施、稳定社会与市场经济的发展具有重要意义。

（3）有助于规范水产品市场秩序。从水产品供给的层面来说，出现水产品质量安全问题的重要原因之一是作为监管者的政府和作为消费者的居民无法观察到产品的生产过程。在销售收入不变的情况下，企业通过采用低成本的劣质材料生产食品，使得利润大幅提高。而通过建立水产品追溯体系，企业生产过程的信息能够被政府和消费者获取，企业水产品生产过程被曝光在“阳光”下，采取劣质材料进行生产的行为会被观察到，从而使得企业产品不仅难以售出，而且还可能面临法律的制裁，这种行为的成本过于高昂，企业将会选择采用正规材质和流程来生产相应的水产品，有效地稳固水产品的抗风险能力，保障产品质量安全，为规范化、体系化、秩序化的水产品市场保驾护航。如黄奕雯（2020）研究发现，水产品质量安全可追溯体系的建立对水产品质量安全的日常监管有较大的提升作用。

（4）有助于保障并稳固提升中国水产品的国际地位。在建立水产品追溯体系的情况下，水产品产业链各节点能够共享生产信息，有利于推动创新，提升水产品在加工环节的价值增值。在深化加工水平的基础上规范、完备的水产品追溯体系建设，使得水产品生产过程中的信息能够得到有效记录。在贸易摩擦频繁发生的国际市场当中，可以提高其他国家消费者对中国水产品质量安全的信任度，降低水产品贸易摩擦的可能性，增强国际竞争力。

（5）有助于促进水产行业整体优化，加快供给侧结构性改革的步伐。实施水产品追溯的最为重要的步骤之一即建立质量安全信息流，将产业链条中的信息汇集起来，这一过程需要不同企业之间的合作，在不断的交流与合作当中逐渐变革并更新企业的生产流通流程，优化追溯产业链的经营方式。在这种综合性可追溯体系建设的框架下，不仅要占领市场先机，提高产品形象并增加市场消费者的认可度，同时要整合追溯信息纳入信息管理库以定位追溯信息，最终有利于保障产品生产经营的时效性、基础性与稳定性。对小型生产企业而言，追溯标准优化了传统的生产经营模式，能够推进企业内部向组织化与集团化方向发展，建立与大中型企业合作的平台，从而推进产业链的规范化与产品质量的提升。综合生产、加工、经营与消费环节的优化与完善，在保障产业链安全性、维护产业发展推进的时效性以及落实产业链风险防控的同时构成产品质量安全发展的良性循环。

（6）水产品质量和安全的监管开始更多地侧重于从技术层面展开，关注于如何在事前实现对水产品生产的有效监管，监管部门可以将技术层面的问题外包给市场，而只关注企业信息上传规范以及在追溯信息支持下的监督。同时，在水产品追溯体系实施的情况下，作为终端的消费者能够获得特定产品的追溯信息，实现水产品质量安全的社会监督。

二、理论基础

（一）产业链理论

产业链理论以微观经济学作为其分析的理论基础，对现实世界中的市场、产业以及市场中各个企业之间竞争与垄断的关系进行研究。产业链理论是对各类生产要素进行优化配置的理论指导，在遵循一定投入标准的前提下鼓励市场竞争以谋求市场激励下的经营管理、技术支撑、产品效益的优化与提升，最终充分发挥规模的经济效用，减免不良的竞争方式所造成的产业链低效的发展困境。

1. 产业链内涵

产业链的产生最早与“组织”紧密相连，产业链是组织形态中的一个层面。英国经济学家马歇尔在1890年出版的《经济学原理》是第一本使用了“组织”这一概念内涵的书，涉及的问题是以生产要素为代表的企业内部组织形态问题。马歇尔对“组织”的内涵进行分类，从企业内的组织形态、产业内企业间的组织形态以及产业之间的组织形态这三个方面进行了阐述。他将产业之间的这种结构类型的形态划分为一种产业结构，而产业链的形成与产业结构有着直接紧密的关系。“组织”可以基于这三个方面来归纳特征：一是动词性使用特征。对某类事物进行安排与布置，如活动的组织等，表示一种行动能力。二是社会形式的产物。某种机构、团体，如政党、工会、企业、个体等。三是内部成分之间的关系。基于系统思想阐述组织是在系统内部对事物进行布置、整顿等采取有计划的行为方式，组织实际上理解为系统内部的配合或搭配关系。不同的内部成分组成了特定的系统，每个部分之间的关系搭建起系统内部的组织结构。对社会系统来说，社会组织是由大量的人群构成的，而这种结构内部的组织联系是由系统内部的人群关系搭建而成的。

“产业”是从微观经济学和宏观经济学的交叉中孵化出的一个系统性的概念，既代表了企业层面又是反映社会经济状况的产物。从市场经济情况解释，产业则可以理解为生产相类似或互为替补的产品的企业之间形成的系统性的组织结构关系，单个的企业组织相互独立。产业链是不同企业之间通过某种方式绑定在一起而形成的链条，并不简单地归属于微观经济学的范畴，但也不能粗糙地归属于宏观经济学范畴。从宏观视角来看，产业链包括了各个产业部门之间的关系、担当的角色、承担的责任比重等，某一产业内不同企业之间的竞争、合作、垄断关系表示了产业链的结构特征，因此，产业链的特征归属为微观与宏观之间的中观经济的范畴。产业链与市场结构之间存在同一性的关系，企业通过同类产品或相互替代产品的生产交易形成卖方竞争的局面，市场中的卖方竞争会产生并遗留现实矛盾。产业链结构处于微观经济产业组织与宏观经济产业组织的中间位置，产业链结构的特点与内部关系、输出效率既会影响宏观经济系统的活力，又会影响产业内各个企业之间的市场竞争关系。

根据企业间的内部关系和价值增加过程，产业链可以被用来描述在某一个产业内部企业的“簇结构”。产业链中的企业可以被分成上、中、下游企业，企业之间运输产品或服务从上游端转向中游企业，之后由中游又向下游端企业传递产品或服务，下游企业又会将信息反馈给上游和中游企业，产业链的长度反映了产业的细分水平及资源的加工深度。

2. 产业链理论的产生与发展

产业链问题是在市场经济的背景下提出的，研究聚焦于相同产业下不同企业之间存在的一种竞争与垄断的关系。任何一个理论的诞生必定有现实背景的支撑，产业链理论孕育于西方经济背景，伴随着市场经济的成熟与发展，企业之间的竞争关系促进了市场经济的发展，相互竞争的外部刺激成为企业发展的强大动力，产业链在市场经济下的生存与发展就需要激活这种竞争力量。

亚当・斯密最早基于系统论思想阐述了市场经济下的竞争机制。市场经济可以看作是一种分工经济，并且市场范围内部存在的劳动分工是有限制、有边界的。分工经济利用价格协调市场中专业化生产的分工体系，并且企业都具有专业化的生产能力，同时高度依赖市场环境。这个理论基于完全竞争的市场环境，处在其中的企业能够自由地完成市场准入与退出，因为此时的价格定位与企业投入的边际成本一致，所以企业并未获得超额利润。市场机制下的企业竞争与合作能够实现自发的协调与变化，企业之间完成自由的交易、合作与竞争，有利于维持市场秩序的平稳和谐并推进整个经济社会的发展。19 世纪后期，随着市场的发展，竞争越来越激烈，大型企业与中小微企业之间的矛盾越来越严重，产业内部出现超额利润并且效率较低。经历了市场冲击后的企业往往遭受了巨大打击，企业之间的规模力量、经济水平会根据自有条件进行适度防范，大企业利用较大的规模体量优势容易形成垄断，这也反映出“斯密定理”的底层逻辑。

马歇尔认为“组织”是生产的另一种要素，地区某一产业的集中、规模化的生产与经营、产业集聚的形态和各类分工与机器设备等都涉及规模经济问题。自由竞争是一把双刃剑，有利方面是竞争会带动经济体量、生产规模的扩大，有利于进一步提高产业链中企业的竞争力；而不利之处在于可能会造成垄断，垄断经济会阻碍竞争的和谐发展，遏制市场中企业经营活力，最终容易出现资源的不合理配置现象。这种由规模经济、竞争与垄断所形成的难题被称为“马歇尔冲突”。本质上是体现竞争所造成的垄断这一外部结果。在1894年至1901年间受“托拉斯运动”的影响，企业在市场中形成垄断的原因、发生的类型、最后的结果逐渐引起人们的广泛关注。不少学者利用经典的企业案例进行了实例研究，钢铁公司、烟草公司以及石油公司为产业链理论的研究奠定了实践基础。马歇尔充分发挥分工的管理与分配作用，强调分工与协作在企业经营中的重要性，这可以称为产业链理论的真正起源。

20世纪30年代经济发展出现的萧条状况表明市场环境中的完全竞争情况难以生存。与此同时，垄断竞争理论由美国的张伯伦和英国的罗宾逊首次提出。原有的理论指导是一种抽象的市场化概念，而学者利用现实的企业案例具体阐述了产业链发展中的垄断竞争现象。根据竞争、垄断、市场形态等各方面的属性特征，将完全竞争到垄断的两种边界结果进行了不同市场形态的分类，同时关注价格在竞争与垄断之间的作用，为产业链理论的发展奠定了初期的理论框架。

中国学者在许多方面有了新的研究拓展。如杨增科等（2021）通过构建演化博弈模型，认为政府干预对装配式建筑产业链主体之间的协作机制具有重要影响；王如意等（2021）发现棉花产业链呈现上游向西北内陆地区转移、中下游向东南沿海地区转移的趋势；胡俊康（2021）等研究发现，电子信息制造产业链呈现上游创新较强而下游创新较弱的特点，而以产业链为核心，构建合理的资源配置体系和政府监督体系是提升创新效率的关键；王洋等（2021）认为当前信息技术基础产业存在的问题急需通过产业链高级化与现代化来加以解决；新发展格局下“智慧物流”产业存在的问题需要通过产业链整合与供给侧结构性改革来加以解决（东方，2021）；同时，通过数字化与绿色化的发展，产业链与供应链风险可以得到有效控制（张其仔，2021；杜庆昊，2021）。

3. 产业链的SCP分析框架

产业链理论的提出促进了竞争理论转向“完全竞争”和“不完全竞争”两个理论方向。从历史时间跨度来看，主流产业链理论可以分为传统理论与现代新兴理论两个阶段。传统产业链理论（Traditional Industrial Organization，TIO）是在20世纪70年代之前提出并发展的，而新产业链理论（New Industrial Organization，NIO）则是在20世纪70年代之后逐渐发展形成的。

梅森和贝恩根据“不完全竞争”等一系列理论指导将现代产业链理论划分为三个基本范畴：市场结构（structure）、市场行为（conduct）和市场绩效（performance），也被称为 SCP 范式。基于以上三个范畴的产业链理论将市场结构与内部主体行为以及后期反馈效果在政策体系方面进行联系，促进产业链理论体系更加完善与规范化。

从 SCP 范式上看，产业的基本特性决定了市场的初级结构，其中以技术水平和技术弹性为代表特征；市场结构决定了企业行为，集中体现在市场上的经营者数量，会影响产品价格、产品开发、未来投资及广告活动和企业纵向一体化程度以及产品自身的成本；而企业行为决定了市场绩效，集中影响到经营效率、价格与边际成本比率、产品或服务的多样性、科技水平、收益与分配等。由于特别强调市场结构的决定性作用，尤其是企业的可盈利水平与集中度和进入壁垒具有很强的正相关性。哈佛学派也被称为结构主义学派。贝恩认为，企业之间不存在完全同质，企业之间的规模和产品存在差异区别。不同行业对规模经济的要求不同，市场竞争和追求也不同，因此追求规模经济必然导致集中度和增长度降低，进而形成垄断。垄断企业为了保证长期的超额利润，将利用垄断优势地位建立进入壁垒。贝恩强调反垄断的重要性与垄断力量、市场结构之间的平衡性，因此需要政府利用政策和其他“有组织的”机制影响市场结构。

以施蒂格勒和德姆塞茨维为代表的芝加哥学派认为，垄断并不一定会导致高利润，企业提高效率也有可能导致利润的提高。因此，市场绩效或企业行为决定了市场结构，而不是市场结构决定了市场行为。首先，在交易成本约束下企业间的勾结行为不可能长期存在；其次，广告等信息机制将有效突破进入壁垒；最后，规模经济不一定与垄断有关，而是竞争的基础，因为基于分工和专业化的市场规模的扩大一旦达到规模经济的程度，工业生产效率将达到极限，市场规模的进一步扩大只会增加经济活动中企业的数量。企业的“自组织”行为足以使市场达到理想的竞争状态。正因为他们强调效率标准，所以也被称为效率学派。这样的思想对反托拉斯运动和政府管制政策产生了深刻影响。例如 1982 年，美国颁布《兼并准则》，对商业活动是否违反竞争的标准进行了放宽，与竞争标准相反，该法律对合并采取了自由放任的立场，重点关注效率原则来指导反垄断运动。这对美国 20 世纪 90 年代的兼并浪潮和经济繁荣起到了巨大的推动作用。

4. 产业链理论的核心概念

由上述产业链理论的演进过程和研究框架可以看出，市场结构、市场行为和市场绩效是产业链理论的三个核心概念。

（1）市场结构。目前国内学者对市场结构主要沿用杨治的定义，市场结构是指规定构成市场的卖者企业相互之间、买者相互之间以及卖者和买者集团之间等诸关系的因素及其特征。在微观经济学中，市场结构被分为四种类型：完全竞争市场、垄断竞争市场、寡头垄断市场和完全垄断市场，市场结构的具体形态取决于厂商的数量、产品的差异化程度以及市场进入壁垒。日本公正交易委员会曾将赫芬达尔赫希曼指数用于微观经济学描述的四种市场结构，进一步将日本的394种产品市场总结为6种类型的市场结构，分别为高位寡头垄断Ⅰ型、高位寡头垄断Ⅱ型、低位寡头垄断Ⅰ型、低位寡头垄断Ⅱ型、竞争性Ⅰ型和竞争性Ⅱ型。通过对中国行业市场结构的测算发现，中国互联网信息服务业介于松散寡头与垄断竞争产业之间（董笃笃，2021），而中国房地产市场属于竞争性Ⅱ型市场（辛文等，2021）。“市场结构”这一术语包括了两层含义：首先，市场结构是指市场的组织特征、市场的组织形式以及竞争的形式和程度，如对某一市场竞争程度的度量、市场的进入障碍的度量和产品差异的度量等，这种定义与微观经济学所定义的市场结构含义相同。其次，市场结构是对特定行业中各个企业的市场集中度的衡量来确定各个市场中企业的市场占有率，进一步来确定市场的结构类型，市场集中度由高到低变化代表着垄断程度由高到低的变化。从产业组织理论的角度考察，市场结构的影响因素众多，其中最主要的因素包括产品差异程度、进出壁垒、需求与供给弹性和市场集中度等，在产品差异度越大、进出壁垒越高、市场集中度越高、需求与供给弹性越小时，市场结构越趋向于垄断结构。

（2）市场行为。市场行为指为了让企业在市场上获得更高的市场占有率和超额利润而采取的一系列决策行为。市场行为是众多企业行为的综合，通常包括企业的价格行为、非价格行为、组织调整行为等，主要包括营销行为、定价行为、合同行为以及退出行为。其中，营销行为是指厂商为了尽快地销售商品并补偿生产过程中的消耗，而采取的人员促销、广告促销和商标促销等行为；企业定价行为是根据市场的供求关系以及政策因素、市场竞争激烈程度等因素来合理制定价格的行为。在其他条件不改变的情况下，价格与成本的差距直接影响了企业的盈亏，因此企业应该同时考虑自身的利益与消费者的选择来制定合理价格，使两者都有利可图，这将有助于建立和维护市场经济秩序；合同是通过签订契约的方式来互相明确并处理协商双方的权利和义务的方式。而合同行为是指在市场经济条件下，商品生产者和经营者之间的商品交易，常以经济合同形式来实现的行为。在合同行为中也包括企业间的兼并合同，企业兼并的动机是为了获得规模经济效益、节约交易费用、降低经营风险等，可以采取横向兼并、纵向兼并和混合兼并等手段实现行业内或跨行业的兼并。企业做出退出行为的决策往往基于多种原因，如李玉梅等（2016）发现投资环境是影响外资企业撤资的主要原因，熊瑞祥等（2021）则发现劳动密集型的外资企业更容易受到最低工资上升的不利影响而选择退出市场。

（3）市场绩效。绩效是指企业为实现目标而展现在不同层面上的有效输出，具体表现为成本收益综合后的净值（叶俊焘，2012；杨相玉，2016）。市场绩效是指在一定的市场结构下，通过一定的市场行为，某一产业在价格、产量、费用、利润、技术进步、产品质量和品种等方面所达到的现实状态。市场绩效主要采用收益率、贝恩指数、生产率指标、价格—成本加成和托宾Q值等衡量，可以从配置效率、生产效率和动态效率三个方面进行综合评价，其实质反映的是市场运行的效率和资源配置效率。本研究对绩效的定义为水产企业实施追溯体系后成本收益的改变。

（二）信息不对称理论

在市场经济活动中，参与市场活动的主体成员间所分享的信息是不同的，享有信息多的经济主体在经济活动中处于有利地位，享有信息少的经济主体则处于劣势。在实际经济活动中，享有信息多的经济主体会向享有信息少的经济主体传递较少的可靠的信息，从而使自己在交易中获得较大的利益。因此，在实际的经济活动中，信息不对称是阻碍产业间合作和市场经济的主要因素。

1. 信息不对称的分类

在市场交易中，卖方往往由于了解产品而处于优势地位，而买方往往由于对产品信息的了解较少而处于相对劣势地位，即由于双方对信息的知情程度不同而引起的交易地位的差异。信息不对称理论认为：与市场中的买方相比，卖方总是能够利用对于产品的熟悉程度来获得信息优势，从而获得更大的利益。而买方则会通过各种方式来获取产品信息以弥补在交易中的不利地位，其中，市场信号就是一种具有重要作用的可以弥补双方信息不对称程度的市场机制。

在市场经济活动中，信息不对称会导致市场交易的不公平，进而影响社会公平正义以及市场对于资源的合理配置。生产者、经营者和消费者之间信息是不透明的，生产者和经营者处于信息优势，消费者处于信息劣势，生产者和经营者可能会隐藏自身的行为，或者对消费者隐藏重要信息（见表2-1）。

表 2-1　信息不对称的分类

	隐藏行为	隐藏信息
事前信息不对称		逆向选择模型
		信号传递模型
		信息甄别模型
事后信息不对称	隐藏信息的道德风险模型	隐藏行动的道德风险模型

资料来源：作者根据信息不对称理论整理所得

水产品作为消费性商品，由于生产周期和产业链条较长等特点在市场活动中也存在信息不完全和不对称的问题。对养殖户来说，为了更多地了解消费者的偏好、获得更多的信息，势必需要增加信息成本，即增加了交易成本。而在生产环节，存在着苗种、饲料供应商与养殖户之间的信息不对称。

在生产阶段，饲料供应商、养殖户和经营户之间存在信息不对称，水产养殖户和经营户与消费者之间存在信息不对称。一般饲料供应商、养殖户管理者更加了解每个渔业产品的生产环境、原料来源、药品使用、运输等一系列关键信息终端，但一般消费者是基于个人消费习惯而决定是否购买的，社会和公众的评价对其购买行为存在辅助的结果。在信息不对称、养殖经营销售过程不透明等问题的影响下，部分养殖户采取滥用药物、以次充好、喂养掺假等行为，将产品质量问题传递给各个消费者，同时进行低价竞争。受这样行为的影响，消费者主要基于价格从而逆向选择低质量产品。在水产品市场，如果有低质量的劣质产品不断地代替高质量的优质产品，随着时间的推移，优质产品逐渐遭到劣质产品的驱逐，市场上的产品质量持续下降，进而导致发生产品质量安全问题。

2. 产业链上的信息不对称问题

水产品产业链上涉及的主体有水产品养殖户、水产品加工者、水产品销售者、水产品消费者和政府部门。不同的主体之间存在着大量的信息不对称现象，具体如图 2-1 所示。

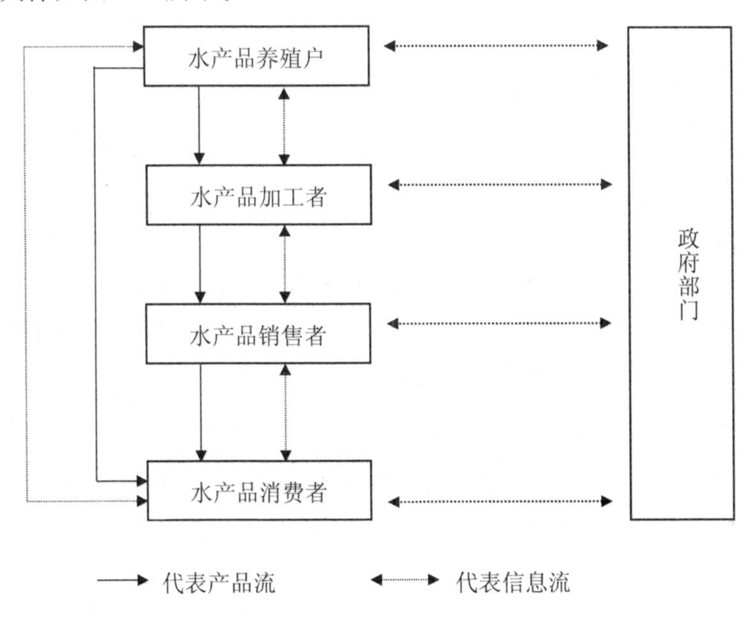

图 2-1 水产品市场不同主体之间产品流和信息流的流向

（1）养殖户与加工者之间的信息不对称

水产品生产需要各种要素的投入，包括鱼苗等的选择和使用。一方面，对于水产品加工者而言，养殖户对于水产品质量的掌握要更加准确。当水产品加工者无法全面地鉴别水产品质量的时候，作为有限理性的养殖户出于利益动机容易发生“道德风险”，如向水产品加工者提供品质低下的水产品等。另一方面，加工者获得的关于水产品市场信息和政策信息比养殖户更快、更准。因此，在水产品养殖户特别是单个养殖户没能及时准确获得信息的时候，作为有限理性的加工者也可能实施个人投机行为。这些行为一旦被消费者察觉，在很大程度上就会失去对优质安全水产品的信任，从而加剧市场的逆向选择程度，阻碍优质安全水产品市场的发展壮大。

（2）加工者与销售者之间的信息不对称

当加工者与销售者进行交易时，加工者显然更清楚水产品的真实质量水平，销售者则更清晰地掌握着市场信息。此时出现的信息不对称容易使得加工者“以次充好”，向销售者提供劣质产品以谋取更多利润。同时，销售者会利用手中更丰富的市场信息，实现个人的投机行为。这些行为不仅影响市场上水产品的质量，也会通过直接或间接的方式影响加工者、销售者甚至是消费者的利益。

（3）销售者与消费者之间的信息不对称

在水产品市场上，销售者与消费者进行交易时，由于信息不对称，容易产生“逆向选择”。销售者在进行销售时会将劣质产品冒充优质产品，并掩盖其真实信息。消费者并不完全清楚水产品的真实质量，无法在购买之前鉴别其质量好坏，因此就会用平均价格来购买在消费者看来相同的优质产品或劣质产品。此时，价格机制就会失灵。销售者在提供优质产品时所获利润降低，而在提供劣质产品时获利较高，促进销售者转向销售劣质产品，优质水产品反而无人问津被驱逐出市场，这就形成了“劣币驱逐良币”的逆向选择问题。水产品市场上产生的“逆向选择”问题拉低了市场水产品的质量水平。消费者的消费意愿会随着产品质量下降而逐渐减少，又再次使得市场中产品的价格和质量进一步下降。长此以往，水产品市场中就会充斥着劣质产品。逆向选择问题不仅侵害了消费者利益，也导致了市场的低效率。

（4）养殖户、销售者和消费者之间的信息不对称

水产品养殖户与水产品经营者、消费者进行交易时，会更加了解鱼苗的选育、生长、喷药或养殖制度和疾病检测、防治水平。这些产品包含隐藏在农产品的基本品质中，决定了其品质的优劣，而水产品销售者和消费者只能通过水产品的外在特征如外观、颜色、新鲜度等进行质量判断。这就构成了生产者与经营者、消费者之间的信息不对称，每一种优质水产品都很难以一个高的价格出售，劣质水产品可能会驱逐市场上优质的水产品。在价格设定上，渔业经营者往往对市场信息较为了解，而养殖户和消费者掌握的信息较少，这样的信息不对称容易导致渔业经营者从市场上压价收购，以高价出售获得利润。

（5）加工者、销售者和消费者之间的信息不对称

加工者、销售者以及消费者在交易时对水产品相关信息的了解完全不同。许多消费者并不了解卖家向市场提供的安全海产品的真正安全水平。例如，加工商知道在其产品生产过程中添加剂的使用，但消费者不知道；批发和零售市场的销售者知道产品在储存和销售过程中是否卫生、安全和无污染，但消费者对此并不知情。水产品属于后验型产品，只有通过食用的方式才能准确确认其安全性，甚至有时即使食用也无法保证其安全性。这就造成了加工者、销售者和消费者之间的信息不对称。

（6）政府部门与水产品流通环节上各主体之间的信息不对称

政府与水产品流通环节中各主体之间的信息不对称，可以从以下几个方面加以说明：首先，政府的信息传导机制不健全。目前，在水产品质量安全管理中存在部门分割、权责交叉等现象，各部门通常只负责自己的信息传递且在传递过程中大多通过一些专业网站或专业的报纸杂志等向外传递各种政策信息和水产品质量信息。由于信息网络不健全、养殖户信息接收能力差等原因，造成了信息传递面窄、传递实效性差等问题，使得水产品流通环节中各主体很难及时、有效、全面地了解相关信息。其次，政府的监管机制不健全。水产品种类繁多、生产分散、缺乏标识、产品的安全责任可追溯性差，导致政府管理者在监管中，监管成本高；加之目前检测检验成本高，高成本也为政府对水产品实施完全、持续的监管增加了难度。

（三）企业一体化理论

所谓一体化就是由若干关联企业组合在一起形成的经营联合体，主要包括前向一体化、后向一体化、横向一体化和纵向一体化。它们各自适应于不同规模、不同行业、不同地域的企业。

前向一体化就是企业通过收购、兼并批发商、零售商或自办商业贸易公司等各种渠道而增强销售力量来求得更好发展。后向一体化即企业收购、兼并原材料供应商，拥有或控制其市场供应系统，当供应商方面盈利高或发展机会好时，一体化可以争取更多的收益，同时避免了原材料短缺、成本受制于供应商的危险。横向一体化是指企业收购、兼并或联合竞争企业的战略。企业所生产的产品数量的增加导致单位产品的平均成本下降，同时，行政成本在重复性工作和管理惯例的共同作用下降低了，于是水产企业产生了规模

经济。因此，当其他条件不变时，企业效率最高或平均成本最低的数量点被称为最优横向边界，又称为规模经济。纵向一体化通过前向和后向两个方面加以整合，说明企业内部包含了全部产品链的活动，受到范围经济的限制，并随着范围经济的扩大和缩小进行同方向的改变，同时整合生产、供应、销售的环节，实现对全产业链的控制。显然前三者适应于规模并不庞大、资金并不雄厚的中小型企业，而后者则是大型企业特别是跨国型企业一定会重视的企业战略之一。

就企业的横向一体化而言，企业生产单一产品体现分工与专业化，从而实现规模经济。企业的垂直整合即纵向一体化使得范围经济获得比规模经济更多的边际利润。企业通过扩大规模，在规模经济的基础上，追求范围的经济性，其表现是生产两种或两种以上的产品。这时，只做单一产品的企业在产业链中不断延伸，达到最优生产规模。当企业发展到一定阶段时，就必须进行一体化选择，企业借此就能发展得更强大。

根据新古典经济学原理，在企业成长中规模经济和范围经济都能够降低成本，企业进行生产的最理想位置是产品平均成本的最低点，也是规模经济和范围经济相结合的最佳点。横向一体化是要利用规模经济，纵向一体化是要利用范围经济，而两种一体化可以相互替代。作为横向整合和纵向整合的替代方案，我们寻找考虑规模经济和范围经济的最佳范围，可以通过货物和业务外包等方式进行分工合作，实现竞争需求。

企业在规模经济和范围经济的选择过程中进退两难。原因在于：一方面，公司实现了竞争优势的增加；另一方面，行业需要发展规模经济。这扩大了企业的管理规模，带来了低效率的企业纵向协调，这将降低范围经济本身的优势。对于规模经济程度的把握是一个重要因素。而且，企业共享资源与协调活动同样影响了范围经济，使得企业对管理的要求变高，导致组织结构发生变化时，企业的规模经济就会受到损害。因此，当纵向一体化推进时，生产过程和管理成本上升，管理效率降低，规模经济性变低。

（四）主体行为理论

水产品追溯体系的实施过程中涉及水产品产业链上生产者、加工者、消费者和政府等多个主体，要厘清水产品追溯体系与产业链的协同关系，必须对产业链上各主体的行为理论进行系统分析。

1. 水产品追溯体系的生产者行为理论

水产品追溯体系建设对于消费者、生产者和管理部门等众多利益相关群体来说是一个复杂的系统。生产者直接参与了溯源体系的建设和实施，其参与意愿强弱直接决定了全链条溯源体系能否取得成功。只有当生产者能够在可追溯体系中获得切身利益时，生产者才会真正支持可追溯体系的建设与实施。

从动机和意愿上来说，生产者参与追溯体系是为了减少风险，并在长期过程中实现产品差异化和品牌化来提高竞争力。只有当消费者愿意为可追溯水产品付出更高的价格时，生产者才更有意愿参与追溯体系。在生产者参与追溯体系的过程中，现行的质量认证水平、产品是否出口、政府政策、风险预期、成本收益预期以及生产者对消费者支付意愿的预期都会影响生产者参与追溯体系的建设（李文瑛等，2017；邹嘉琦，2019），越是质量安全控制能力强的生产者也越愿意执行严格的水产品可追溯体系。

从成本与收益上来说，可追溯体系的成本和收益主要取决于追溯的宽度、深度和精确度，生产者实施可追溯体系的成本主要来自记录信息的成本和产品差异的成本，收益则主要来自配送成本减少、召回水产品开支的减少以及水产品销路的扩大（Golan，2004），而可追溯体系的“深度”和“宽度”与建设成本密切相关。

目前，中国水产养殖企业产业化程度较低，市场竞争力较弱，缺乏有效监管，产品质量难以保证（熙格，2016；高令梅等，2021）。从经济学视角分析，中国水产品质量安全产生问题的原因有多个方面：既有需求和供给变化引起的价格失衡、外部性引起的市场失灵，又有信息不对称与逆向选择问题。而其中生产者行为是影响水产品质量安全的关键因素。解决水产品质量安全问题，需要尽快建立起全国统一标准的水产品追溯体系，以此规范企业生产行为，保障消费者利益，促进水产养殖企业健康发展。

2. 水产品追溯体系的消费者行为理论

消费者作为追溯体系的终端，对追溯体系的认知和购买意愿是影响其购买行为的重要因素，消费者的购买意愿和购买力又影响生产者参加建设可追溯体系的积极性。国外有学者认为，建立并实施水产品追溯体系的目的是通过向消费者提供可追溯商品信息，以达到改变消费者行为的作用。Andersen

（安德森）等（1994）指出，通过“第三方介入”建立足够可靠的声誉机制并进行有效监督，消费者会根据生产销售商的声誉进行有效判断，提高对产品的信任度。消费者对水产品供应链上参与者的信任是影响消费者水产品安全信心的因素之一。同时，消费者对可追溯水产品的认知度存在差异，多数消费者愿意为拥有生产过程详细信息的可追溯性水产品支付更高的溢价。发达国家的消费者对可追溯水产品的认知度较高，大多数消费者对生产各个环节信息完善的可追溯性水产品具有更高的消费意愿。美国调动第三方力量分担政府监管部门承担的追溯义务，相关食品行业协会形成了行业内部追溯秩序。此外，为了提高消费者对农产品质量安全以及追溯制度认知，美国还专门将每年的九月份设定为全国食品安全月，加大对食品追溯管理的宣传教育和引导力度。这些做法拓宽了对农产品质量安全的监管渠道，有利于提升农产品质量，增加消费者对农产品质量的信任感。

对于消费者的购买意愿，中国学者经研究后认为信息的可追溯性、不同的追溯信息、认知程度、年龄、受教育水平、购买地点场所等都对消费者的支付意愿有影响（陶德超等，2021）。陈红华（2009）认为，消费者对风险感知意识越强，越愿意购买可追溯产品，可追溯产品过高的价格会导致消费者购买的减少，同时具备可追溯与相关质量认证的产品才能带来消费者更高的支付意愿。虽然中国在追溯制度建设、追溯技术研发和追溯试点运行等方面取得了一些成效，然而由于追溯体系是在不同的试点地区结合本地的情况进行的建设，因而出现了追溯标准各自为主、追溯效果不一的情况，食用农产品追溯体系建设整体还处于初级阶段。有些地方的水产品追溯措施没有起到应有作用。尽管中国大部分消费者对水产品安全监管意识有所加强，但是对水产品追溯体系的整体认知度不高，并且只有小部分消费者愿意支付可追溯水产品的溢价，消费者的低接受度势必影响可追溯水产品的销售，影响企业效益，进而影响可追溯体系的顺利实施。

3. 水产品追溯体系的监管者行为理论

欧洲的研究者认为可追溯体系作为整个水产品安全文化的一个组成部分，需要政府和企业通过共同合作建立。政府在水产品追溯体系的建设与实践中主要承担着政策干预、规制引导的责任。欧盟、美国、日本等为了监督和约束水产品生产者的生产和销售行为，在政府主导下制定了科学合理的水产品质量法律法规。欧盟水产品安全局在负责为企业提供科技支持、风险评估结果的同时，还将风险信息提供给公众。美国则采取了水产品安全监管制度来保证水产品生产和加工全过程的安全。日本是由水产品安全委员会、劳动省及农林水产省负责水产品安全监管。在欧盟、美国和日本，生产和加工的水产品需要经过检测和认证，只有被认定合格后才能进入市场。水产品追溯体系的有效实施，离不开科学的质量监管体系，离不开政府监管部门的协同合作和有效监督与管理。有效的监管，使水产品生产企业违法成本增加，降低了企业违法生产的可能。

可见，在水产品追溯体系的建设与实践中，作为监管者的政府的干预指导是必要的。市场有时并不能有效预防水产品安全风险，作为生产者的企业有时也会存在可追溯供给动力不足的问题，此时政府强制可追溯就是必要的。中国政府高度重视水产品质量安全，明确规定禁止销售含有国家违禁的渔药或者其他化学物质、含有渔药等化学物质残留、含有重金属等有毒有害物质、含有致病性寄生虫、微生物或者生物毒素等不符合水产品质量安全标准的水产品，企业在保鲜剂、防腐剂、添加剂的使用上要符合国家有关强制性技术规范。虽然近年来监管力度不断加大，但水产品的品种繁多、经营分散，各地监管的主体是水产品药品监管部门，由于人手不足、力量不够、监管技术手段落后等原因，在具体执行时，工商行政管理、海洋渔业等其他部门也会参与管理，这些部门往往存在着监管范围划分不清、监管项目重复重叠、监管职责分工不清等问题，各地在监管上标准也不统一，水产品追溯体系不完善，所以，仍然存在着监管不力的问题（刘广琛，2021）。

政府作为水产品追溯体系中的监管者，应组成横纵的安全之网，确保水产品的质量安全。在当前中国政府存在监管不力问题的情况下，政府更应该以实际行动推动水产品追溯体系的完善与发展。例如，政府应该在完善相关法律法规的基础上，建立“全程监督”理念，以合理的法律法规体系保障水产品追溯体系。整合管理部门资源，提供可追溯机制保障，同时加强技术开发运用，推广落实可追溯机制（徐运标，2021）。

（五）成本与收益理论

成本—收益理论在经济学上是指企业在进行生产经营活动过程中将生产投入成本以及产品产出收益纳入会计核算，以期达到利润的最大化。这一理论应用在每一个单独的生产企业个体上是一样的，将企业作为一个经济理性人，企业在进行生产的过程中也会将其进行生产的投入成本和农产品收益对比核算，如果收益比较大，企业的生产积极性就会提高，如果收益小或没收益，企业生产积极性就会下降或消失（刘晓琳，2015）。

1. 成本—收益理论

（1）收益理论。“收益”被亚当·斯密在《国富论》中定义为“那部分不侵蚀资本的可消费的数额”，在该书中，收益被看成是财富的累积增加。一些经济学家继承、发展了这一理念。马歇尔在其经典著作《经济学原理》中将亚当·斯密的收益观引入企业，提出区分实体资本和增值收益的经济学收益思想。20世纪初，美国经济学家欧文·费雪进一步丰富了这个理论。他在《资本与收益的性质》中首先从表现形式上定义了收益，同时指出了三种不同的收益形态：①精神收益——精神上获得的满足；②实际收益——物质财富的增加；③货币收益——增加资产的货币价值。在以上的各种收益中，有的是可以进行计算的，有的则是无法通过计量手段核算的。一般认为，精神收益由于较强的主观性而难以计算，而货币收益若是一个不考虑币值变化的静态概念就会相对容易计算。

总收益是每个时期生产者总的销售额，即生产者销售一定数量的产品或者服务所获得的全部收入，等于产品的销售价格与销售数量的乘积。经济学中的总收益指一种物品由买者支付的量和卖者得到的量，用该物品的价格乘以销售量来计算。总收益高低与该物品是否具有需求弹性有关，当需求缺乏弹性时，价格和总收益同方向变动；当需求富有弹性时，价格与总收益反方向变动；当需求是单位弹性时，总收益不受价格变动的影响。

（2）成本理论。《新世纪现代汉语词典》对成本的定义是：企业经营中的所有支出如购买原料、劳动力、劳务、供应品，包含折旧资本的摊销。马克思“劳动价值论”认为，商品价值是凝结其中的无差别的人类劳动，社会平均生产条件下生产这种商品的社会必要劳动时间可决定其价值。成本这一概念被马克思从商品生产的角度重新定义，他提出成本“只是在生产要素上的资本价值的等价物品或补偿价值”（阳昌云，2000）。经济学上所指的成本通常指厂商为了得到相应数量的商品或劳动所付出的代价。主要包括显性成本和隐性成本。显性成本指厂商进行某项经济活动时所耗费的货币成本，主要包括员工工资、购买原料及添置或租用设备的费用；隐性成本是厂商使用自有生产要素时所产生的费用。

2. 水产企业的成本收益分析

（1）水产企业的生产成本分析。企业生产可追溯水产品的成本包括直接成本和间接成本。直接成本包括：引进可追溯信息管理系统、编码系统及其他软件系统的成本，所增加的计算机、服务器、终端查询设备以及其他硬件服务设备成本，条码标签成本、人工成本、培训成本、企业为建立可追溯体系而在生产线上加装的传送带和读码处理器以及专门的员工对可追溯系统进行管理等产生的费用。间接成本包括：软件的升级、系统的维护、更新换代、终端查询设备的维护、为建立水产品追溯体系而改变的操作程序以及增加的生产设备等；而其所增加的成本也与可追溯的“深度、宽度和精确度”密切相关，在实际中许多成本是交叉的，并不完全属于直接成本或是间接成本。

（2）水产企业的收益分析。按照西方经济学对收益的分类，本研究将企业的收益分为直接收益和间接收益。直接收益包括：政府补贴、可追溯水产品的额外价即高于普通水产品的那部分价格，这是因企业所附加的安全信息而增加的价格，因而使水产品的安全性具有差异性特征，从而提高了水产品的价格，这是可追溯水产品相对于普通水产品具备可追溯性而获得的价格优势。不过企业收益既取决于市场机制的成熟程度又取决于消费者对安全水产品的支付意愿。间接收益主要包括：提高水产品生产自身综合品质（如提高安全性、提高效率、提高质量、减少原料损失等）、提高外在环境带来的收益（如提高水产品安全水平、减少召回成本、扩大国内市场销售量、开拓国际市场、塑造的良好的品牌形象、提高公司声誉等）。实行水产品追溯体系提高了生产效率，间接降低了人力成本以及其他的宣传费用等。实行水产品追溯体系有助于降低水产品安全风险，从而降低处罚成本。

第二节 产业链协同对水产品追溯体系的影响机理分析

可追溯体系与产业链协同是指在假定其他因素不变的前提下可追溯体系与产业链协同相互作用的机理：第一，水产品追溯体系运行最终受水产品产业链包括产业链结构、产业链关系、产业链治理等内在特征影响，产业协同方式决定追溯体系的模式和运行绩效；第二，从产业链演进视角看，水产品追溯体系及其产业链协同是一个系统协同的演进过程。从水产品生产、流通等产业链过程看，产业协同的特点如下：一是为了降低产业链中单个企业的投机行为，利用产业链创新的方式，通过产业链上、中、下游内部整合，各产业模块连接等，有机整合产业链节点的各企业，自发形成新型产业链内部结构。对于产业协同也有学者提出构建大流通体系，贯穿生产、流通、销售各个环节，构建全面的产业链结构（葛佳，2021）。二是构建水产品追溯体系和产业链的相互融合的新格局，主要手段是利用协同方法的创新来促进相关产业链重构，形成对其利益相关者与其收益相应的包含名誉、物质投资等的激励约束机制。三是自组织系统，即通过水产品的可追溯体系与产业链演进相互发展，从产业链系统演化的视角看，有明显的系统共用效应、互补效应、同步效应的整合过程。

因此，基于上述水产品追溯体系及其产业链协同关系的内生逻辑，本研究将基于产业链视角下探索“水产品追溯体系与产业链协同相互促进的机理”这一新的理论框架，其核心观点为：决定水产品追溯体系的关键内生变量是产业链协同而非外生的政府、消费者监督，只有将产业链协同与追溯体系内部化、融合化，才能促进追溯体系的高效运行。

追溯体系的根本属性是“团队生产”，主要是对产品及其特征的追溯和记录。实施追溯体系带来的财务收益、产品声誉等收益应为所有参与成员所共享，也需要所有成员共同参与和协同完成。产业链零散化、低度协调性加剧了产业链上各个企业之间的信息不对称和市场失灵等现象，导致水产品企业对主动实施可追溯体系的“偷懒”和“公地悲剧”等机会主义行为。追溯体系作为一种特殊的技术和制度化的专用性资产投入对成员企业而言是存在差异的，当产业链治理缺乏合理的租金分享和价值补偿机制时，必然导致成员企业对实施水产品追溯体系缺乏组织内生的激励和约束。同时，追溯体系技术上要求供应链全覆盖，需要水产品生产流与信息流叠加和一体化流动，但是，数量多、规模小的小农产业链，由于组织形态的随机性和离散性，导致委托代理费用高、边界成本高、规模不经济等问题，增加了追溯体系的运行成本，降低了实施收益，部分企业的缺失主要是考虑到追溯体系或许会带来收益与投入不匹配。零散的、小规模的产业链之间主要是以市场交易或者弱社会联系为联结纽带，而成员企业考虑到对未来期望的不稳定和追求短期利益，从而对于水产品可追溯行为的可选择性增加了一定的不稳定性和短期性。

追溯体系所嵌入的产业链协同方式及其演化是决定追溯体系内生的关键变量。如图 2-2 所示，水产品追溯体系运行受水产品产业链协同的内在特征影响，为了确保水产品产业链的整体效率的帕累托优化，并形成相对稳定且长期的协调合作机制，主要从产业链结构、产业链关系和产业链治理三个方面的完善、重建和发展对水产品产业链协同形成一定的规范，从而达到限制和激励成员的目的，以及使得成员企业可以实施可追溯体系的相应行为。水产品追溯体系基于产业链演化来看是与其产业链组织相互协同演进的。为了形成水产品追溯体系的运行与产业链协同的系统，使其具有激励和协同效应的特征，可以通过追溯体系组织内的创新及其协同，将其运行中的“公地悲剧”等问题内部化，以追求水产品追溯体系的完备和执行完全。综上所述，为了追求水产品产业链的帕累托改进，使之形成协同融合的长期稳定性，可以利用产业链结构、产业链关系以及产业链治理三个方面的制度规范来进行约束和激励。

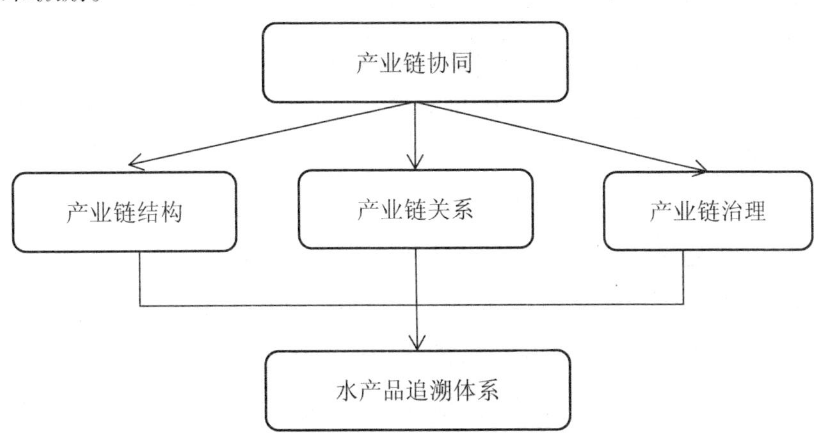

图 2-2 产业链协同对水产品追溯体系的影响机理

一、产业链结构对水产品追溯体系的影响机理

产业链结构之所以会对水产品追溯体系产生影响，既有技术原因，又有经济原因。一方面，就技术层面而言，要保障水产品追溯体系的有效实施需要产业链相关主体对其相关技术进行一定程度的创新和发展，如相关企业、养殖户、加工企业等为加强水产品追溯体系进行技术创新和发展。对于水产品市场结构与追溯体系的关系研究可以从产业链理论视角出发，基于其市场的结构和技术的创新进行分析。所以，为处理追溯体系实施中的相关难题，可以利用产业链相关主体的创新行为，通过其适当的扩大规模、集中化来实现。另一方面从经济角度来看，产业链上消费者和企业的信息不对称、水产品的特殊性使其作为信用商品给水产品追溯体系的实施增加了难度。因为，在均衡市场上信息互通、竞争充分同时，水产品追溯体系的着力推进可以确保企业提供高质量、符合安全标准的水产品，并且不刻意隐瞒相关信息，促使买卖双方充分了解水产品有关市场信息。但与之恰恰相反，水产品可追溯性差是由多种原因造成的，包括当前中国水产行业上下游供应链关系多是相对较为松散、临时的养殖户、加工的企业和运销企业，导致各主体之间信息不对称，以及下游企业对上游企业产品信息收集的成本过高，流程复杂导致时间缓慢等。从而，建立适当的一体化组织结构，通过产业链上各主体间更为紧密的协作关系可以使追溯信息在产业链上的传递更为容易。

据主流产业链理论的 SCP 范式可知，产业内部的单个经营主体的行动都是受产业链结构深远直接的影响，而市场绩效又是通过市场中单个经营主体的行为影响决定的追溯体系的实施，即产品质量是市场绩效之一。一方面，产业链结构可以通过“优质优价”的市场机制改善企业原有收益，提升追溯体系的实施效果；另一方面，企业提升其实行追溯体系的动力，可以利用扩大规模，创造产业链结构中的规模优势，以达到降低预期成本的效果。即行业中的优势企业往往是那些规模相对较大的，因为规模越大，受其他企业投机影响就相对较少，导致这类企业的责任较大，因为其越想保持较高的价格就越有动力实施追溯体系。综上所述，水产行业追溯体系的实施绩效是可以通过产业链结构来改进的。

产业链结构主要通过市场集中度、行业壁垒和产品差异三个方面影响水产品追溯体系的实施绩效。第一，提升市场集中度有助于提高企业规模，企业相对规模越大，受其他企业“搭便车”行为的不良影响越小，越有动力实施追溯体系以改善产品质量，维持较高产品价格（Pouliot and Sumner，2008；余建宇等，2015）；构建养殖企业、加工企业、销售企业等各水产品利益相关主体联合起来的全产业链，形成闭合的紧密联系的产业链，减少其中不必要的环节，降低了相关成本，使得企业更有动力追求产品质量（高云，2021）。在产业链发展过程中，要考虑到不同企业主体的需求各不相同，要想平衡组织内各主体，要进行适当的分配激励（程华等，2021）。第二，行业壁垒方面。一方面，合理的进入壁垒可以将无效企业阻挡在行业门槛之外、降低水产企业生产成本，从而提高企业的预期收益，改善水产品追溯体系实施绩效。另一方面，适当的退出壁垒可以借助资产专用性防止部分企业在追溯体系实施过程中出现机会主义行为，激励、督促企业有效实施追溯体系（李平英，2010），而行业壁垒可以从要素配置方面突破，这也是考虑到当前的新发展格局所提出的（王曙光等，2021）。第三，差异化方面。企业为了保持其核心竞争力通常采用差异化手段。企业为追求预期利益，确保产品高质量，考虑到水产品的特性及其较强的易腐蚀性，通常需要利用全产业链有效的冷链物流，以致企业在追溯体系实施过程中也有较高的主动性。无论是在水产品上游供应链的生产环节还是销售端的利益追求方面，水产行业内的各企业都愿意进行差异化发展，以促使其竞争优势的形成。因此，为了培养消费者的认可度和接受度，各企业也正在努力寻求创新，而追溯体系是其中重要的创新手段（黄云霞，2021）。

由此，以下内容将基于产业链基本理论和分析方法，深入研究产业链结构对水产品追溯体系的影响机理，以期为实证研究提供理论支撑，具体如图2-3所示。

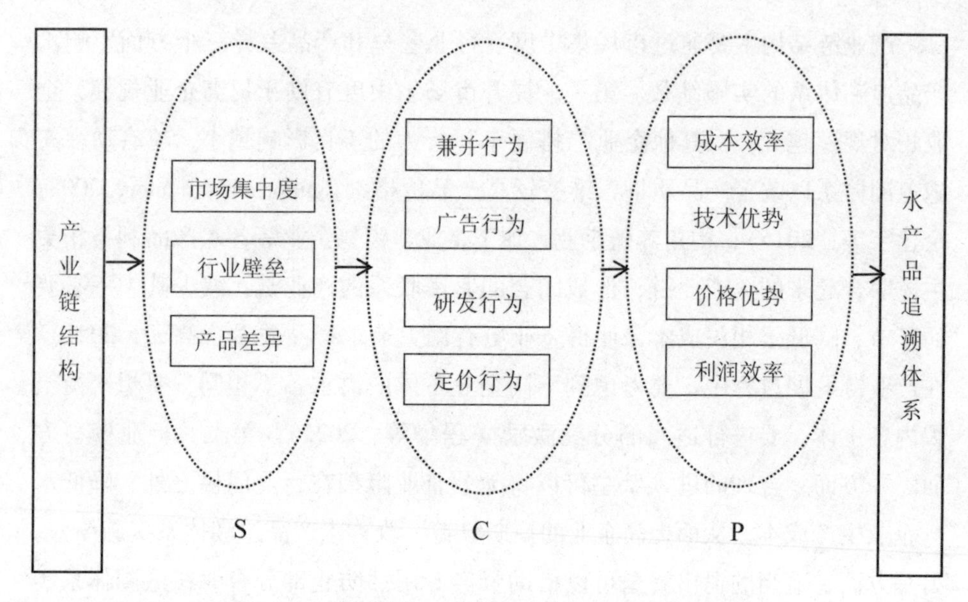

图 2-3　产业链结构对水产品追溯体系的影响机理图

（一）市场集中度对水产品追溯体系的影响机理

水产品追溯体系的实质是水产品质量信息在市场各个阶段的连续性保障系统，是确保水产品质量安全的一种风险预警系统，是企业提升收益、规避风险、降低成本和提高竞争力等因素的函数。因此，分析市场集中度对追溯体系实施绩效的影响，可以从集中度对规模经济、生产技术、声誉等因素的影响开始，从中得出市场集中度对水产品追溯体系的作用机理。

1. 规模经济对水产品追溯体系的影响

在参与农产品质量安全追溯体系的过程中，不论是农产品生产企业还是农户都表现出“经济人”的理性行为，以获得最大的自身收益。而现代农业的发展也离不开相关企业的发展，其中规模生产是实现规模报酬的重要方式（史修艺，2021）。如果可追溯体系的实施在农产品价格、市场准入、产品信誉等方面可以增加生产者收益，降低生产成本和交易成本，并且这些正面的影响效应能够克服由于技术难度、市场风险给农户带来的负面影响，生产者则有较强的意愿参与农产品可追溯体系，并形成正向的激励机制。因为分工的深化，可以促进规模经济的发展，而加强分工会使得产业链上单个企业更愿意追求更高的产品质量，实现自己的竞争优势（马雅恬，2022）。规模经济对追溯体系实施绩效的影响主要体现在以下两个方面：第一，水产品全产业链上规模较大的企业，包括养殖企业、加工企业、销售企业等，这些与消费者息息相关的企业更有可能为了预防有关水产品安全问题投资可追溯体系，因为这些企业需要在水产品安全方面担负更多的责任，并且需要更紧张地面对政府监管。第二，优质优价是市场价格机制的基本原则，然而水产品质量存在严重的信息不对称，即消费者难以准确辨别水产品质量水平，或者说准确识别的成本非常高，由此导致优质优价的基本市场原则在产品交易过程中经常被破坏，导致最终出现“柠檬市场”现象。通过战略联盟和一体化形成的大规模企业往往可以通过广告效应和品牌效应提高自身产品在消费市场影响力和接受度，以追求产品的高质量和优惠价格，提升营业利润。在正确的市场机制引导下，企业更倾向于实施追溯体系以提升产品质量，从而最大化自身利润。

2. 声誉对水产品追溯体系的影响

声誉激励是企业考虑到长期利益从而舍弃眼前利益，就像提供不安全水产品的企业，对其最致命的打击可能是使其未来长期利益受损，该影响远大于对其的法律惩罚。市场上，商家主动、自发地对消费者提供其产品的有关信息，如生产方式、来源等，更愿意展示其产品，则对消费者的购买行为和意愿有更直接、深远的影响（蒋玉等，2021）。企业要想屹立不倒，想在消费市场建立良好声誉，那么即使市场中存在信息不对称问题，企业也会主动实施追溯体系，把真实的水产品质量安全的有关信息呈现给买方，这属于隐性激励的方式。正如霍姆斯特姆所言，声誉机制的隐性激励机制可以达到线性激励机制同样的效果。为了显著提升未来相关利益，将声誉效应引入竞争，会对其绩效产生一定的影响（朱宾欣，2020）。组织内部各方对内部指定行为主体抱有的观点或立场组成了水产品产业链组织中的声誉，换句话说，养殖户的声誉是下游加工企业和其他养殖户对他的经济行为所持有的肯定或否定态度，声誉机制的存在主要是通过防范组织中的机会主义行为和道德风险，加强全产业链追溯体系的实施。

（二）行业壁垒对水产品追溯体系的影响机理

对于产业链结构的作用机制最重要的是行业壁垒，这也是关于追溯体系实施绩效的一个影响因素。进入和退出壁垒都可以看作行业壁垒，企业进入或退出的成本会对一行业内部相关企业个数及相应的竞争水平起决定性作用，而这一成本的高低是由壁垒高低决定的。要想分析企业进入或退出市场的壁垒，可以考虑新兴企业如何进入市场，考察产业内原有企业和潜在进入者之间的竞争关系，以及最终反映出来的市场结构的调整和变化。由于相关行业壁垒的存在，部分民营小企业是无法及时做出反应的，更无法融合产业链，因此产生一定的负面效果（戴祁临，2018）。企业考虑到不同的市场以及地区和行业之间的利益，会根据自身的要素资源包括相关技术、劳动力和资本等来进行合理的转移，这可以看作是企业进入或退出市场的本质，换句话说，从微观角度来看，这也是对于社会有关资源的合理配置。由于有源源不断的企业进入或退出市场，流量以及存量的增长或减少是不可避免的，这种通过长时期积累和演进形成的结构可以看作是产业结构的进化和产业链的发展与创新。

1. 进入壁垒对水产品追溯体系的影响

低进入壁垒使水产企业非常容易地进入该行业经营领域。一方面使大量不具备生产高质量水产品的低素质经营者进入市场，难以保障水产品质量水平。另一方面造成水产品价格大幅波动，优质优价市场机制难以实现，妨碍高质量水产品的供应数量。如果提高进入壁垒使得外部资本难以进入水产行业，行业中现存的企业缺乏竞争对手，可能会使竞争处于价格竞争阶段，难以上升到质量竞争阶段，抬高进入壁垒不利于水产品质量改善。因此，就当前水产行业发展过低的进入壁垒而言，应该适当而非过度地提高行业的进入壁垒。

水产行业属于“大农业”的重要组成部分，符合中国农业当前进入壁垒低下的现实情况。低下的行业进入壁垒导致中国水产行业鱼龙混杂，低效和无效企业大量存在，对于水产品的追溯体系的推进实施和绩效也起到了一定程度的阻碍。对此建立有利于行业发展的进入壁垒对行业发展、追溯体系实施及产品质量安全具有举足轻重的作用。具体体现在以下三个方面：第一，合理的进入壁垒可以将无效企业阻挡在行业门槛之外，根据资本的逐利性可知，在存在较高行业壁垒的情况下，仍坚持进入行业发展的企业肯定有其合理的理由，即可以获得合理的资本回报，而利润的实现方式无非是先进的科学技术和组织方式，此时对企业来说最重要的显然是追溯体系实施的影响。第二，想要实现追溯体系实施绩效的提高，必要的手段就是让企业能适度有效地进入行业，使得其预期收益能增长，从而促使其生产的成本有所下降。降低企业过度竞争的手段有很多，如使水产养殖所需的土地和原材料等回落到合理的市场价格，企业少付出的成本用来增加技术投入、改善产品的生产质量，即用以实施追溯体系。第三，提高水产行业产业链的进入壁垒，企业投资水产的全产业链就相对困难，在重要的节点企业可以严格把控相应的水产品质量，提高要素发展、技术支持以及商业模式创新从而提升整个产业链的进步（叶元士，2021）。

2. 退出壁垒对水产品追溯体系的影响

在企业想要退出该产业时，由于多种要素的影响，会有可能使得自身的资产转出时的利益远低于之前所投资的成本，或是各种生产要素难以转出，这就是所谓的退出壁垒，换句话说，该行为会引起巨额的沉没成本，主要原因是由于资产的特殊性质，即其专门性。

一方面，退出壁垒对水产行业追溯体系的影响主要体现在对企业经营行为的约束上。低退出壁垒使得企业能够容易地退出目前经营的水产品领域，数量众多的企业独立判断，作出决策，具有较大的盲目性，引起特定水产品供给的大幅波动。高退出壁垒则限制了资源在水产行业内外的自由流动，阻止水产行业内的低效率经营者退出水产行业，并且把水产行业外的潜在高效率经营者阻挡在外，水产行业的发展只能靠水产行业自身的积累和政府的财政补贴，市场的力量无法吸引其他社会资源进入水产行业。另一方面，退出壁垒对水产行业追溯体系的影响主要体现在资产专用性对企业投机行为的制约上。企业在各方面都具有专用性的特征，比如一些特定的投入资源、设备等在生产加工过程中的专门运用以及土地资本、地理位置、人力资源、商誉和品牌等无形资产以及上下游企业间的商务关系、与地方政府的社会关系等，这些都被称为水产行业的专用资产。因此，当行业存在这类状况，在合理退出壁垒时，要想预防少数企业的投机行为，特别是在追溯体系的实施进程中，鼓励、监督企业能有所奏效，必要的手段就是提高资产的专用性。

（三）差异化对水产品追溯体系的影响机理

对市场结构起作用的重要因素是产品差异，产品差异的形式有很多，包括质量、类型、样式、尺寸、注册品牌和包装外观之类等，这是过去产业链理论所指出的。美国经济学家在20世纪80年代认为竞争市场的核心就是拥有一定的竞争优势，差异化即企业获得核心竞争优势主要途径之一，这被称为竞争优势理论。

首先，在激烈的市场竞争状况下，企业希望得到自己的优势，这需要技术的不断提升、质量的不断完善、服务的不断推进以及品质的不断提升来获得。因此，追溯体系的实施具有其必要性及可行性。企业为追求预期利益，确保产品高质量，考虑到水产品的特性及其较强的易腐蚀性，通常需要利用全产业链有效的冷链物流，以致企业在追溯体系实施过程中也有较高的主动性。其次，水产品市场的过度竞争，除经营者自身因素外，产品的同质性是主要原因，可以通过追溯体系的实施提高水产品质量、服务等方面的差异性，适当降低竞争程度，提高行业经济绩效。通过实施追溯体系拥有差异化产品的水产品经营者不再仅仅是市场价格的接受者，还在价格方面拥有一定决定权，可以提高产品的边际利润。同时，要付出大量的成本才能成功实现产品差异化，为维护本企业产品差异化的程度和声誉，水产品经营者不会轻易损伤产品的质量。而其中的龙头企业发挥着至关重要的作用，通过其差异化利益实现一定的联盟，从而降低成本，形成差异化竞争优势（李灿，2021）。综上，产品差异化有利于追溯体系的实施，从而提高水产品质量水平。

二、产业链关系对水产品追溯体系的影响机理

产业链关系之所以对追溯体系产生影响，其原因在于政府在直接干预企业追溯体系实施行为以及保障水产品质量安全时会出现行为失灵。诸多学者认为，各种产业链关系形成的市场激励对企业追溯体系实施绩效的影响明显强于政府政策。供应链各主体有直接或间接交易关系时，即产业链中各主体以不同形式进行交易时，往往能够有共同的利益目标，该目标会防止企业出现机会主义行为，改善行业整体绩效。表现在水产行业即在以各种组织形式形成的产业链关系中，企业出于利益最大化考虑，将积极主动实施追溯体系以改善产品质量，维持良好的合作关系和履约记录。

产业链关系指具有特定产业形态和功能的经营方式，该方式是产业链上各个主体间由某种联合机制联结到一起形成的（孔祥智，2010；钟真，2012）。加强产业链主体之间的关联，使产业链更加紧密，也会增加产业链的安全性（杜庆昊，2021）。这些主体主要包含农产品生产者、农产品加工者、一级中间商、二级中间商以及专业合作社等，其组织方式可以是同类主体间的水平组合，也可以是上下游主体间的垂直组合，还可以是以混合形式出现

的“横纵联合”，不同的产业链也可以共建一个高水平的产业链群，从而加强产业协作（徐建伟，2021）。不同的模式对应着不同的策略和机制，并通过知识治理、契约治理和关系治理使经营主体对于实施追溯体系的认知、态度、能力、动力上都得到改善，继而使得追溯体系的实践效果有所提高，由此得出追溯体系受产业链关系影响的理论框架（见图 2-4）。

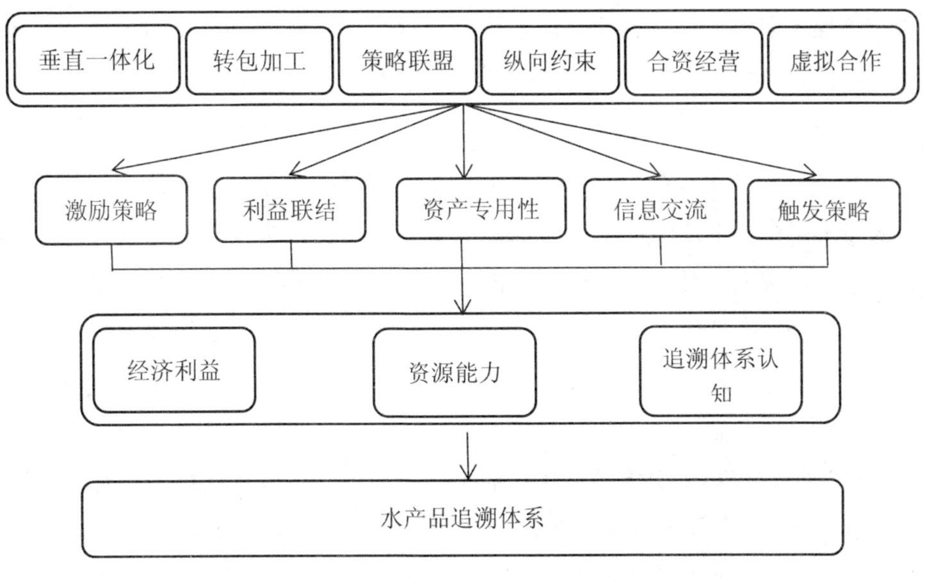

图 2-4 产业链关系对水产品追溯体系的影响机理图

资料来源：作者根据已有研究整理所得

（一）“公司+养殖户”的销售合同式

“公司+养殖户”的销售合同式指养殖户和企业间签订产销合同（契约），并在合同中规定产品生产的数量、价格、质量、收购时间以及双方的责任义务，从而形成生产、加工和销售一体化的体系。其具体作用于水产品追溯体系的机理如下：

（1）契约的制度条款保障追溯体系的实施。在公司与养殖户签订契约式规定的各个环节，规定了养殖户必须按照追溯要求记录产品样子，避免了养殖户可能出现的道德风险。不同于政府的外部制度，企业与养殖户之间签订契约属于产业链内部的条款制度，较政府制度而言，其约束对象较为明确，此时违约的机会成本较外部监管而言较高。

（2）契约合作保障追溯体系实施绩效。由于养殖户与公司签订了合约，双方以资本、劳务等特殊资产进行投资，契约的组织成本投入、人力资本与物质资本的组合成本投入有效提高了追溯体系实施绩效。公司作为养殖户的销售途径，而养殖户所生产产品是公司的收入来源，双方形成了新的利益联盟。此时，农户为了保障公司能够长期稳定收购水产品，得到合理收入，会主动长期维系彼此的契约关系，严格实施追溯体系，保证产品质量。而公司为了确保长期稳定且可靠的水产品生产和供应，会对养殖户长期进行产品质量上的监督管控，尽量维系现有的契约关系。

（二）“龙头企业+养殖户+拍卖市场”垂直网络组织模式

在“龙头企业+养殖户+拍卖市场”垂直网络组织模式下的社会与产业双重关系网络中，本地的加工企业承担了重要的角色，这些企业凭借着自身在技术上、品牌上、经验上的优势，把其他产业主体限定在该关系网络中，可以说是一个产业的网络集成者。同时这些加工企业负责帮助处理养殖户受到的由技术变化或是市场波动带来的冲击。其对企业实施追溯体系的作用机理在于以下三个方面：

（1）通过公司组织体系所建立的生产、加工、销售联动机制，有利于管控和规避企业实施追溯体系中的机会主义行为。龙头企业通过直接参与市场、主导原料收购和加工产品销售决策，能够清楚掌握产业链各节点企业的生产标准和条件，产业链内部的制约机制降低了某些主体实施追溯体系中的机会主义行为和信息不对称。

（2）通过示范作用带动养殖户和流通、加工企业实施追溯体系。龙头企业本身就是追溯体系实施的标准化示范性企业，可以面向各环节企业对追溯体系实施绩效进行试验示范，引导企业遵守技术规范要点，将追溯体系运用到实践操作环节（李剑飞等，2019）。

（3）以基地为平台，水产养殖和加工家庭分散经营模式转变为集约化经营模式，生产集中度提高，统一化管理加强，生产规模和效率得以提升。生产集中度提高一定程度上可以减少企业间的交易成本、降低追溯技术的实施成本、提高消费者预期收益，激励各企业实施追溯体系。

（三）“养殖户+信息中介+本地运销大户+龙头企业”垂直专业化模式

“养殖户+信息中介+本地运销大户+龙头企业”垂直专业化模式注重各环节的协同配合。对于养殖户来说，要着眼于养殖；对于信息中介来说，收集养殖、加工、流通和销售等各环节的具体信息是重点；这些信息可供运销大户选择收购对象，负责水产品的流通，可供零售商了解配料来源、产品质量保证等，也可为制造商了解产品去向，有问题时便于及时找回（潘少芳，2020）；龙头企业向运销大户收购成鱼进行生产加工。其对企业实施追溯体系的作用机理主要体现在以下两个方面：

（1）利益驱动保障水产品追溯体系的实施。在该模式中从养殖户到运销大户都有完善的追溯系统，可以提升产品质量的内在驱动力。在信息中介的信息曝光机制下，产品质量直接影响企业的经营利润。现有企业为了维护已有市场和增加新市场，会着眼于培育自身的品牌建设、保持良好的企业形象，对于各种质管要求或是安全认证也会积极主动地申报，从而实现产品的质量安全可追溯。

（2）专用性资产的提升降低企业实施追溯体系的机会主义行为。在垂直专业化模式中，养殖户、信息中介以及龙头企业各自只负责自身范围内的工作，在信息中介的监督下，各企业为使自身产品能够在众多企业中脱颖而出、被信息中介青睐，就必须加大专用性资产的投入，如设备、机器以及厂房等投入。随着专用性资产投资的增加，企业在实施可追溯体系中发生机会主义行为的概率也将越低。

（四）“养殖户+合作联社+加工企业”新兴合作联社模式

“养殖户+合作联社+加工企业”新兴合作联社模式指水产养殖企业组成合作社，这些合作社一般资金相对充足并配备相关管理人才（吴曼等，2020），多个合作社又可以一块组成合作联社与加工企业直接对接，这样可以使信息更加对称，各主体间的资源分配上也更加平衡，能够整合全产业链。该模式作用于追溯体系的机理分析如下：

（1）合作社章程对养殖户参与追溯体系的约束作用。合作社章程虽然不如契约约束力大，但对于每个参与成员而言都有必须遵守的约束力。在该模式中各企业间的合作属于有限次“博弈”，一旦参与企业被发现有违约行为，将会被从合作联社模式中剔除，企业在对预期风险评估的基础上，往往会选择遵守契约实施可追溯体系。

（2）合作社成员之间相互监督，有利于水产品追溯体系的有效实施。从某种意义上来说，新兴合作联社模式最能体现产业化经营的核心本质——多元主体共同利益的连接，是形成“风险公担、利益共享”机制的重要组织基础。本身个体农户的契约精神不强，合作意识也较差，当农户预期的合理收入与合作社内的勉励兼容时，会提高农户的自我约束，届时也能保障水产品追溯体系的实施绩效。

（3）降低了监督成本。目前中国的水产品产业链是由数量多、规模小的“公司+渔户”等形成的，他们之间是随机和离散的水产品产业链关系，由于组织委托代理费用高、边界成本高、规模不经济等，增加了追溯体系的运行成本。水产业生产的特殊性决定了土地、劳动、资本和管理等基本要素的专用性，养殖户与企业间由于信息的不对称存在机会主义行为，从而产生个体效用和整体效用间的矛盾（史艺萌等，2021）。合作社模式能将外部交易内部化，降低交易费用和企业间的监督成本，运用垂直整合策略降低交易双方的机会主义行为风险。

三、产业链治理对水产品追溯体系的影响机理

目前，中国水产行业存在严重信息不对称现象，行业低质量标准导致消费者对水产品消费信心低下，由此产生“柠檬市场”现象，导致优质优价市场机制难以形成，追溯体系难以有效实施。但产业链治理可以通过严密的组织形式形成特有的路径用于信息传递，从而解决信息不对称问题。即通过产业链治理可以将外部交易纳入企业内部，有助于建立和落实合理的分配制度、有效的监督和严谨的惩罚机制，从而改善追溯体系实施绩效。

宋胜洲等（2012）将产业链治理模式分为五种，分别为市场型、模块型、关系型、领导型和层级制，在不同的产业链治理模式下，企业有着不同的原因和动力去实施可追溯体系。产业链治理模式在以下五个方面会对企业实施追溯体系产生重要影响。第一，契约治理。在水产品从养殖到销售的全过程中，养殖户与企业、企业与企业之间可以是最松散的市场现货交易，也可以是最为紧密的纵向一体化交易，又或者是介于两者之间的混合交易模式。可见这些主体间存在着多种契约形式，如商品契约、要素契约、销售契约以及生产契约，各种契约共同限制着交易主体在实施追溯体系过程中可能发生的“道德风险”“逆向选择”以及“机会主义行为”，也有利于各主体在契约订立后明确自己的权利和义务，利于纠纷的解决（郭利京等，2021）。第二，关系治理。关系治理机制

是凭借产业链内人际关系而形成的一种治理机制，它适用于交易双方主体没有正式合同约定的情况。首先，中间商本有可能发生的机会主义行为会因为“熟人社会”的存在而受到制约；其次，交易关系也会因为合同双方主体人际关系的交好而变得更加稳定；最后，基于交易双方人际关系的发展，会选择努力维持长期交易关系，减少机会主义行为的可能性。第三，价格治理。产业链内各主体间的交易关系也是围绕市场价格机制运转的。以养殖户为例，当养殖户不处于追溯体系的全产业链中时，他可以自由选择渠道销售，但是他的定价在市场不景气的情况下也不受任何保护。相反，若养殖户加入具有追溯体系的全产业链中，虽然企业绩效会受部分因素的限制，但在市场低迷时，养殖户的销售渠道以及合理价格也会得到优先保证，出于长期受益考虑，养殖户必须有效实施可追溯体系，合理的价格策略能够更好地促进产业发展。第四，产权治理。在产业链内部主体有许多入股或投资等情况，这时企业加入追溯体系不仅能保障原有的预期收入，还能在此基础上获得投资分红，增加收益，同时降低机会主义行为发生的可能性。第五，制度治理。杨煜等（2021）提出通过加大对产业链中节点企业的惩罚力度和补贴激励，同时整合法律法规，建立网络平台等政策措施（张桂春等，2021），也可使追溯体系的形成更加可靠。追溯体系受产业链治理的影响机理见图 2-5。

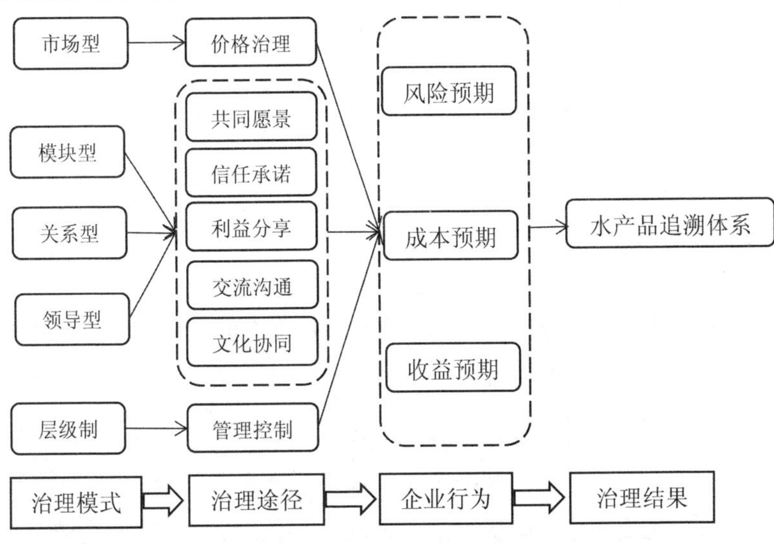

图 2-5　产业链治理对水产品追溯体系的影响机理

资料来源：作者根据已有研究整理所得

（一）产业链治理主体

产业链治理主体是产业链中多个利益相关者之一，主导产业链治理方式和治理结构，对产业链的发展动向可以直接决定，产业链的治理成效也受其主导的组织机构或个人的影响。目前对产业链治理主体的定义主要包括三种：一是以链内企业为单边治理主体。在这种定义下，不论是企业层面还是产业层面的关联都是以企业自身为主体的。二是以链外政府为单边治理主体。当政府在市场机制有待完善时，政府想要扶持某一尚未成熟的产业链，政府的治理作用就尤为重要，想要保证产业链中的产品质量，不能单靠市场调节，政府部门的监督作用也尤为必要（牛林伟等，2021）。三是链内链外组织形成联合治理主体。这类主体又能分为两种不同的情况，一种是政府和企业同时为治理主体，又称“双边治理主体”，另一种是以企业、政府和协会为多边治理主体。

显然，本研究所指的产业链治理主体是指链内企业为单边治理的模式。在以企业为治理主体的模式下，产业链协同对水产品追溯体系的影响如下文所述。

（二）不同治理模式对水产品追溯体系的影响

1. 市场型产业链治理对水产品追溯体系的影响

市场型治理具体指企业间以合约—产权关系为基础，在市场价格机制的基础上进行交易。在该模式下，企业间的契约可以降低交易成本，预期成本的降低和收益的增加会激励企业自觉实施追溯体系。除此之外，双方只要通过价格和契约就可以很好地控制企业在实施追溯体系中发生的机会主义行为。市场型产业链治理模式下，供应商的能力较强，购买者和供应商的关系较为平等，但不稳定。此时供应商对购买者的依赖程度不高，购买者对供应商实施产品追溯体系的影响也不大。

2. 模块型产业链治理对水产品追溯体系的影响

企业在模块型产业链治理体系中不会被施加太多的监管，因此理论上而言，该治理体系下对应的是一种开放模式。换言之，追溯体系实施过程中的“逆向选择”和机会主义行为等本身并不会被治理关系约束。因为在该治理模式下以行业主导企业和关键供应商的交易为主，该模式下企业的资产专用性较强，此时企业不合理实施追溯体系的机会成本较高，在预期成本增加的情况下，企业会控制自己的机会主义行为。另外，在该治理模式中，相比于市场型，交易双方沟通的信息量会更大、更复杂，但通过标准化契约，交易成本也能够被有效地降低，未来预期收益的增加也会激励企业有效实施追溯体系。

3. 关系型产业链治理对水产品追溯体系的影响

在关系型产业链治理模式下企业间依赖性较强，双方主要通过信誉、空间的临近性、家族或者种族关系控制和管理追溯体系的实施。此时，关系机制对企业行为的影响主要表现在两个方面。一方面，关系机制影响企业对未来的风险预期。关系型治理模式内企业间主要以家族关系和网络关系为主，以信誉为冲突解决方式，若个别企业在追溯体系的实施过程中存在机会主义行为，将迅速在产业链内失去信誉，出于对风险的预期，企业往往不会去选择机会主义行为。另一方面，该治理模式以“家族关系”和“熟人关系”为依据，各主体之间的信任在初期就处于比较高的水平，从而减少人际关系成本与运营的成本，由此带来的预期成本降低会激励企业实施追溯体系。

4. 领导型产业链治理对水产品追溯体系的影响

在领导型产业链治理下，处于领导地位的企业会对其供应商采取高度控制，也会使用各种支持来使各个供应商愿意维持长期合作关系。具体体现在以下两个方面：一是，在该治理模式中供应商的实力较弱，需要领导企业对其提供大量物质上或是技术上的支持，为了防止其他供应商的竞争，不断将自身资产专用化，此时企业的违约成本随着资产专用化投入的增加而提高，由此弱化了企业在实施追溯体系中的违约动机。二是，在该模式下，领导企业往往会对供应商和下属企业提供追溯体系实施过程中的技术、知识和人员支持，降低企业实施追溯体系的成本，政府也可挑选优秀企业带头建立追溯体系，形成示范效应，创造经济效益（李剑飞等，2019），预期收益的激励会促使企业为保持长期合作而有效实施追溯体系。

5. 层级型产业链治理对水产品追溯体系的影响

层级型产业链治理也可称为纵向一体化的企业内治理方式。首先，紧密的组织形成特有的信息传递途径，可以有效解决制约追溯体系实施的关键因素——信息不对称问题。如 Boon 等（2001）的研究指出，全产业链追溯的过程要想得到有效控制，可以通过内部治理来实现，减少机会主义行为的同时降低交易成本。其次，企业通过规模化和标准化作业直接控制生产，将物理属性不标准的原材料检验转变为标准的生产过程控制，统一实施全产业链水产品追溯体系，高效保障了水产品的质量安全。

第三章

水产品追溯体系发展与产业链结构：背景与现实

随着中国居民食品消费升级、水产品产业升级、食品质量安全意识的不断提高，以消费者需求为导向，实现种苗培育、养殖或捕捞、加工、流通、销售等每一个环节的纵向打通、横向协同的水产品质量安全可追溯体系的建设迫在眉睫。产业链严密的制度流程设计有利于把控并高效地管理各个环节，利用链条的追溯体系找准源头并全程进行监控管理，控制“从田间到餐桌”的食品安全管理以降低风险与隐患发生，从而优化水产品质量安全的可追溯体系。

第一节　水产品产业链发展现状、问题与类型

我国经济增速从改革开放以来持续增长，城乡居民的生活质量和生活需求不断提高，尤其表现在饮食结构上的改变与调整。伴随生活质量的提高，人们对优质蛋白质、优质水产品的需求逐渐提升，再加上水产品的销售渠道和运输流通方式逐渐改善，市场中水产品的占有份额逐渐增加。从当前水产品销售的方式上看，国内主要以鲜活水产品为主要的产品供给对象，这就意味着未来水产品发展趋势必定是既要保证产品的鲜活性，同时要完善产品流通、分配、包装、消费等环节的便利性、快捷性。此外，人们对水产品在营养价值、食用功能、健康保健方面的需求日益增长，因此要加快推进水产品精深加工行业的发展，推动水产品产业链的形成。

一、水产品产业链发展现状

（一）种苗培育产业发展相对滞后

水产品种苗培育产业总体发展水平相对较低，处于农林牧副渔产业的末

端产业。在国家支持投入投放的背景下，开发并初建水产品的物种体系能实现原种化的养殖目标，以鲤鱼、鲫鱼为代表的水产品养殖培育初步进行了良种化的养殖培育。养殖培育环境主要从三个方面展开。首先，种苗选育技术的考量。目前中国在培育选择时主要从群体、单独个体或群组的家庭群系中进行选择，并且主要以群体选择或者个体选择、家系选择为主进行培育技术选择，这一过程严格按照规范的操作流程与标准执行以达到水产养殖的目标与要求。自中华人民共和国成立以来，经过了三到六次的品种更新后整体农作物中有85%以上的品种为优质良种。但是，由于培育良种时存在技术上的瓶颈，在品种改良、良种优选等方面仍未得到突破，因此仅有一两个通过了国家审定的水产品新品种，总体上的种苗培育发展滞后且远低于种植业良种化水平。当下的现状是除海带、紫菜等基本实现良种化作物外众多的苗种均需要从国外引入。但是中国引种良种时由于没有掌握行业共性技术，产生了“引进—养殖—退化—再引进”的恶性循环。最佳线性无偏预测（简称BLUP）选育技术培育是国外采用的选育技术成果，即最佳线性无偏差预测，中国的良种技术大多采用此成果。BLUP技术生产的良种是按家系生产的，遗传基础狭窄，如果采用非BLUP技术选择如群体选育技术引进良种，短期内会因为发生近交而出现衰退。其次，选育策略。在选择良种场时，主要是选择种群培育方式。然而，由于缺乏全面的环境影响分析，物种的发展速度持续下降，影响了它们的繁殖效果。随着育种技术的不断进步，这一现象在一定程度上得到了缓解。最后，育种优势不明显。由于技术的复杂性以及环境策略选择的不确定性，良种繁殖种苗尚未充分发挥明显的优势，在整个市场竞争中处于不利地位。

（二）水产品养殖业迅猛发展

中国水产养殖的发展历史悠久，拥有丰富的水产品养殖经验以及广泛普及的技术基础，在世界水产养殖发展史上占有重要地位。中国渔业的产业结构在改革开放之后发生了重大变化，由传统捕捞渔业转向发展水产养殖业，养殖区域由长江流域、珠江流域以及沿海区域延伸至全国各地，养殖品种逐渐从单一品种向多样化且追求高质量的品种类型发展。水产养殖实现了全面发展，传统以普通藻类和贝壳为主要养殖对象的海水养殖转向以对虾、鱼类、贝类等多样化海珍品的养殖培育，而传统以“青、草、鲢、鳙”为主要养殖对象的淡水养殖也发展并培育一批河蟹、罗非鱼、鳗鱼等名（特）品种。传统水产养殖方式的升级与进步也促进了以有机养殖、深水养殖以及工业化养殖为代表的新型养殖方式的发展。根据相关数据，中国水产养殖产量已达4300万吨，50%以上为滤食性物种、草食品性物种，养殖方式中不完全依赖饵料投喂的占50%。滤食性物种、草食品性物种还有杂食动物在所有品种中占到了92%，另外8%主要是肉食性物种，养殖产量和品种规模达到了一定体量。以中国鱼粉为例，2000年以前国内每年鱼粉的消费量约达160万吨，而其中的100万吨需要从国外进口，约55%用于水产养殖，但2000年以后国内鱼粉的进口数量没有再持续增长，并且渔业的饲料产量持续增加，这说明鱼粉的使用率日益提高，渔业资源的利用效率逐渐上升。水产养殖业的发展满足了对水产品供给稳定、粮食安全有保障以及居民饮食结构多样的时代需求。

农村养殖产业中，只要是有水面的农村地区，大多数优先发展水产养殖，这已成为农村地区消除贫困、走向小康的重要途径。中国养殖业主要包括依赖粮食喂养的生猪、家禽等，而相比这两种养殖业，水产养殖对粮食的依赖性小，依靠自然资源为主并且利用效率高。此外，鱼类和其他水产品的饲料消耗率低且使用率高，由于归属为冷血物种因而避免了饲料供给的浪费，能够高效地利用体内能量维持体温。所以说，对于人口数量庞大且粮食资源有限的中国来说，发展水产养殖业应该是一个优先事项，也是最重要的国家粮食安全政策之一。

此外，在对外贸易方面，中国水产养殖产品的产量占据全球重要地位。自2002年以来，中国一直占据水产品出口量总量的首位，全国水产品的出口量约是全球总量的10%，并且在农产品出口量总额中，水产品仍然占据第一出口份额的位置。

（三）水产品捕捞业增速放缓

水产捕捞在中国有上千年的发展历史。20世纪80年代，随着水产品价格管制的放开，中国海洋捕捞步入了长达近20年的高速增长期。1999年，近海捕捞总产量达1203.5万吨。2000年开始，中国实施了捕捞“零增长”政策，产量开始小幅回落和稳定波动。2010年以后，又进入了缓慢增长期。2016年，全国近海捕捞产量达到历史最高的1328.3万吨。

捕捞量高速增长且长期维持在较高水平，是中国海洋捕捞产量得以快速增长和维持高产的根本原因。近十多年来，中国一方面维持庞大的捕捞船队，另一方面持续加大对渔业资源恢复的投入，将中国近海生态环境维持在一种紧张且平衡的状态。虽然渔业资源衰退的趋势有所放缓，但总体形势仍不容乐观。中国于2002年开始实施减船和转产计划，但截至2016年，中国海洋捕捞渔业仍保持在18万艘，并且平均功率、吨位等指标下降更为缓慢，捕捞压缩难度很大。

（四）水产品加工行业多元化发展

加工品种的结构表明，中国的水产品行业如下：第一，烤鳗加工业。鳗鱼及其设备主要来于日本，从1982年将鳗鱼引进直至1996年间，鳗鱼加工厂快速成长并发展起来，50多家加工渔场每年的鳗鱼产量可达35200吨，高水平的鳗鱼产量已经超过了其他国家总产量的50%，而中国鳗鱼产量的85%至90%又再次出口到了日本，总体来看，中国出口的创汇水平长期占据水产品领域的首位。由于烤鳗加工利润高，加上近年来本地鳗鱼工厂的不断发展，各公司竞相降价、竞争激烈最终造成利润减少。第二，冷冻鱼虾加工。中国鱼虾产量在水产养殖业中占有重要地位，自21世纪初期，冷链鱼虾加工业长期占据水产加工业的主体地位。近年来，我国罗非鱼养殖取得了很大进展。加工出口量从1998年的473吨迅速增长到2002年的3.2万吨，如今根据《渔业统计年鉴》的最新统计显示，2019年罗非鱼的水产加工量已达55.9万吨，实现了产业的规模化、规范化、标准化的发展。第三，鱼粉加工业。中国一直是全球最大的鱼粉需求和进口国，2019年上半年中国鱼粉进口数量约93万吨，相比上年进口量增长了16.6%，而国内一些营养价值较低的水产品常常被用作鱼粉的加工原材料。第四，鱼糜加工行业。鱼糜加工行业在中国有着悠久的历史，但在20世纪80年代之前，它品种单一且主要是手工生产，此后根据国外的生产经验，中国在1984年学习并借鉴日本的冷冻鱼糜产品生产线流程，在不断探索与发展之后，我国水产加工产品的生产与发展不仅实现了机械自动化，还开发了如鱼丸、虾丸、鱼香肠、模拟蟹肉、海胆黄等一批新型冷冻海产品和优质鱼糜制品。第五，一些海洋药品、保健食品加工企业发展迅速，加工技术取得突破。例如，河豚素的提取与用于健康和治疗目的DHA、活性多糖EPA、DPA、鲨鱼软骨素、多肽类和其他生物活性物质的提取都实现了工业化生产。

（五）水产品物流体系发展趋于完善

（1）水产品冷链物流发展迅速。在渔业先行先试的政策支持下，我国水产品价格从1985年之后全面开放，依托生态资源与人力资本的优势，水产业迅速成长并发展起来，丰富的海洋生物资源以及供给充沛且相对低廉的劳动力成本推动了水产行业的进一步发展，尤其是以冷链物流为代表的新领域快速成长起来。

自1985年以来，我国水产品价格全面放开，加上我国丰富的淡水和海水资源及低廉的劳动力资源，中国水产行业发展迅速，水产品冷链物流也随之快速发展起来。从第一阶段采用水产品冷藏库阶段到第二阶段冷藏车、冷库和恒温设备相结合的方式储存新鲜水产品的冷藏链阶段，再到建立强大信息网络的第三阶段即冷链物流阶段，中国水产品冷链物流配备软硬兼具的基础设施与配套服务，其优点是在快速配送产品同时，不仅要保证服务的质量，还要保证水产品从产地捕获后在加工、仓储、分销等流通环节一直处于适宜的低温控制中，从而保障水产品的品质，降低质量安全问题的发生概率。

（2）水产品冷链物流规模不断扩大。据《2021—2026年中国农产品冷链物流行业市场前瞻与未来投资战略分析报告》分析统计，中国水产品运输冷藏车2020年的保有量约28.7万辆，冷藏运输率已达69%，水产品冷链物流的发展环境和综合条件不断更新升级，现有冷库库容近1.8亿立方米，冷链物流占据的市场规模超过3800亿元，水产品冷链物流的规模、基础设施及配套服务不断完善。

（3）水产品冷链物流体系现代化。随着互联网技术发展和信息化的到来，中国面临着终端化、服务化、信息化、专业化等机遇，利用这些机遇，中国水产品冷链物流体系不断现代化。一是利用信息化处理计划性订单，从原始的靠电话、邮件接单转向依靠大数据分析，提供大数据预测服务和增值服务。二是以“微仓宅配”方法融入二、三线市场，尽快实现一线城市向二、三线城市的扩展，往终端化延伸。三是加强物流分拣能力，在生产区建立水产品分级加工中心，对生产区进行初次加工，减少浪费，减少损耗，提供标准化服务。四是培养专业人才，提高服务质量，实行精细化管理，加强专业服务，回归物流本质。

（4）水产品物流体系不断完善。目前，以水产品批发市场、城乡贸易市场、副食品商场、生鲜超市、个体水产品专卖店、生产企业直销等零售业态为主的水产品物流体系在中国已经初步形成。目前，全国已形成了规模化的水产品批发市场，其中由农业部指定的专业批发市场分布在主要产区、主要销售区和主要集散地。现代化的物流体系建设在全国各个地方铺张开来，新兴物流园区和水产品物流中心在天津、烟台、珠海、厦门、大连等地建设发展起来；新兴水产品流通模式初步形成了以生鲜产品配送、经销企业联络以及生鲜超市为代表的基本模式。

（六）水产品销售市场逐渐成熟

随着经济的发展，水产品专业批发市场迅速崛起，沿海地区陆续建设本区域特色的水产品专业批发市场，中国水产品的身影逐渐在市场中显现，水产品市场规模不断扩大，逐渐形成了一个数量和成交总额持续上升的成熟市场，其作为水产品市场流通的载体，具有水产品集散、定价结算、信息发布等基本功能，在促进水产品生产、推动水产品产业发展、保障供给、引导消费等诸多方面发挥着极其重要的作用。大中城市 80%以上的水产品主要来自批发市场，目前正逐步从增加数量向提高质量转变。壮大的流通规模、完善的市场硬件设备、提升的产品档次是水产品市场快速发展的主要原因。水产品市场巨大，但主流的交易场所仍是水产品批发市场，大多数农民将他们的产品送到批发市场，因而市场内部的销售量大幅增加，从而间接节省了周转和销售时间。此外，水产品市场的发展必然会导致中间商的出现，伴随当前市场上各种海产品买卖机构的成长与发展，一些中介组织让养殖户的小规模生产与市场接轨，改变了以前孤立的产销结构关系的局面，有效降低了海产品的采购难度。

与渔业发达国家相比，国内水产品专业批发市场的发展历程较短，仍然处于初始起步阶段，批发市场正由传统集市型向现代化电子交易市场过渡，意味着水产品销售市场即将步入一个崭新的发展阶段。然而，在市场内部和外部环境等方面均面临着许多挑战，不同程度地限制了国内渔业的发展。比如生产规模小，数量多，合作化生产模式的缺失带来良莠不齐的质量问题，销售渠道单一，主要以初级产品为主，缺少深加工产业，销售市场受到水产品季节性差异以及运输存储困难的限制等。因此，应鼓励农民齐心协力，同时进行规模化、产业化生产，拓展产品销售渠道，加强科技引进，组织自己的产品改革、转型、升级、创新进行合理宣传与销售，建立一个科学的销售渠道。

（七）多元化的休闲渔业模式逐渐形成

当下我国各地休闲渔业项目主要有五种类型：一是以体验式为主的休闲垂钓，以垂钓、品尝为主；二是以游览为主的休闲观光渔业，包括观赏性捕鱼、海钓、休闲渔排、海上渔城以及其他赏游活动；三是融合科教娱乐为主的休闲观赏渔业，包括集科普教育和观赏娱乐为一体的渔业博览馆；四是以食宿服务为主的渔家乐，也称渔家旅店，主要是提供住宿、餐饮、茶室等；五是以文化风俗推介为主的休闲渔业节、民俗风情体验等。多元化的休闲渔业模式经过萌芽起步期、快速发展期和规模化提升期逐渐发展壮大。

萌芽起步阶段。“休闲渔业”在2001年的“十五”规划中第一次被正式提出。随着渔业的发展在2003年的《渔业统计年鉴》中丰富并添加了水产流通、储存、休闲渔业指标体系的相关数据，此时全国休闲渔业的经济产量仅占渔业第三产业的4.53%。到2006年，休闲渔业被认定为新兴产业，标志着休闲渔业进入了新的发展阶段。

快速发展阶段。在2011年的第十二个五年规划时期，渔业发展规划中第一次出现了休闲渔业的战略规划目标，自始至农业部启动休闲渔业示范基地创建活动之前，国家先后出台了一系列有助于休闲渔业发展的政策，休闲渔业被确定为现代渔业的五大产业之一。全国休闲渔业的经济产值在2015年达到489.27亿元，超过2003年休闲渔业经济产值的804.21%，休闲渔业占全国渔业总产值的2.22%，并且在渔业第三产业经济产值中的占比达8.75%。

规范化提升阶段。随着休闲渔业快速发展以及渔业发展进入转方式、调结构的新阶段，继续加快休闲渔业发展同时，需要提高发展质量，加强标准化管理。2017年，全国休闲渔业产值达708.4亿元，休闲渔业累计接待游客2.2亿人次。在多地初步试点和制定休闲渔业管理办法的基础上，不断引导休闲渔业规范有序发展。通过加入传统文化元素丰富休闲钓鱼的内涵，基于历史悠久的渔业文化资源进行开发和管理，不断丰富休闲钓鱼产品的形式。北部有以黑龙江赫哲族乡渔业村、吉林查干湖冬捕节为代表的休闲渔业，南部有江苏太湖放鱼节、浙江桑基鱼塘、象山开渔节、浙江东沙古渔镇以及福建周宁鲤鱼溪文化公园休闲垂钓文化相结合的典型范例。各个地区开发多种渔业文化产品，这些产品充分利用了自然特征、风土习惯和历史传统等文化资源并结合现代经济因素和科技手段。

二、水产品产业链发展中存在的问题

国内外学者对水产行业产业链结构的研究具体可以细分为海洋捕捞业、远洋渔业、水产养殖和休闲渔业四个方面。本书通过对以上四个方面研究，进而分析水产行业组织运行存在的问题。

（一）水产养殖业

（1）养殖环境污染。《中国渔业生态环境状况公报》数据显示，我国捕捞生态总体状况良好，但部分捕捞水域仍存在氮、磷、油和部分重金属的严重污染。无机氮、活性磷酸盐是我国近岸海域生态环境最主要的污染物质，此外，近海养殖、水产鱼虾类产卵场以及水域保护区不同程度地受到了石油、化学需氧量和铜的污染。近年来，海水鱼、虾、贝类、藻类养殖场水环境质量略有改善，无机氮、活性磷酸盐、石油类污染范围均有不同程度下降。从各个海区的污染情况看，无机氮和化学需氧量污染集中在黄渤海地区，东海海域主要遭受铜污染和活性磷酸盐的侵害，而海上石油污染是南海面临的最主要问题。

（2）养殖产品病灾害时有发生。由于各种原因，水产养殖疾病不断发生，造成经济损失每年达数十亿。我国已发现 100 多种由非生物因素以及细菌、霉菌、病毒、寄生虫等引起的病原性疾病。大多数海水养殖物种的病因、病原、病理和流行病学尚未得到进一步研究。不仅缺乏在生产中具有高度可操作性的快速监测技术，还缺乏有效且无毒副作用的预防药物。在很多情况下，当疾病发生时，无法立即找到原因，也无法开出合适的药物。

（3）周期较长的传统养殖模式，水产养殖标准化相对滞后。由于传统的养殖栽种方式，水产品的早期培育与养殖相对粗放且主要是以梭鱼、遮目鱼为代表的植物食性鱼类。受限于经济基础以及发展初期基础设施薄弱等因素，相比虾类、贝类和藻类而言，水产养殖品种丰富度低且经济产量与利润收益效果差，尚未形成产业规模。20 世纪末，长期粗放式的养殖模式使得虾类养殖受到污染物冲击。20 世纪 80 年代之后，为了改善传统养殖的生产污染弊端，水产养殖业首次迈向集约化的养殖模式，充分利用海水温度条件以及地理环境优势搭建内湾浮式网箱养殖模式。受到地理温度差异的影响，北部沿海地区的冬春两季水温较低，限制了水产养殖的经营与发展。20 世纪 90 年代初期基于陆地设施资源的陆基工厂化养殖成功引进了大菱鲆、牙鲆等养殖品种，水产养殖业“冷温型”良种工厂化养殖培育方式逐渐形成并引起了中国第四次海水养殖产业的新浪潮。

（4）养殖理念提升缓慢。一是陷入养殖公司单纯仅追求高利益回报的经验观念。以北方沿海部分工厂化养殖企业为例，为追求最大化的经济利益，养殖主体“扎堆”式的发展高效品种和同质化的养殖模式致使某一养殖品种数量激增。二是未充分培养资源与环境的忧患意识。不少市场经营主体关注眼前有利的资源与环境条件所带来的效益而忽视资源的有限性与保护问题，当出现问题时不注重转换经营思路或选择不恰当的处理方式，反而造成了环境污染、资源枯竭等问题。三是重产量，轻质量。在产品生产经营过程中过度追求经济产量而产生舍本逐末的经营理念，生产的水产幼苗存活率低，培育过程用药及卫生检疫制度较薄弱，最终降低了企业的信誉品牌。

（5）特殊的市场经营和市场主体消费习惯。早前养殖渔业的市场规模相对较小且主要以每条 0.25 千克左右的活鱼和整鱼为主，冷冻鱼市场主要提供捕捞渔获物等相关产品。如今伴随培育技术、基础设备、养殖方式的改善，养殖品种逐渐多元化，因而激发了养殖业市场的变化和拓展。对名贵鱼等新品种“追新族”需求和数量的增多，养殖业发展迅速，但仍需注意新名贵品种培育时避免出现长时间的增产措施，以免因过度量产造成市场超容时而引发的价格风暴。

（6）养殖良种缺乏。养殖中良种的问题主要出现在幼苗和种质两个时期。部分藻类如紫菜、海带等需要进行专门且系统的筛选与处理，还有大部分养殖物是没有经过筛选、培育或处理的野生种质。这就可能造成后期种质培育过程中出现问题，以大黄鱼、真鲷、栉孔扇贝为代表所呈现出来的包括质量下降、防病害能力减弱、产量降低、成长速度下降以及优良基因传递阻断等。

（二）水产捕捞业

一是过度增长的捕捞渔船数量为海域资源保护和生态环境保护造成了负担。深海渔业的发展以海水捕捞为主，而公海资源的开发和利用相对较少，这对近岸海域生态环境造成了一定压力。二是污染的扩散以及控制效力较弱。

沿海很多地方会发生赤潮等海上污染现象，水质污染严重且海洋生物的生存受到威胁，虽然近年来相关海域污染控制的法规文件相继颁布，但仍有很多污染问题尚未得到有效解决。三是生产成本明显上升。在国际市场油价持续上涨时，国内市场油价也在不断上涨，渔业用柴油价格快速上涨。油价飙升使渔业成本大幅增加，渔业生产陷入低谷。四是经营面积显著缩小。依据国际海洋制度和国际海事法条约，中日两国签订中日渔业协定，这大大减少了中国传统渔场，给渔民造成经济损失。五是鱼类资源继续下降。从 2002 年秋季以来的生产情况看，鱼的体型与存量也明显劣于上年，许多商品鱼几乎没有形成渔汛。第六，产品价格过低。如果鱼的价格太低，整体产值会显著降低。鱼便宜有两个原因：一方面，受低温环境饵料供给较少的影响所导致的鱼体个头明显缩小，价格下降；另一方面，市场销量有限。以韩国为代表的进口大国对进口的鱼体大小等规格进行了限制，因而以黄花鱼为主的国内渔获物在市场销售时受到了阻碍，并且部分销售市场日趋饱和，鱼的价格被迫压低。

（三）远洋渔业

（1）远洋渔业设备滞后。长年累月的海上作业造成了海洋渔船、基础设备的老化，船体的陈旧加重了维修成本的负担，增加了出海安全方面的隐患，而现有的海洋渔业资金供给无法满足巨大的投资成本需求，并且传统渔船作业与新技术开发更新换代之间出现脱节。部分地区的渔船技术仍然沿用传统的作业方式，不少大洋性渔船仍属于第一代船型，与发达国家的设备支撑与配套硬件几乎相差两代。在部分沿海地区，利用传统作业的船体经过改造变成了现有的远洋渔船，设备标准、技术水平、作业方式以及能耗使用方面均存在明显不足。远洋渔船作为高投入深海捕捞业的主要设备，不仅关乎船体的质量安全问题，同时影响到投资企业资金链与风险承担的问题。市场中远洋渔业的企业主体主要包括中小型民营企业与股份制企业，集体性投资和贷款成为资金筹集的主要来源方式，因而渔船质量问题可能会为企业带来严重的不良影响。资金及技术支持力度弱造成了船体设备无法及时更新，部分尚未通过质检规范的渔船冒险作业，不仅增加了出海风险，也阻碍了远洋渔业的健康可持续发展。

（2）缺乏专业化培训和从业素养的人员阻碍了远洋渔业的发展。中国从事海洋捕捞的劳动力主要是没有接受过正规培训的内陆农民工，文化素质普遍较低，缺乏海上安全操作知识。船长等高级专业人才短缺，现有渔船管理人员无法掌握先进的渔船设备性能，缺乏对于危机和海上安全的管理经验以及相关国际渔业法律法规。总体而言，中国渔民缺乏现代渔船的操作能力以及掌握先进捕鱼方法的能力，而发达国家的许多海外船员都经过特殊训练，在捕鱼技能、管理等多项指标上都高于中国；此外，中国船员风险意识相对淡薄，抗风险能力较弱。

(3) 成本上升，资金投入不足。海洋捕捞是一个高风险、高投资、高燃料依赖的薄弱行业。生产 1 吨远洋渔业货物需消耗 1 至 1.5 吨以柴油为主的燃料油。拖网渔船等大型渔船年燃料消耗量约为 4500 吨，近海捕鱼的主要成本因素是捕鱼成本中的燃料油。因此，远洋捕捞在国际上被称为“石油渔业”。近年来，受石油需求增加、国际政治经济变动大等多种因素影响，不仅增加了原油的市场价格，同时增加了海洋渔业的生产成本，这对企业来说是一笔不小的数目，无形之中制约了海洋渔业的发展进程。欧美许多发达国家利用政府资金大力发展深海渔业，苏联在发展深海渔业方面也投入了大量资金和先进技术。目前，深海渔业的发展受到严重制约，中国深海渔业发展除了相关激励措施外，政府投入少并且企业建设资金大部分由企业或个人自筹。

(4) 世界渔业资源竞争加大。目前，世界沿海国家近海渔业资源基本处于过饱和的开发阶段，许多国家将目光投向公海，导致公海渔业资源需求迅速增加、资源枯竭，某些物种的捕获量急剧下降。因此，国际渔业法律界近年来通过了许多与公海捕捞有关的重要协定和条约。过去发达国家经营的近海渔业大多是海洋渔业，由于其强大的工业力量，组建了庞大的船队，在他国海域进行掠夺性捕捞。随着海洋法的实施，专属经济区和国际资源保护组织体系建立，所有沿海国家也计划在其经济区内保护、开发和利用海洋资源建设“海洋牧场”，实现从“捕捞”到“养护”的转变，一定程度上适度限制了国外渔船的进入以维护本国海洋渔业资源的可持续发展。随着渔业资源日趋国际化的管理方式，全球生态保护背景下渔业资源将从传统“掠夺型”转向“养护型”发展，需要注意的是国际化的保护管理手段对国内渔业生产发展的负面影响，过度严格的资源环境约束也可能会束缚国内渔业的可持续发展。

（5）产业不配套，布局不合理。我国远洋捕捞企业以捕捞为主要的生产运作环节，由于没有健全的渔获加工体系、渔获营销体系、供应保障体系以及缺少专属的营销网络、终端品牌产品和供应系统等问题，企业的利润遭受严重损失，并且这些问题制约了远洋渔业公司的发展。

（四）休闲渔业

作为水产养殖业可持续发展的“渔业+旅游业”形式，休闲渔业逐渐发展成符合经济社会需求的热门产业。作为新兴产业，我国休闲渔业的发展还处于低水平初期并且不够集中，发展中仍存在不少问题。第一，缺乏整体规划，开发建设无序。整体规划不足，缺乏具有针对性的宣传、示范和引导机制是很多休闲渔业项目建设存在的问题；多数地区的渔民靠自主发展，政府缺乏统筹规划，建设的无序问题比较突出，很多建设项目大同小异，服务质量达不到要求。第二，产业规模小。目前刚刚起步的中国休闲垂钓尚未形成完整的产业链，由于缺乏资金投入，大型垂钓休闲设施如集观赏、垂钓（捕捞）、住宿、餐饮、娱乐为一体的项目数量以及从业人员数量都很少，并且缺乏有吸引力的休闲娱乐项目，而基础设施及配套服务方面也存在设施不配套、不完善，安全保障不足，服务跟不上等问题。第三，政策扶持较少，投资主体单一。休闲渔业建设用地申请手续复杂，通过建设用地的审批难度极大。产业规模因用地属性问题，导致扩张受到严重制约。此外，国家对休闲渔业的支持力度相对较弱，尤其是在金融支持方面主要依赖渔业经营主体自我投资和社会融资的渠道生产发展。第四，管理不到位或监管不力。休闲渔业是个新兴产业，相关的法制规章和监管尚不健全，存在一些安全隐患，特别是对船舶和其他基础设施缺乏具体规定，《渔船管理办法》《公共水域垂钓管理制度办法》等规定只有天津、辽宁、浙江、山东等省市制定，发展监测工作及各个休闲渔业部门的权责分工仍需进一步明确。第五，区域发展不平衡、不协调。从全国来看，休闲渔业的发展地区主要集中在华北平原和长江中下游地区，尤其是长三角地区。休闲渔业在资源利用方面尚未充分发展海洋休闲捕鱼，而休闲渔业总体经济产值的 2/3 以上主要来自淡水休闲捕鱼。产业类型方面主要是休闲垂钓和采集业及旅游导向型休闲渔业，而观赏鱼产业、出口贸易产业和水族产业发展不充分，钓鱼设备、饵料、水族设备等产业拉动效果不强。

三、水产品产业链协同发展类型

1982年中央一号文件《全国农村工作会议纪要》正式提出了农民家庭联产承包经营制度，此时乡村社区合作经济组织也成为水产行业生产的唯一组织方式。然而，随着国民经济发展和居民消费水平的提升，分散养殖户、加工户与市场之间的矛盾日益凸显，出现了水产业中的"谷贱伤农"以及"卖难"与"买难"并存的现象。为解决这一矛盾，中国进行了大量水产行业产业链发展模式的探索与试行。但关于中国水产行业的产业链关系，尚未形成标准化的划分体系，不同学者从不同视角提出了差异化的观点与解决办法。目前，中国水产行业产业链关系有多种，总体上可以概括为公司与养殖户，公司、养殖户以及中介组织，农民合作社一体化等。

（一）"公司+养殖户"

1. 发展历程

企业与养殖户合作的模式是20世纪90年代初期，企业依托内部资本、吸纳养殖户劳动力构建的"公司+农民"模式，不仅维护了原材料的稳定供给，同时缓解了激烈的市场竞争。这种模式先是在山东潍坊初步形成并成长起来，之后开启了全国范围内的推广并迅速发展。其中，水产品"公司+农户"的组织模式也在这一时期应运而生。之后"公司+养殖户"经营模式占据到一定规模，所涉及产业的采用率成为农村地区产业化最高的采用率。"公司+养殖户"组织模式具体是指渔业企业与养殖户通过签订一系列规范化的水产品远期交易合同，明确了双方的权利和义务，尤其是在海产品生产、销售、服务、利润分配、风险分担等方面，最终建立渔业企业与散户的纵向合作伙伴关系。由渔业企业和养殖户签订远期水产品收购合约，以议定的价格、质量和数量对养殖户的水产品进行销售买卖，从而得到双方共同认可与承诺，一些地区的渔业企业除了和养殖户签订水产品购销合同外，还向养殖户提供生产资料和产中技术服务，这种渔业的经营管理模式被称为"订单渔业"。

2. 发展成效

"公司+养殖户"组织模式在全国多地盛行，成为一种新型渔业生产经营模式。一方面，该模式保障了渔民稳定的收入，并为区域渔业发展和精准扶贫提供了有力的支撑。广东温氏集团就是一个典型的利用"公司+养殖户"模式迅速成长的案例。在该模式下，渔民尽快脱贫致富，企业的生产规模也得以扩大。另一方面，“公司+养殖户”的模式由于只涉及最重要的利益相关者，缺少外部影响刺激，所以企业与渔民之间容易出现违约行为、监管困难以及企业压价等问题。

3. 发展特征

第一，渔业企业和养殖户是相对独立且自由的经济人，在追求各自利益最大化的驱使下，双方签订远期水产品购销合同，相对于偶然的市场交易而言，该模式实现了渔业产业链的一定程度的纵向联结，有利于降低市场交易成本，促进渔业产业化发展，但受限于养殖户和企业均保持着独立的经济地位，相互间的垂直化关系是一种相对松散的准垂直一体化组织关系。第二，渔业企业对内部资源可进行占有、处置以及使用，而养殖户对生产资料和水产品可独立的占有、使用、交易以及分配，双方可以独立地进行交易合作但无法干预对方的生产经营行为。第三，渔业企业和养殖户签订的合约是一种周期短、条款变动快的不完全合约。由于合约期限较短，渔业企业和分散养殖户的博弈通常为一次性博弈，因此合约某一方经常出现违约行为。第四，该模式中的劳资关系是典型的资本支配劳动关系，尽管各自保持了生产经营活动的相对独立性，但是企业在具体合作中的利润分割和风险分担上占据支配地位。在利润分配方面，养殖户的利润是按固定比例分配的，而企业具有剩余索取权，拥有更多的利润。第五，渔业企业掌握相对完全的市场信息，相比分散化的农户具有一定的市场优势与经济规模优势。这种地位差异造成了企业与农户在博弈中会利用优势制定不合理的合约条款，或者凭借水产品品质、达标率等问题压制水产品价格，损害养殖户权益。

上述的种种特质决定了在“公司+养殖户”的组织模式下，要真正实现水产品全产业链的可追溯有一定的难度。

（二）“公司+中介组织+养殖户”

1. 发展历程

虽然“公司+养殖户”产业链关系对稳定物价、渔民增收以及水产品质量安全有着重要的理论价值和现实意义，但随着可追溯体系的实施和推广，其自身存在的局限性逐渐暴露，市场和自然风险的存在、信息不对称、双方权利不对称、不完全契约以及道德风险的存在危及“公司+农户”的商业组织。

为解决这一系列问题，杜吟棠（2002）和万俊毅（2009）等逐步将“公司+养殖户”的组织模式扩展成包括“公司+合作社+养殖户”“公司+基地+养殖户”“公司+行业协会+养殖户”等模式在内的“公司+中介组织+养殖户”产业链关系。该模式往往是在政府部门、渔业企业或专业大户牵头下建立的，将包括各种农村专业合作组织、供销社、农业技术协会、水产品销售协会、农民专家合作社等的中介组织作为桥梁，视生产产品的渔业公司的数量和标准来为养殖户提供统一的产前农产品供应、产中技术指导、产后销售等服务，完成市场规划、产品收购、联系渔业企业和贮运销售的产业链组织模式。

2. 发展成效

自“公司+中介组织+养殖户”的产业链关系在20世纪80年代形成以来，已形成了多种模式，如“公司+基地+养殖户”“公司+合作社+养殖户”“公司+行业协会+养殖户”等，其中，由于“公司+合作社+养殖户”的发展模式在实践中更适合中国当前发展需要，因而应用最为普遍。虽然具有许多独特的组织创新优势的“公司+中介组织+养殖户”的生产经营模式被认为是我国渔业产业化经营的有效形式，但作为一种契约安排的组织模式仍有其自身的局限性。首先，信息与合同的履行缺陷是“公司+中介组织+养殖户”的生产经营模式最大的问题，尤其是在法律意识方面，大多数养殖户缺少相关的法律知识，并且缺少长远发展的眼光，因而仅仅为了短期利益而放弃长期利益。其次，“中间”组织并不完善。“中介”组织的法律地位在“公司+中介组织+养殖户”的生产经营形式中不明确，许多地方的专业经济合作组织在市场化深入发展的今天仍以民间组织形式存在，而无法平等地参与市场竞争。

3. 发展特征

第一，该模式存在双重委托—代理关系。中介组织的介入使渔业企业和养殖户之间的市场交易关系演变为双重委托—代理关系，从而市场交易成本转变成委托—代理成本。作为渔业企业和养殖户共同的代理人，中介组织能规范并减少养殖户的机会主义行为，使养殖户协助渔业企业进行原料采购业务并根据企业意愿来组织养殖户开展生产经营活动。中介机构的另一个优势在于能够起到规范渔业企业、维护养殖户利益的作用，如审查行业损害、调节利益冲突、协调商议价格、规范合作双方的投机行为、检测产品质量等。第二，与“公司+养殖户”相比，该组织模式更有利于强化渔业产业链各经济主体的合作，中介组织能帮助分散的养殖户提高自身的组织化程度，增强水产品交易价格的谈判能力，同时中介组织有助于降低渔业企业与养殖户之间高昂的市场交易成本，大幅度降低渔业企业或养殖户的违约率。第三，复杂的委托代理关系容易模糊主体间的权责界限。相对独立的经济主体之间由于中介组织的加入升级成三者甚至更多主体间的博弈，尽管中介作用的发挥有利于提高合作主体的交易稳定性，但也可能会造成越位行为，尤其当政府或集体组织发挥中介作用时，其产生的影响作用更大。

中介组织并不具有明晰的权限，因此很难在实践层面推动水产品可追溯行为的实施以及水产品追溯绩效的提高。

（三）渔民合作社一体化

1. 发展历程

养殖户创立的合作社发展迅速，逐渐创新出以养殖户为主体的渔民合作社一体化的组织模式。渔民合作社一体化是渔业产业化发展到一定阶段的产物。渔民合作社一体化组织模式是指由养殖户以资金或土地为纽带成立合作社，往往以股份合作为主要实现形式。合作社发展壮大后，出现了经营、加工、销售以及合作社内（外）社员生产水产品的实体企业，这种由实体企业来生产水产品的模式实现了鱼类生产、加工、营销以及“贸工农”一体。

渔民合作社一体化发展一般要经历三个阶段：第一阶段即形成阶段。20世纪80年代初，“家庭联产承包责任制”被提出，这项政策使农民的生产意愿被极大地激发，自此开始，我国中央政府也开始对农业协会予以重视，并直接介入一批农产品行业协会的产生过程中。20世纪90年代政府打破价格“双轨制”并印发了《关于加强对农民专业协会指导和扶持工作的通知》，在世贸组织接纳中国观察员后，伴随国外激烈的产品竞争，自发的组织逐渐增多，中国渔业的渔民合作社一体化在这一时期应运而生，并且渔民合作社一体化进程在1994年至2006年期间主要由政府推动。第二阶段即规范发展阶段。自2007年至2010年渔民合作社一体化的发展逐步得到规范化运行。自2017年7月1日《中华人民共和国农民专业合作社法》颁布之后，中国渔民合作社一体化快速发展。这一时期，渔民合作社一体化在组织规模、覆盖行业和政府扶持等方面都取得了长足进步。第三阶段即从2010至今的完善阶段。此阶段合作社依靠品牌优势进行发展、投资与销售以实现纵向一体化经营，各地通过整合农村生产资源，充分发挥合作社的比较优势来进行有效分工和协作，克服了产业链延伸不足和叠加交叉的劣势，实现了产前、产中和产后全产业链纵向一体化经营，逐渐掌握了市场主动权。

2. 发展成效

渔民合作社一体化发展现状可以归结为三个方面。第一，发展势头保持良好态势。特别是自2007年《中华人民共和国农民专业合作社法》颁布后，渔民合作社的数量快速增加，中国渔民合作社已经突破170万家，逐渐形成了多层次、多元化的经营体系。第二，合作社一体化发展模式的经济效益显著增长。各类专业合作社充分发挥自身优势，引导养殖户实施专业化、标准化生产，降低生产成本的同时提高产品附加值，增加农民收入。第三，政策支持体系逐步完善。继《中华人民共和国农民专业合作社法》实施后，诸如金融、税收等其他领域的扶持政策也陆续出台。在税收方面，财政部、国家税务总局明确了合作社的4项税收优惠政策；在财政支持的基础上，银监会和农业部联合发布声明，以5项措施支持农业合作社金融发展。虽然合作社一体化已经取得上述成就，但不容忽视的是，水产品竞争激烈，伴随着资金投入短缺、人才配备不足和合作意识缺乏等问题，渔民合作社面临着纵向一体化水平不高的问题。尽管如此，渔民合作社一体化昭示着未来渔业产业化经营模式的一个发展方向。

3. 发展特征

第一，相比较而言，该模式具有较高的纵向一体化组织程度；与其他集中模式相比较，该组织模式较好地实现了水产企业和养殖户的完全纵向一体化，利用科层管理的方式转变市场交易管理方式，从物资供给、土地规划管理、水产品生产、加工、仓储、流通和销售都由合作社进行统一管理，虽然避免了市场交易中可能发生的投机主义行为，但组织模式的经济绩效依赖于市场交易和内部管理的成本。第二，“风险共担、利益共享”的分配制度模式给予成员充分的剩余控制权、剩余索取权，在激发内部成员生产积极性与生产动力、促进内部互动合作以及抗击外部市场风险能力方面产生了积极影响。第三，根据“入社自愿、退社自由”的原则，一部分自发性的农户组成了渔业合作社，虽然存在影响力较大的大户或基层干部侵害合作社成员权益的风险，但董事会或者股东大会在合作社发展中仍然占据重要的决策地位，此外合作社成员之间形成的非正式规制效力对机会主义行为产生一定的监督和约束效力。第四，合作社组织成员利用占股权力能够参与经营管理中的重要决策，而合作社下属的水产企业依法依规管理与规范内部经营活动。从制度设计来看，渔民合作社一体化组织模式有利于提高渔业产业链纵向关系的稳定性，降低交易成本，提高农民的组织化程度；事实上，渔民合作社一体化组织模式已经把养殖户和水产企业分别承担的部分职能纳在一起，具有企业内分工的特性。从制度变迁来看，组织模式的变迁是一个渐进过程，几种组织模式与渔业产业化经营发展阶段相适应。从渔业产业链组织模式的演进趋势来看，加快农民专业合作社的发展，提高渔业产业链纵向关系的稳定性，使之成为连接大市场与小农户的载体与平台，有利于养殖户真正享受到水产品的价值链“剩余”，提高养殖户通过实施追溯体系来保障水产品质量安全的积极性和主动性，对于从根本上保障水产品质量安全具有重要意义。

第二节 水产品追溯体系建设历程、实施特征及难点

一、水产品追溯体系建设历程

（一）追溯体系相关法规和标准

中国水产品追溯体系的建设最早可追溯到2004年。在制度建设方面，国家质量监督检验检疫总局于2004年5月24日颁布《出境水产品追溯规程（试行）》，正式施行时间是当年的6月17日，规定了水产品的溯源标准和保障条件，确保能够利用批次或批号信息等快速地针对中国出口的水产品实现从成品到原材料的实时追溯。在中国，水产品质量安全管理与水产品管理紧密相连。过去几年，人们对水产品的安全问题高度关注，政府部门也专门制定并颁布了一些法律法规及部门规章来加强包括水产品在内的农产品安全性的监管，而水产品的追溯问题是其中的重中之重。2006年，《中华人民共和国农产品质量安全法》正式开始实施，其中在农业生产全过程对包括水产品在内的农产品质量安全做出了控制和监管规定。2007年，发布国标ISO22005、《食品召回管理规定》，之后相继制定了《农产品包装和标识管理办法》以及

《农产品质量安全追溯操作规程通则》等规章文件，有力地推动了水产品追溯体系的基础性建设。2009 年 12 月 22 日，颁布的《食用农产品可追溯供应商通用规范》对农产品追溯体系建设的条件、要求、具体程序以及管制规定进行了指导，同年审批通过的《农产品质量安全追溯信息编码与标识规范》对产品追溯体系建设时的具体编码信息、数据存储、结构分类以及记录标识进行了规范与指导，有力地推进了农产品追溯体系的建设与发展。一系列农产品质量安全追溯的国家标准在 2010 年陆续出台，中央一号文件《中共中央、国务院关于加大统筹城乡发展力度进一步夯实农业农村发展基础若干意见》开年就制定了推进农产品追溯体系建设的战略目标，伴随以水产、果蔬、蜂蜜、乳制品为主要产品追溯对象的《农产品追溯要求》的出台以及地方标准《罗非鱼产品可追溯规范》《肉与肉制品的射频识别（RFID）追溯技术要求》的颁发，农产品质量安全追溯体系的规范化、标准化、制度化建设逐步推进。同年 10 月，大连、青岛、南京、无锡、上海、杭州、宁波、重庆、成都以及昆明这 10 个城市成为全国首批追溯体系建设的试点城市，积极响应由财政部、商务部办公厅联合下发的《关于肉类蔬菜流通追溯体系建设试点指导意见的通知》。2011 年确定另外 10 个城市作为试点城市，共同完善以肉类蔬菜为代表的农产品质量安全追溯体系建设。在国家《农产品质量安全法》以及国务院针对乳制品和酒类产品监管的通知中，都强调了要求公司实现生产和流通环节的全记录，实现可追溯性，以完善农产品质量安全追溯体系。

（二）水产品追溯体系的全国实践

中国水产品追溯体系自 2004 年开始实践，推行政府主导先行、企业试点推广的模式。各沿海地区如辽宁、天津、山东、江苏、上海、浙江、福建、广东，以及北京、安徽、重庆等非沿海地区都积极开展水产品追溯体系的建设。2012 年，全国 8 个省市开展水产品质量安全追溯体系的试点建设，北京、天津、辽宁、山东、江苏、湖北、福建以及广东在本省（市）内积极推行追溯体系的建设工作，具体的实施内容与大致情况见下表 3-1。

表 3-1 部分省市追溯体系建设工作实践状况

地区	举措
北京	2007 年开始，水产技术推广站逐步开展水产品追溯体系的建设，截至 2012 年已有 30 余家当地水产品企业加入了水产品追溯体系的建设工作。2017 年，京津冀将共建水产品质量安全追溯标准
天津	2008 年开始，政府相关部门实施了水产品的产地准出示范，对水产品采用“电子身份证”，实施全环节水产品安全监控的示范项目。2017 年实行“放心水产品工程”建设，计划用 3 年时间，建成 130 个放心水产品基地、30 个水产品专营店，并开展水产品质量安全快速检测数据网络建设与应用，确保水产品检测数据真实有效
上海	上海实施了包括水产品在内的农产品的信息可追溯制度；利用世博会的平台对水产品的追溯体系进行了组织管理；对以大闸蟹为代表的部分产品引入二维码技术的电子身份证，建立可追溯的水产品质量安全电子追踪身份证
江苏	2011 年，启动水产品追溯体系建设试点项目，设立了数十个追溯点；2012 年正式开通网上水产品追溯系统平台，供消费者查询与政府监管；2015 年提出“互联网+可追溯”水产品电子商务建设
浙江	各地市逐步展开水产品追溯体系建设，如温州市自 2011 年起计划建立初级的水产品追溯体系，覆盖大型企业及无公害、有机绿色水产品等。目前，浙江省水产品药品监管局、省海洋与渔业局在杭州签订“建立协调合作机制共同保障食用水产品安全”合作备忘录，一方面加强授权准入、质量追溯、检验与监测合作对接，另一方面加强食用水产品的质量安全监管，共同提高浙江食用水产品质量安全水平
山东	建立水产品企业与科研院所的合作联系，推行品牌化、无害化水产品质量安全可追溯的建设试点工作；2012 年提出从海参的可追溯性建设开始，通过企业试点推广的方式逐渐建立起一个覆盖全省的、从海参开始扩展到数十种水产品种类的水产品追溯体系；2017 年，烟台等各地搭建了水产品追溯平台，推动水产品供给侧信息透明化

续表

地区	举措
福建	自2011年以来，推广至大量企业进行试点示范，以覆盖全省各个超市实施水产品信息追溯为目标，积极对接相关部门在数据管理、系统建设与维护、质量安全监测以及载体记录等方面的组织管理与监督指导工作，促进水产品质量安全追溯体系的顺利建设
广东	2006年与国家科研机构进行科技项目研究合作试点，近年来建设完成了独有专利技术的水产品标签技术，建立起水产品安全可追溯信息平台，并出台相关法律法规。水产品追溯体系的试点推广工作目前在广东全省数十个企业和地区实施，佛山、湛江等市计划在2013年建立起覆盖全市的水产品标识准入制度 2017年出台国内第一部水产品质量安全地方性法规《广东省水产品质量安全条例》，从源头保障质量安全。广东是首个出台水产品质量安全地方性法规的地区，有力地保障了当地水产品质量安全
重庆	使用了可追溯技术，实现有机水产品防伪过程
海南	在2004年就为了适应出口需要而启动了水产品可追溯标签系统相关的研究
陕西	被农业部渔业局选中进行水产品可追溯系统试点，主要采用二维码条码作为载体，记录基本信息
安徽	安徽合肥市试点进行水产品安全可追溯制度的实施，相对覆盖范围较小，技术含量较低，主要通过实施市场准入登记备案和索票查验等方式进行

水产品追溯体系技术的进展依靠“三分技术，七分管理”，追溯体系的建设其实是管理流程的再造。技术援助对于水产品追溯体系的建设是极其重要的，因此有必要为了实现对水产品信息的识别、存储、采集、读取而进行相应科研技术的创新研发投入，需要采用产品质量信息的标识标签及其识别技术（如条形码、电子射频标签、IC卡识别等）、编码技术（如全球统一系统EAN/UCC编码）、追溯相关的GPS技术、可追溯信息采集与存储数据库等技术设备，从而实现水产品的品种、产地、数量和经营者等信息的互联互通，推动自批发市场起的每一个水产品生产环节信息的透明化。完善追溯流程使每件水产品上都贴有相应的二维码等标识，消费者在购买水产品后，通过该标识即可查询有关水产品的产地、日期地址等信息，确保水产品的质量安全。

养殖户们在售卖的每一条鱼体上贴上记录鱼体信息的标签，通过信息的完善与追溯体系的建设，不仅提高了水产品质量监管的能力和水平，也为水产品的上市提供了安全保障。

目前，标识系统中常用的数据载体有条形码技术和无线射频识别技术（RFID），其中，条形码可分为一维条形码和二维条形码。一维条形码是运用一系列字码和数字对产品特征信息进行编码，在使用时可以通过这个编码来调取计算机网络中相应产品的信息；二维条码是通过在水平方向和垂直方向组成的二维空间进行信息存储，二维条码信息承载量大、密度高、有较强的抗干扰能力和纠错能力，符合大数目产品标识编码的需要。最基本的无线射频识别技术（RFID）由电子标签、读写器和天线组成，是一种非接触式自动识别技术。RFID 系统利用射频信号通过空间耦合来实现信息传递，并通过所传递的信息达到识别实体对象属性的目的。RFID 具有读写信息方便、覆盖区距离较远、准确率高、不易受脏污恶劣环境影响等优点。

在实践层面上，国家质检总局于 2003 年启动了“中国条码推广工程”，对农产品从生产到销售的每一个环节进行有效标识，采用了 EAN/UCC 系统以便于相关产品追溯，并且自 2004 年开始在北京、上海、天津等地启动试点追溯系统。2007 年，首次建立了基于射频技术的牛肉追溯系统，建立了国际先进水平的肉类农产品追溯管理体系。2011 年 2 月，国务院颁布了《质量发展纲要（2011—2020）》，要求建立基于产品编码体系的质量信用信息平台，以促进各行业的产品质量信用建设。为保障溯源系统的顺利实施，中央和地方财政以 1∶1 的比例对每个试点城市进行专项补助，约有 16 亿元的财政资金用于当前试点城市零售、批发、团购等环节的信息化改造，具体包括统一开发相关软件，配备必要的电子支付、电子天平、信息采集、传输等硬件设备。各地政府积极地将条码等标签和编码应用于水产品追溯系统，并取得了良好的效果。中国水产科学研究院提出“水产品追溯体系构建”项目，主要是利用产品供应链理论以构建水产品质量安全追溯体系，旨在通过对关键环节、关键追溯模式、关键控制要素的探究，实现全国领域水产品追溯体系的建设。

二、实施特征

虽然中国农产品追溯体系的建设起步比较晚，但是自 2001 年开始着手追溯体系建设以来，特别是在北京和山东试点成功之后，中国农产品追溯体系在建设和试点以及实施过程中逐步完善，呈现以下两个方面的特征：

（一）多部门合作

在监管部门，中国的监管以前是“铁路警察”式的分段监管体制，工商、农业、质检、卫生等多个部门都会参与到“从农田到餐桌”生产流程各个环节的监管，然而过度监管不仅导致了财政资金的过度使用以及公共资源的极大浪费，也造成各个职能部门各自为政，无法实现监管合力。2013年，国务院分别下发了《国务院办公厅关于印发〈国家水产品药品监督管理总局主要职责内设机构和人员编制规定〉的通知》（以下简称《规定》）和《国务院关于地方改革完善水产品药品监督管理体制的指导意见》，《规定》要求国家水产品药品监督管理总局加挂国务院水产品安全委员会办公室的牌子。其中，农业部负责农业投入品质量和使用的控制、农产品进入批发和零售市场质量安全的控制、农产品制造业质量安全的控制等，具体包括饲料、饲料添加剂、农药、化肥和其他农产品的投入在责任范围内的监管。食用农产品进入批发、零售市场或制造业企业后，农业部门负责包括生鲜乳采购在内的畜禽屠宰环节的质量安全管理，而水产品由水产药品监督管理部门负责监管。两个部门在不同食品监管领域进行配合衔接，共同建立全领域的农产品安全追溯体系，这不仅简化了多部门监管引起的互相推诿、重复投资、重复执法等一系列问题，同时最大化地提高了资源的使用效率，切实保障了农产品追溯体系建设的制度效果。

农产品追溯体系是一个庞大的系统，需要多个部门共同努力，其中包括政府、产业化组织、农户以及科研院所。此外，保障人民享有安全的农产品是政府公共管理的责任，政府倘若没有履行并落实保障人民食品健康安全的责任将会对人民的健康造成极大影响。而农产品质量难以凭借消费者自身加以分辨，并且消费者自身分辨的成本高昂，这就需要政府从外部介入农产品的质量监管领域。第一，在农产品可追溯体系的建设中，政府既可以是追溯系统的倡导者、发起者，也可以是农产品追溯系统的监管者，对追溯系统中记录的信息、生产的食用农产品有监督、抽检和控制的责任（赵荣，2012）。因此，政府要建立比较全面的法律法规，完善水产品追溯系统建设的问责机制，一旦发生水产品质量安全问题，第一时间找出相关责任人，并对相关责任人进行一定的惩罚，做到有法可依。同时要不断加强监管人员的责任意识，将各个部门的工作细分化、明确化，保障在安全事件的处理过程中做到有法必依和执法必严，为农产品追溯体系建设保驾护航，营造良好的监管环境。第二，产业化组织是农产品追溯体系得以实现的核心要素，充分发挥着连接农户和市场的桥梁作用。首先，产业化组织更贴近市场，可以为农户提供第一手的资料、为农户提供紧跟市场要求的技能培训。其次，可以有效提高农户的话语权。当前国内的农户的文化素质普遍较低，缺乏掌握市场信息的能力，小规模、分散化的经营模式造成了农户在产品交易过程中缺少话语权。最后，通过产业化组织可以更加直接的将市场需求转向生产以便于人力资源的快速投入，减少不必要的资源浪费。第三，农户是农产品追溯体系的细胞，是这个体系得以正常运作的基础，农户在农产品追溯体系中主要负责田间档案的日常管理。农业中的培植、施肥、用药等过程，农户都应该将其整理到田间档案里，以便于完善追溯过程的信息记录，生产环节如果出现问题能快速且方便地检测并定位到某一生产环节。

（二）多样化发展

由于农产品品类繁多，不同品类之间的生物属性的差异也比较大，追溯体系实施条件和所依赖的技术要求差异更大，很难找到一种普遍适用性、规范性的追溯体系模板，需要根据不同农产品的特性要求找到合适的发展模式。水产品追溯体系的建设借鉴了蔬菜追溯体系应用的技术，与之不同的是，水产品追溯系统主要由生产履历中心、追溯码生成与标签打印系统、信息查询平台这三部分构成，消费者信息、生产方信息、具体产品养殖信息、水产品生产监控信息以及水产品疾病监测信息和饲料等投入品的监测信息都可以通过每条鱼的追溯码进行查询。因此，水产品从池塘到餐桌的全过程和经历都可以用这种方式被消费者查询并知晓。

一个完整且理想的水产品追溯体系主要包括六个方面：第一，产品原料和产品的所有操作过程、操作方法、操作环境因素、操作时间、经手人员、负责人以及从业人员、每一环节经手人员等信息都可以通过详尽的记录来建立与水产品唯一追溯码的链接。第二，中心或本地数据库存储所有此类产品及其原材料的每日记录和追溯信息，并建立由身份代码支配的索引，通过网络、电话或电视可以方便地查询相关信息。中央或地方数据库由政府或工业部门负责，如若信息被召回则需要在规定时间内快速更新。第三，具有完善的产品召回应急团队和应急计划。一旦发现有问题的产品，能及时组织应急队伍，启动应急计划，将社会影响降至最低。第四，具备合格的追溯体系认证人员和合理的认证体系，按时开展企业单位追溯认证或及时撤回，及时公布有资质或不具备追溯认证资格的企业。第五，实时验证可追溯信息的可靠性，如运用确认产品原种的 DNA 法等检验方法来反馈追溯体系建设的稳定性。第六，合理的追溯管理和监督措施。相关政府部门、企业和消费者共同监督追溯管理小组的工作，并提供提案建立讨论的信息反馈平台。

三、存在问题

与发达国家比较，中国的水产品可追溯体系尚处于起步阶段和探索时期，相关的法律法规相对缺乏。《出境水产品追溯规程（试行）》由国家质检总局于 2004 年 5 月发布，按照规定出口水产品和原料应进行标识，中国的出口水产品通过产品外箱的标记，从成品到原材料都可以被追溯。然而，国内水产品追溯体系尚未完全建立，部分地区还处于企业试点阶段。虽然国内的生产方法和监管公司取得了一些成果，但由于地方政府的主导和企业的合作，仍面临着相关法律法规不健全、标准制度不健全、基础研究落后、政府和消费者相关的认识较弱、不同地区之间缺乏统一的标准同时缺少相关联系，以及中国的水产品产业的特性导致了建设可追溯体系的困难和监管困难等诸多问题，直接影响了我国水产品追溯体系的有效建立和实施。

（一）相关法律法规体系与标准不健全

中国几乎没有与水产品溯源相关的针对性法律法规。水产品质量安全监督以及水产品可追溯的法律法规主要依赖与农业质量安全管理整体相关的法律法规，或者与水产品安全监督相关的法律法规以及渔业相关法律法规中极少数的规定，主要有《出境水产品追溯规程》《中华人民共和国农产品质量安全法》以及《农产品包装和标识管理方法》等。但是，水产品的特殊性和水产品大批量且小单体等产业发展的特殊性导致在水产品上添加标签或标志很难；水产品产业的生产规模一般较小，生产地点广泛，产品包装主要是新鲜的散装形式，难以实现全面监管。这些基本特性造成大规模农业监管条件与水产品监管条件并不完全一致，意味着水产品的安全监管及水产品的追踪可追溯性应具备专门性的相关法规制度，针对中国水产品的特殊性和其生产及流通的必要性进行针对性的制度管理，从而实现水产品追溯体系的全面构建及全面有效的运营，为其法律层面的实用性提供了保证。中国还没有水产品追溯系统的相关可实现性的法规和标准，也尚未建立能够确保水产品追溯系统实施的完整管理体系。自 2009 年 6 月 1 日起实施的《中华人民共和国食品安全法》提出了在食品生产、加工、包装、采购等供应链所有环节建立信息记录的法律要求，为可能的追溯召回建立法律基础。此后的《中华人民共和国食品安全法实施条例》全面实施，相关规则规定了食品的生产者为食品安全第一责任人，同时要求生产企业对食品生产过程的安全管理应如实记录，并对记录和票据的保存期、批发食品的名称、购货者姓名和联系方式加以规定。《中华人民共和国食品安全法》及其条例的实施，为我国食品安全可追溯的实施提供了法律保障，也是建立和完善追溯体系的有效推动力。另外，中国的水产品追溯几乎没有相关的标准，特别是相关的标签标准、信息及数据编码标准，这些都是水产品可追溯体系建立中不可缺少的部分，也是运行系统的基本部分，如果没有这些标准，追溯系统所依赖的信息网络技术就无法得到有效利用，追溯系统的功能就会丧失。

（二）基本信息采集存在困难

生产环节的组织特征差异阻碍了基本信息采集的便利性。中国水产品产业的发展主要依赖于小规模的生产者，大中型企业生产者相对较少，产业生产分散且集中化程度不足。此外，新鲜水产品的流通和销售占主导地位，加工和包装不完善，卫生状况、标准化操作程序、农产品和畜产品等全面检验和检疫条件得不到保证，生产标准化程度不够。这些特性意味着信息收集在生产和流通中是重要且困难的环节。总体来看，中国农产品生产分散、规模多样，小农生产占很大比例，各种生产者的生产形式和生产能力参差不齐。此外，我国采取多部门监管的管理形式，各地监管程度和管理水平不同，难以大量、广泛收集生产流通环节的可追溯信息。很多农场都有一些生产记录，但是可追踪的记录是不标准且不全面的，尚未形成统一形式，并且大多数小农场没有完整的生产记录系统。相对来说，部分大中型企业的水产品的处理是比较标准化的，在产品生产与监管中不断提质增效，养殖企业逐渐探索与国际标准的接轨，尝试用信息化科学技术管理企业生产信息。在产品流通环节，部分大型水产品批发市场或超市拥有标准化的记录和全面的信息，但部分小型批发市场和农贸市场出售的新鲜水产品最多只能知道原产地，很难进一步确认特定农户的信息。

流通信息的不对称进一步加大了信息采集难度。国外集中式、标准化的规模化生产中，生产商往往拥有特定的生产和循环产业链，并维持生产商之间的连接以确保上游原材料来源和下游循环环节的联通。在信息收集过程中，只有大规模的生产者才能获得与生产和流通链条相关的一系列参与者的信息。此外，集中的小规模生产者以组织形式互相联系起来，进行信息的沟通和采集也较为方便快捷，不容易遗漏。在中国，分散而不集中的小规模生产者之间联系很少，信息收集需要逐个核实以避免遗漏，这耗费了更多的时间、人力、物力和财力；标准化生产的加工企业少，信息收集过程的便利性降低，增加了生产和流通环节的基本信息收集的难度。中国水产品的流通渠道相对落后，传统的批发市场和农贸市场仍然占据主要地位，进一步增加了信息收集的难度。在我国水产品追溯体系建设中，信息收集是最基本的环节之一，也是体系的重要组成部分。系统的操作是动态过程和循环的常规过程，不可能在一夜之间达成，因此，信息收集的规范化十分重要。非集中性、标准化的生产和流通环节，给我国水产品追溯体系的建立和实现带来很大障碍，与通常每几年只需要统计一次的国民人口调查不同，可追溯体系的信息采集需要在每个生产和流通过程中进行收集并记录，如果不能克服这个问题，中国的水产品追溯体系的综合建设就无法顺利实现。中国的水产品追溯体系建设与推行以某个地区或企业范围作为特定试验范围，逐步开展的试点建设与推广探索初步取得了一定的试点成果。但在这一过程中，中国水产品企业生产者所占的比率小，这意味着即使整合了国内水产品生产企业在生产、流通、销售上的所有链条，也无法有效建立起覆盖全部水产品产业的可追溯体系。因此，中国水产品可追溯体系构建中要克服的困难是如何实现地区内的所有小规模生产者的统一，促进集群或相互关系的确立，从而实现整个区域数据信息交换的统一和顺利推行。

（三）相关技术和设备研究不足

在中国的水产品可追溯体系的构建过程中，相关技术和设备的研究开始的比较晚，研究相对不充分，使得中国的水产品可追溯体系构建的需求无法满足。目前，我国已初步形成了一批适用于溯源领域并且具有独立知识产权的相关技术成果，但由于成本高、普及率低，部分技术仍局限于理论研究和应用探索阶段，在大规模应用的时候，缺乏实用性的基础以及系统性的研究。中国水产养殖产业种类繁多，形态各异，各种水产品的形态、包装、流通渠道都有明显的差异，随着追溯系统开始进入实质性应用阶段，将对追溯系统软件和硬件产品产生巨大需求。目前，一些科技信息企业的研发产品尚不能很好地满足需求，这方面仍需要积极探索。国际上相关技术的研究很多，应用广泛，技术较为先进，现在中国也有一些基于国外研究成果进行应用性研究或者从事新的技术软件开发的机构和学者，国家和地方政府也在这方面予以了鼓励和支持。从目前地方性试点情况来看，各地采取的标签、编码技术并不统一，有些地方采取了登记备案和索票查验的手段，该措施通过销售环节确保水产品的安全性，通过监管产品管理的信息与限制行业准入的标准来保证水产品的安全性，但这种方式并不能称为完善的追溯体系，因为系统不能跟踪和监控到整个环节。此外，登记和票据检查的手段一般采用纸质载体，记录的信息简单，方法相对落后，信息存储和读取的工作量较大，这已不能满足水产品追溯体系建设对最新信息技术应用的需求。条形码技术在我国物流、超市等领域得到广泛应用，很多地方都将其应用于追溯系统的运行过程中，建立基于条形码技术的追溯系统平台和相应子系统。但是，条形码技术在读取效率和信息保存方面比较落后，条形码本身在各方面均没有电子标签技术 RFID 的良好效果。RFID 是一种读取速度快、存储大量信息、具有防伪追踪功能的电子标签技术，但由于电子标签的成本远高于条形码，使得它在各个生产和流通环节的应用相对较少。这也就是为什么中国在目前的水产品追溯体系建设的初级阶段过程中没有广泛使用更先进和高效技术的原因。因此，中国更应该进行创新技术研发，一方面降低现有的技术成本，另一方面进行技术创新，开发更为高效且低成本、符合中国国情且应用更为广泛的技术。

（四）社会各方面认知的不足

中国水产品追溯体系的建设受到社会文化氛围的影响，社会不同主体的认知差异造成群体对水产品追溯体系的建设存在明显的缺陷和误解。第一是政府方面。在中国的水产品追溯体系构建过程中政府作为推进者和领导人，在中国水产品追溯体系建设的战略布局、步骤牵引以及方向指导上起到了重要的决定性作用。但是尽管中国各地方对水产品可追溯体系构建的热情非常高，陆续举行体系建设的推广活动，但对于水产品可追溯体系的认识仍有缺陷。很多地方政府在水产品质量安全管制方面采取了购买登记和索票查询的方法，或者采用水产品附加在外箱的“电子身份证”等较为常见的方式，声称实现了水产品安全可追溯，但这是对水产品追溯系统的片面理解。水产品购销登记、票据查验、可追溯“电子身份证”等市场准入是可追溯手段，但并不代表水产品追溯体系或制度的建立和实现。根据要求，水产品追溯系统必须是整个链条的追溯，能够从环节和节点上追踪相关信息。产品召回系统的要求，需要得到相应法律法规和配套标准体系的进一步保障，全部环节必须具备对可追溯信息的严格、标准化、统一的要求，这样既能满足普通消费者的知情权，又能满足政府监督的需要。上述政府行为虽然部分实现了追溯体系中特定环节的特定要求，但不能保证整个链条的可追溯，也没有对法律法规和标准体系进行规范性的要求和改善。虽然我们在促进水产品追溯体系建设方面采取了一些措施和手段，也进行了宝贵的实践尝试，但相距完全实现体系建设目标还有相当长的距离。为此，地方政府要循序渐进地尊重科学规律，不要盲目地设定太长远的目标，也不要夸大成果，要在维护国民利益的基础上稳扎稳打地开展工作。第二是生产和流通环节的参与者方面，主要是生产者缺乏对追溯观念的认识。水产品追溯系统的实施需要基于特定的技术和设备对生产和循环环节进行更新和完善，在建设初期要投入大量资金。对于以追求利益为主要目的的市场经济来说，这是一个很大的挑战。生产和流通环节的许多参与者，对水产品的追溯体系还不够了解，一般会简单地理解成政府为确保水产品安全而对市场经济主体进行监督的一个简化的管理系统。大量生产、流通信息公开对生产、流通环节的参与者来说具有巨大的潜在风险，一旦发生责任事故，很容易被追究责任。生产和流通的参与者还没有完全意识到水产品追溯系统的实施会为自己带来的效益。一方面，水产品追溯系统的实施能够改善生产和流通环节，改善生产效率并削减成本；另一方面，水产品追溯体系的实施让生产和流通的各方主体参与，这强化了消费者对品牌的认知，提高了社会评价与认可度，在实际效果上减少了广告费用并与政府建立了良好的合作关系，有利于生产和流通参与者的长远发展。第三是消费者对水产品追溯体系的认知不足。部分消费者对于水产品追溯体系完全不了解，也有部分消费者对水产品追溯体系的运作方式及其对消费者权益的保障方式、消费者的参与使用方式不完全清楚，这都阻碍了消费者对水产品追溯体系的进一步了解与认同。只有强化消费者对水产品追溯体系的认知，才能通过消费者的反馈行为来完成对水产品追溯主体的鼓励和支持，从而推动水产品追溯体系的建设与发展，这不仅提升了政府在主导水产品追溯体系建设中的号召力，同时保障了消费者的知情权，满足消费者在水产品质量安全上最基本的权益与需求。

四、实施难点

建立有效的水产品追溯体系是加强水产品监督和管理、确保水产品安全的重要手段。中国虽然做了很多工作，但在建立科学、标准化、严密的水产品安全追溯体系方面仍然面临很多困难。参与水产品追溯体系建设和实施的利益相关方包括政府部门、水产品供应链的加盟企业和消费者。为了社会福利的最大化，政府的责任是确保整个社会的水产品质量安全。在市场环境下，企业以利益最大化为目标，而消费者为了最大化自己的福利会选择高品质、低成本的水产品。由于各种利益相关方追求目标的差异，中国在实施水产品追溯体系建设过程中相当困难。

（一）从政府角度分析

政府作为整个社会运作的协调者是国内法律法规的执行者，有责任建立水产品追溯体系，并监督该体系的正常运作。政府在水产品追溯系统的实施过程中发挥监管和指导作用，对水产品行业进行标准化监管，保证消费者的安全消费。因此，政府必须从制度改革、人员配备、法律和标准制定的角度来监督与水产品安全相关的所有生产和运营活动。然而政府在实际推行水产品质量安全追溯制度体系的建设中仍然存在标准与要求差距大、监管与落实存在阻碍的问题。一方面，监管权限模糊、体系制度管控效率低。由于水产品质量安全追溯体系是在产业链上的制度建设，涉及多个职能管理部门，而每个部门的工作职责与监管内容的不一致容易造成相互之间的信息不对称，从而导致各个部门缺少配合且分段管理不到位。因此，要强化部门之间的沟通合作，不仅要加强管理方法和技术标准上的信息沟通，还要建立及时高效的反馈沟通渠道。另一方面，缺少权威性、适用性、针对性的法律法规制度支持。追溯体系的制度建设要有明确的标准、规范以及法规体系，提供有法可依、有据可查的制度保障，从而保障水产品的安全生产、标准化检验包装以及规范化的市场准入等。

（二）从企业的角度分析

现阶段中国市场经济中，由于信誉体系尚未建设完善，水产品追溯体系建设中会受到诚信问题的阻碍。一方面，企业会付诸相对多的额外成本。企业在水产品追溯体系建设中既充当供给者又是责任、风险的承担者，综合管理中会造成额外的费用支出。另一方面，短期内的收益不明显。水产品追溯体系的建设复杂程度高，耗用时间长，与短时间追求并创造利益最大化的经营目标存在一定冲突，企业的坚持意愿可能会发生变化。此外，企业自主建设水产品质量安全追溯体系会受到相同市场环境下同行竞争企业实施追溯体系建设情况的影响。竞争激烈的市场环境下，当其他竞争企业不进行追溯体系建设时，大部分企业会选择避免实施追溯体系建设以减少过度成本的投入；但是当企业可以从水产品质量安全追溯体系建设中获取效益，企业会选择非公开化的建设实施追溯工作，但追溯体系的实施是一个信息透明度高、公开化程度高的产品发展战略，这种意愿与实施结果矛盾的情况导致企业不会积极参与水产品追溯体系的建设中。

（三）从消费者角度分析

由于中国各地区的经济发展水平的不均衡，各地区的消费者对水产品安全问题的重视程度不同和对可追溯水产品的认知程度不同。沿海发达地区和城市，消费者对可追溯水产品的认知程度高，而西部地区和落后地区，消费者的认知程度则相对较低。考虑价格因素，一般低收入家庭不愿意购买价格偏高的可追溯水产品；中等收入者购买安全可追溯的水产品，需要在其购买力和偏好之间进行权衡，一旦出现收入的降低，会显著地降低中等收入家庭对安全可追溯水产品的支付意愿。消费者对安全可追溯水产品的认知不足以及购买力的因素是实施水产品可追溯的难点之一。

第三节 产业链协同与水产品追溯体系协同发展存在的问题

可追溯体系与产业链协同是指在假定其他因素不变的前提下可追溯体系与产业链相互作用的机理：第一，水产品追溯体系运行最终受水产品产业链包括产业链结构、生产方式、交易方式、组织治理等内在特征影响，产业链属性决定追溯体系的模式和运行绩效；第二，从产业链演进视角看，水产品追溯体系及其产业链是一个系统协同的演进过程。

从水产品生产、流通等产业链过程看，作为产业链制度创新基础性的产业链方式，产业链具有以下特征：（1）通过纵向一体化、模块网络连接、社会资本网络等产业链关联，形成了产业链组织内部一体化、上下游网络等的新型产业链创新，减少了产业链上个别企业对实施追溯体系的机会主义行为。（2）通过上述产业链协同方式创新，形成激励相容的产业链治理，对水产品产业链追溯体系的利益相关者形成包括声誉投资、物质资本投资等专用性资产投资与收益相对称的激励和约束机制，最终形成水产品追溯体系运行和产业链融合、协同互动发展的格局。（3）从产业链系统演进角度看，可追溯体系运行与水产品产业链演化融合发展形成一个自组织系统，形成具有明显的系统共用效应、互补效应、同步效应的协同过程。

虽然中国水产品追溯体系与产业链协同近几年都得到了长足的发展，但在水产品行业追溯体系与产业链协同发展过程中仍存在着诸多问题和不足。

一、信息采集困难

水产品追溯体系首先在国外发达国家实施运行，因为这些国家在渔业集约化和标准化的大规模生产中生产者往往自身就拥有一定的生产流通产业链条，自身保持着对上游原料来源提供者的联系和对下游流通环节链条的联系，采集信息过程只需要通过大型生产者便可取得一系列生产流通链上的相关参与者的信息，另外集约化的小生产者们以一定的组织形式互相联系起来，进行信息的沟通和采集也较为方便快捷，不容易遗漏。但就中国的实际情况而言，水产品产业面临千家万户的家庭作坊式的小生产者，大中型的企业型生产者较少、生产分散，集约化程度不足；加上以鲜活水产品流通与销售为主，加工和包装不足，卫生条件和规范操作程序以及如农畜产品那样的全面的检验检疫条件难以保证，生产标准化程度不足。这些特点决定了在生产和流通环节进行信息采集非常困难。大量分散而不集约的小生产者之间联系少，信息采集为了不遗漏而需要分别确认，耗费更多的时间、人力、物力、财力，标准化生产的加工型企业少使得收集信息过程中的便利因素减少，生产和流通环节进行基本信息采集的困难加大。水产品流通渠道也较为落后，传统的批发市场与农贸市场仍然占据主要地位，使得信息的收集难度也进一步加大。而在水产品质量安全可追溯体系的建设过程中，信息采集是最基本的环节之一，是系统赖以运行的重要组成部分。这个系统的运行是动态过程，是循环往复的常态过程，不是一蹴而就的，因此信息的采集也是需要常态化的，不像普通的全国性人口信息普查一样只需要数年统计一次，而信息采集是要在每次的生产流通过程中都要进行采集和记录，非集约化和标准化的生产流通环节将给我国的水产品质量安全可追溯体系的实现带来巨大阻碍，可以说如果克服不了这一难题我国的全面的水产品质量安全可追溯体系的建设将无法顺利实现。

目前我国在水产品质量安全可追溯体系的试点、示范推广过程中，以一定地区或企业为试验范围，取得了一定效果，但我国的基本国情决定了企业性的水产品生产者所占的比例较小，即使整合全国水产品生产企业生产、流通、销售的全部链条，也不能有效建立起全面覆盖我国水产品产业的可追溯体系。因此，如何整合区域内的小生产者，促进其集群或建立彼此的联系，并实现对整个群体的数据信息的统合和交流将是我国水产品质量安全可追溯体系的建设过程中下一个要克服的难点。

二、相关法律体系与标准不健全

针对水产品追溯体系建设的指导法律法规相对较少，目前主要根据农业质量安全管理方面的法律法规、食品安全监管方面的法律法规参考指导，具体有《中华人民共和国农产品质量安全法》《中华人民共和国食品安全法》方面的法律支撑。《农产品包装和标识管理办法》和《出境水产品追溯规程》这类指导性文件规范了产品的标准与建设流程，但是涉及渔业方面的法律支撑、规范类文件相对较少。水产品产业发展的特殊性决定了产业追溯体系建设中急需具有针对性的法律法规等文件给予支撑与指导。从水产品流通中的复杂方面看，一般水产品的产量多、单体小、标签附加难度大，以鲜活散货为主的流通方式增加了追溯体系建设的难度；从经营规模管理难度上看，一般水产行业的发展规模小、分散点多、覆盖面广，在监管与控制方面要求难度大，与普通大农业不同的生产经营模式增加了水产品追溯体系建设时监管的难度。因此，水产品追溯体系的建设需要得到专业性、针对性、标准化、规范化的权威法律支撑与指导，从而实现有效的水产品质量安全追溯体系的建设。此外，健全水产品质量安全追溯体系的标准是成功实施的关键，对于标识载体的记录、信息追踪、编码查询、安全核验、数据库建设等标准的完善是运行追溯系统的前提与基础，只有一系列的标准配以技术服务才能充分发挥质量安全追溯的功能与作用。

三、相关技术和设备研究不足

水产品质量安全可追溯体系相关技术和设备的研究起步较晚，研究相对不足，因此还不能有效满足我国水产品质量安全可追溯体系建设的需要。国际上相关技术的研究很多，应用广泛，技术较为先进。虽然我们国家和地方政府也在这方面予以了一定支持，出现一批基于国外研究成果进行应用性研究或者从事新的技术软件开发的机构和学者，但从目前地方性试点的情况来看，各地采取的标签、编码技术并不统一，有些地方采取了登记备案和索票查验的手段。这一措施可以通过销售环节对水产品安全进行监管和通过对产品信息管理与准入限制保障水产品安全，但还不能称之为完整的水产品质量安全可追溯体系，因为这一制度的实施并不能对全环节的信息进行追溯和监控，并且登记备案和索票查验等手段一般采用纸质载体，记载信息简单，方式较为落后，信息储存和读取工作量都较大，不能适应水产品质量安全可追溯体系建设的趋势下对现代信息技术应用的需要。条形码技术在我国物流、超市等领域广泛应用，也有试图将其应用到可追溯体系的运行过程中来的尝试，曾建立了基于条形码技术的可追溯体系平台和相应的子系统。但相比较而言，条形码技术仍较为落后，无论从读取的效率、信息存储量还是条形码本身的易损度来说都比不上相对读取速度更快、存储信息量大、能够进行防伪追踪的电子标签技术（RFID）。但是电子标签的成本远高于条形码的成本，这降低了各生产流通环节的主体的应用意愿，加之许多养殖户没有接受过正规的教育，这使得在产品质量安全可追溯体系建设的初级阶段过程中使用更先进和高效的技术的可能性大大降低。因此，在降低现有技术成本，进行技术创新，开发更为高效的、成本较低的、符合我国国情的、能够更为广泛应用的技术方面还有待进一步探索。

四、信息不对称导致追溯体系失灵

在产业链上，企业间合作零散化、低度协调性加剧了产业链之间的信息不对称和“市场失灵”现象，引致水产品企业对主动实施可追溯体系的“偷懒”“公地悲剧”等机会主义行为。水产品质量安全可追溯体系的建立是为了给水产品买方和卖方提供准确的产品信息，从增强信息透明度角度规避逆向选择行为。良好的市场秩序和较高的收益是养殖户参与水产品质量安全可追溯体系的源动力。因此，应该在种植环节实施严格的生产方式控制，并在水产品流通体系环节制定严格的市场准入制度和标识认证制度，从而通过优质优价的竞争保护农户对市场价格的信心。

在经典追溯理论中追溯信息应分为三类：（1）企业必须记录的信息；（2）需要分享给上下游责任主体的信息；（3）提供给责任部门的信息。经典追溯理论规定不同种类信息的最短保存期限，一旦发生水产品质量安全事件，监管部门、企业和消费者都能够查询到相关的信息以实际调查取证，并且企业能利用这些信息自证清白，或实现问题责任人的精确定位。中国目前大多追溯平台中未根据上述原理考虑水产品追溯信息的分类，在追溯信息组织上将所有信息混在一起，更有甚者将外部追溯和内部追溯信息保存在一个系统里面，内外部信息混合的设计决定了系统不可能实现通用型的水产品全过程（覆盖企业内部追溯和供应链追溯）的追溯。

卖“码”追溯的不合理商业模式愈演愈烈，对追溯的严肃性和信任度构成威胁。目前县域追溯市场很多商家采用卖码的方式进行推广，追溯系统不收费或收较低的所谓“成本费”，但商家每在产品上贴一个编码标签就要向追溯系统开发商支付相应的费用。乍看起来，这种收费模式无可厚非，但实际上这种模式是很不合理的。首先，国家主流编码标识体系都是免费的，国内的主流编码标识体系没有按码收费的规定，目前国外追溯系统也未见到按码收费的商业模式。其次，主流编码体系只需以机构名义注册编码，即可在机构编码下免费拓展自己的产品编码，换言之，编码一旦注册，其使用权和编码权就归用户所有。最后，软件系统提供的是服务，用户只需支付软件使用费或服务费即可，编码只是软件系统所使用的技术之一，就如在餐厅点菜不可能再支付调料的费用一样，软件系统中所用到的技术也不应另行收费。另外，一些厂商为了配合按码收费模式，会在宣传上将编码本身与政府公信力挂钩。因此，按码收费的模式会给用户一种错觉，认为只要贴上了编码产品就获得了某种“认证”，为自己的产品营销提供素材。而目前为止，国内尚缺乏一种政府部门认可编码与公信力的等价性，这实际上损害了用户利益，并在某种程度上误导了消费者。

五、缺乏租金分享和价值补偿机制

作为一种特殊的技术和制度化的专用性资产投入，追溯体系对成员企业而言是存在差异的，当产业链治理过程中缺乏合理的租金分享和价值补偿机制时，必然导致成员企业对实施水产品追溯体系缺乏组织内生的激励和约束。通过产业链内部的契约文化、管理控制、信任承诺和交流沟通等方式建立激励相容的利益联结机制，不仅促使产业链上各节点企业利用追溯体系这种契约方式结成网络式联合体，通过对水产品原料获取、水产品加工、营销、物流仓储等关键环节的有效控制，也实现“从产地到餐桌”的全产业链贯通，使得产业链上下游形成利益共享的“正和博弈”治理模式，从而推动水产品追溯体系有效运行（胡求光等，2017）。通常来说，消费者对水产品的追溯意识、提升社会形象是企业实施追溯体系最主要的正向激励因素，而企业的成本增加及技术标准的缺乏是主要的负向激励因素；消费者的认可和支付意愿将在很大程度上影响实施成效。在企业诚信缺失、政府监管不到位时网络媒体的监管作用至关重要，引入第三方或行业协会监管有较好的效果。研究县域追溯体系时发现，目前县域追溯体系建设缺乏与追溯体系配套的法规制度，追溯体系建设落地和推动困难重重。真正的追溯体系建设是有成本的，内部追溯体系建设需要企业投入资金、人力和设施，而且可能变更其生产工艺流程。供应链追溯（外部追溯）服务与政府监管，其目的是实现问题产品的责任定位。因此，追溯体系的固有特性决定了其本身是与企业根本利益相冲突的，很难通过市场机制来协调和推进，而目前县域追溯体系建设最大的认识误区恰恰是想要通过市场机制来推进追溯体系的建设。

第四章

产业链协同与水产品追溯体系：关系检验与绩效分析

第一节　水产品产业链协同的有序度、协同度检验

一、理论基础

1965 年，美国管理学家安索在其出版的《公司战略》一书中提出协同学理论，并在管理学中引入了协同学理论，提出协同效应是聚焦某一核心主体展开特定合作，或者说是基于某一系统的综合效果。就主体来讲，不同企业之间、企业中的不同部门之间、不同要素之间都可能会产生这种效应，进而使某经济活动产生的综合效益大于各业务单元单独从事活动取得效益的总和。哈肯教授在 1971 年对此理论作了进一步延展，更系统地研究了协同学，并联系了协同理论和系统理论，在系统协同理论中将社会事物和自然界的发展分为可以相互转化的有序和无序两种状态，前者称作协同，后者称作混沌。在系统协同学理论中，协同度由系统要素之间的演变决定，而系统的发展则会受到各子系统间协同度的影响。那么究竟什么是协同度呢？总的来说就是系统通过自组织演化实现协调一致、无缝连接、高效有序的程度，并且协同度的高低受各子系统有序度高低及子系统相互之间协调有序匹配度高低的影响。

自改革开放以来，中国水产行业系统经历了 40 余年的蓬勃发展，产业生产制度和生产要素均有较大提高。在发展早期，产业的发展主要依靠企业竞争力的提升，而企业竞争力主要依靠引进新技术、内部管理制度的改善等驱动，属于系统内部的自我进步。近年来，消费者对水产品的消费需求层次也逐渐提升，从过去单一地追求消费数量，升级为包括质量安全可追溯在内的

价值追求，加剧了市场的竞争烈度，并且由于水产业自身特征以及一系列的震荡，水产行业失去原有的稳定结构，向新的有序发展迈进。目前，日趋激烈的市场环境已无法仅依靠企业竞争力的提升或者系统内部生产要素的提升来适应。因此，需要更加重视产品的质量优化、降低生产成本，各子系统的相互制约、不协调发展是制约水产业高水平发展的关键因素，产业链上各子系统以及各节点企业融合水平低下是不可忽视的重要因素。

综上，当前的水产品产业链正向新的有序结构协同演化，原有的稳定结构逐渐产生变化，不再是依靠生产要素即可获得优势的初级阶段。在目前的新阶段中，产业链系统内部的关联关系进一步紧密，内部非线性作用不断增强，因此产业链系统的子系统之间合作产生的积极效用明显高于每个子系统效用提高的总和，这是系统的内部矛盾，也是产业链系统在不同发展时期的不同的体现，各子系统的有序协同水平将最终决定系统的发展方向和有序结构。

二、水产品产业链系统协同度评价模型

（一）模型设定

通过对孟庆松、韩文秀（2000）所构建的复合系统协调度模型和郗英、胡剑芬（2005）所构建的企业生存系统协调模型进行综合改进，将企业绩效和企业整合分别视为水产品产业链系统的两个子系统，形成水产品产业链系统协调度评价模型。

1. 水产品产业链系统的企业绩效系统有序度模型

假设企业绩效系统发展过程中的序参量变量 $e_1 = [e_{11}, e_{12}, \cdots, e_{1n}]$，其中 $n \geq 1, \beta_{1i} \leq e_{1i} \leq \alpha_{1i}$，$i \in [1, n]$。本书企业绩效系统的序参量变量可以视作企业绩效的评价指标。不失一般性，假定 e_{11}，e_{12}，…，e_{1n} 为慢驰序参量，取值越大，则系统的有序程度越高，其取值越小，则有序程度越低；e_{1j+1}，e_{1j+2}，…，e_{1n} 为快驰序参量，取值越大，则系统的有序程度越低，其取值越小，则系统的有序程度越高。因此，有如下定义：

定义（1）式，定义下式为企业绩效系统序参量分量 e_{1i} 的系统有序度：

$$u_1(e_{1i}) = \begin{cases} \dfrac{e_{1i} - \beta_{1i}}{\alpha_{1i} - \beta_{1i}},\ i \in [1,\ j] \\ \\ \dfrac{\alpha_{1i} - e_{1i}}{\alpha_{1i} - \beta_{1i}},\ i \in [j+1,\ n] \end{cases} \tag{1}$$

由（1）式定义可知，$u_1(e_{1i}) \in [1,\ n]$，其值越大，e_{1i} 对企业绩效系统有序的“贡献”越大。需要强调的是在实际中，有些 e_{1i} 取值过大或过小都不好，理想情况是集中在某些特定范围。对于这类 e_{1i}，总可以通过调整其取值区间 $[\beta_{1i},\ \alpha_{1i}]$ 使其有序度定义满足定义（1）。

总体而言，通过集成 $u_1(e_{1i})$ 可以实现订单参数变量 e_{1i} 对企业绩效系统有序度的“总贡献”。但“集成”规则取决于系统的具体结构不同的组合形式，为简便起见，本书采用线性加权求和法进行处理：

$$u_1(e_1) = \sum_{i=1}^{n} \omega_i \cdot u_1(e_{1i})\ ,\ \omega_i \geq 0 \text{ 且} \sum_{i=1}^{n} \omega_i = 1 \tag{2}$$

定义（2）式：定义上式的 $u_1(e_1)$ 为企业绩效系统有序度。由（2）式可知，$u_1(e_1) \in [0,\ 1]$，$u_1(e_1)$ 越大，e_1 对企业绩效系统有序的“贡献”越大，系统有序程度就越高，反之则越低。

2. 水产品产业链系统的企业融合系统有序度模型

与企业绩效系统假设类似，同理可得：

定义（3）式，定义下式为企业融合系统序参量分量 e_{2i} 的系统有序度：

$$u_2(e_{2i}) = \begin{cases} \dfrac{e_{2i} - \beta_{2i}}{\alpha_{2i} - \beta_{2i}},\ i \in [1,\ j] \\ \\ \dfrac{\alpha_{2i} - e_{2i}}{\alpha_{2i} - \beta_{2i}},\ i \in [j+1,\ n] \end{cases} \tag{3}$$

定义（4）式，定义下式的 $u_2(e_2)$ 为企业融合系统有序度：

$$u_2(e_2) = \sum_{i=1}^{n} \omega_i \cdot u_2(e_{2i})\ ,\ \omega_i \geq 0 \text{ 且} \sum_{i=1}^{n} \omega_i = 1 \tag{4}$$

由（4）式可知，$u_2(e_2) \in [0,\ 1]$，$u_2(e_2)$ 越小，e_2 对企业绩效系统有序的“贡献”越小，系统有序程度就越低，反之则越高。

3. 水产品产业链系统的协同度模型

水产品产业链系统协调度是指企业绩效系统与企业融合系统在发展演化过程中相互协调的程度，决定了水产品产业链系统由无序到有序的趋势和程度。假设在初始时刻（或某个特定时间段）t_0，企业绩效系统有序度为 $u_1^0(e_1)$，企业融合系统有序度为 $u_2^0(e_2)$，而对于水产品产业链系统在演变进程中的时刻 t_1 而言，如果企业绩效系统有序度为 $u_1^1(e_1)$，企业融合系统有序度为 $u_2^1(e_2)$。

定义（5）式，定义下式为水产品产业链系统内子系统的协同度：

$$C = \lambda \cdot \sqrt{|u_1^{1}(e_1) - u_1^{0}(e_1)| \times |u_2^{1}(e_2) - u_2^{0}(e_2)|} \tag{5}$$

（5）式中，$\lambda \begin{cases} 1, & [u_1^{1}(e_1) - u_1^{0}(e_1)] \times [u_2^{1}(e_2) - u_2^{0}(e_2)] > 0 \\ -1, & [u_1^{1}(e_1) - u_1^{0}(e_1)] \times [u_2^{1}(e_2) - u_2^{0}(e_2)] \leq 0 \end{cases}$

对于（5）式的补充说明：

（1）$C \in [-1, 1]$，其值越大，水产品产业链系统协调发展的程度就越高，反之则越低。

（2）企业绩效系统和企业融合系统之间的协调方向可通过 λ 判断，当 $[u_1^{1}(e_1) - u_1^{0}(e_1)] \times [u_2^{1}(e_2) - u_2^{0}(e_2)] > 0$ 时，协调度 C 表现为两个子系统同方向发展的协调程度；当 $[u_1^{1}(e_1) - u_1^{0}(e_1)] \times [u_2^{1}(e_2) - u_2^{0}(e_2)] \leq 0$ 时，协调度 C 表现为两个子系统之间反方向发展的程度或根本不协调。

（3）当 $[u_1^{1}(e_1) - u_1^{0}(e_1)]$ 与 $[u_2^{1}(e_2) - u_2^{0}(e_2)]$ 均大于零时，协调度 C 表现为两个子系统向低级有序化发展的协调程度；当 $[u_1^{1}(e_1) - u_1^{0}(e_1)]$ 与 $[u_2^{1}(e_2) - u_2^{0}(e_2)]$ 均小于零时，协调度 C 表现为两个子系统向高级有序化发展的协调程度。

（4）定义（5）式综合考虑了两个子系统的情况。如果其中一个子系统的有序度增加较大，而另一个子系统的有序度增加较小，则整个系统不处于良好的协调状态。此外，掌握整个信息产业链系统在子系统有序度变化中的协调状态，是整个系统的动态分析过程。

（二）指标选取

1. 企业绩效评价指标的选取

企业绩效是指企业在一定经营周期内的经营效率和业绩，主要体现在企业的盈利能力、资产运营水平、后续发展能力等方面，学术界对它的评价标准早已达成共识。本小节将参考中国现行的企业绩效评价体系，该体系由财政部、国家经贸委、人事部和国家计委于 1996 年联合颁布。总体上，以定量财务指标为主要参考，以定性非财务指标为次要参考来评价企业的绩效，主要包括企业资产效益状况、资产运营状况、偿债能力状况和发展能力状况。考虑到本小节针对协同度进行实证测度，因此，在反映企业绩效的基础上需要遵循指标定量化原则，为保证选取指标的权威性、指标数据的可获得性和数据来源的可靠性，本节在现有的企业绩效评价体系的基础上选取如下基本指标作为企业绩效的评价指标，包含如下 4 部分：

（1）资产收益率，也被称为“资产回报率”，它被用来衡量每单位资产创造的净利润，可以反映企业资产的利用效率以及经营收入，进而衡量企业的盈利能力。指标越高，企业资产利用效果越好，具体计算公式为：

资产收益率（%）= 企业利润总额/企业资产总额×100%

（2）资产周转率。主要用于评估企业资产运营状况，它不仅反映了所有资产从投入到产出的流转速度，也反映了所有资产的管理质量和利用效率。通过对指标的对比分析，显示了企业当年与上年总资产的经营效率及变化情况，找出与同类企业在资产利用上的差距，促进企业挖掘潜力，有助于提高产品的市场占有率，进而提高资产利用效率。一般来说，该值越高，说明企业总资产周转率越快。具体计算公式为：

资产周转率（%）= 企业营业收入总额/企业资产总额×100%

（3）资产负债率。又称“杠杆率”，可衡量企业利用债权人为经营活动提供资金的能力，反映债权人贷款安全程度，该指标能反映企业经营风险的大小，也反映企业利用债权人提供的资金从事经营活动和偿还债务的能力。具体计算公式为：

资产负债率（%）= 企业负债总额/企业资产总额×100%

（4）营业收入增长率。营业收入的持续增长是企业生存和发展的基础，该指标反映了企业销售业绩的增减情况，是衡量企业经营状况和发展能力，预测企业发展趋势的重要标志。具体计算公式为：

营业收入增长率 = 企业本期营业收入增长总额/企业上期营业收入总额×100%

2. 企业融合评价指标的选取

由于企业融合是一种发展性的动态抽象化概念，目前学术界关于企业融合还没有形成统一明确的标准。陶长琪等（2007）认为，IT 行业的企业融合是指两个或两个以上企业为了实现特定的目标，优势互补、共同发展，在考虑企业自身利益的基础上，采取一系列措施以达到最优状态，形成一种最佳的资源配置安排。其内在原因是经济效率、技术创新和专业分工，其基础是技术整合、业务整合、市场整合、文化整合和组织结构调整。本书参照这个定义，并结合水产品产业的实际情况和实证数据的可获得性，认为企业融合是协同机制的外在体现，水产品企业的融合是由水产品产业链系统序参量技术整合、业务整合、市场整合和“组织结构整合”所体现的。因此，在综合考虑这些影响因素的基础上，选取如下3个水产品企业融合评价指标：

（1）技术人员比率，指技术人员占企业总人数的比例，反映企业的专业技术水平。专业技术水平是企业实现技术创新和技术整合的前提，也是企业分工的前提，因此将其作为企业整合的评价指标是合理的。

（2）市场人员比率，指市场人员占企业总员工人数的比例，反映了企业拓展市场的能力，也可以从侧面解释企业内部市场化程度。市场人员能够推动企业整合价值，迎合市场需求，改变用户的消费观念。市场人员的比例会直接影响市场整合的程度。因此，选择该指标作为企业一体化的评价指标是合理的。

（3）费用比率，指企业经营费用与管理费用的比率。当企业进行内部市场化时，经营成本的交易成本会部分地由管理成本的组织成本转移而来。其不仅反映了企业内部市场化程度，也反映了企业组织结构的调整。因此，选择该指标作为企业一体化的评价指标是合理的。

三、有效度和协同度检验

水产行业不但是发展大农业的重要产业之一，也是国家政策重点扶持的产业，在农业经济发展和国家粮食安全方面占有举足轻重的地位。自2012年以来，中国一直是世界上最大的水产品生产国，高水平的水产养殖合作为我国产业和经济发展提供了战略基础和先进的生产力支持。因此，研究水产养殖和实证分析产业链体系的协调性具有战略重要性。

（一）数据获取

数据的获取步骤具体如下，首先，汇总7家中国上市渔业公司2012年至2016年的利润总额、负债总额、资产总额、营业收入总额、技术人员、市场人员、人员总数、营业费用、管理费用 9 项数据。其次，根据这 9 项数据，计算 2012 年—2016 年上述各公司的评价指标。然后，计算各公司累计和缺失值，并剔除缺失值。最后，将各评价指标的累加值取平均，得到关于企业绩效与企业融合的评价指标，详见如下表 4-1。

表 4-1 2012 年—2016 年水产品产业链系统评价指标

年度	企业绩效子系统评价指标				企业融合子系统评价指标		
	资产收益率	资产周转率	资产负债率	营业收入增长率	技术人员比率	市场人员比率	费用比率
2012	2.35	43.29	37.47	10.14	9.32	6.85	8.77
2013	3.50	43.32	40.13	0.69	9.60	5.93	8.30
2014	-4.05	42.80	47.75	3.58	8.41	7.78	14.91
2015	-14.94	44.03	46.02	8.67	4.94	7.62	8.41
2016	1.61	43.79	45.53	19.69	5.56	6.00	7.54

（二）数据处理

由于各指标之间的计量单位不尽相同，使得各指标的测量值相差很大，对后续实证存在着较大的影响。因此，为了便于对数据直接比较，首先采用实际中应用最多的标准化方法对数据进行标准化处理，使得各不同测量单位的指标无量纲化。

标准化基本原理：

$$X_{ij}' = (X_{ij} - \bar{X}_j) / S_j (i = 1, 2, \cdots, n; j = 1, 2, \cdots, n) \quad (6)$$

其中，X_{ij}' 表示标准化数据，$\bar{X}_j = \frac{1}{n}\sum_{i=1}^{n} X_{ij}$ 表示变量 j 的均值，S_j 表示变量 j 的标准差，其计算公式为：

$$S_j = \sqrt{\frac{1}{n}\sum_{i=1}^{n} (X_{ij} - \bar{X}_j)^2} \quad (7)$$

本书对上述评价指标做标准化，并以矩阵表示各评价指标的标准化结果，（使用软件为 SPSS）：

$$\text{企业绩效评价指标:}\begin{bmatrix} 0.60964 & -0.33643 & -1.35399 & 0.21777 \\ 0.76014 & -0.25472 & -0.74513 & -1.07775 \\ -0.22845 & -1.34862 & 1.00134 & -0.68107 \\ -1.65395 & 1.21668 & 0.60482 & 0.01562 \\ 0.51262 & 0.72309 & 0.49297 & 1.52543 \end{bmatrix}$$

$$\text{企业融合评价指标:}\begin{bmatrix} 0.80743 & 0.01934 & -27144 \\ 0.93819 & -1.04505 & -42715 \\ 0.38804 & 1.08752 & 1.76908 \\ -1.21006 & 0.89724 & -0.39162 \\ -0.92360 & -0.95904 & -0.67886 \end{bmatrix}$$

（三）水产品产业链系统的子系统评价指标的赋权

本书采用客观赋权法来计算子系统的有序度，进而便于指标的权重定量化分析。参考王坤和宋海洲（2003）对熵权法、标准差法和 CRITIC 法三种客观赋权方法的比较，本书选择 Danae Diakoulaki（丹娜·迪亚库拉基）（1995）提出的 CRITIC 法。其中评价指标的权重由标准差和相关系数决定，前者代表评价指标值的变异程度。如果两个评价指标之间存在较强的正相关关系，则说明两者冲突程度较低；反之，则说明存在较大的冲突。CRITIC 法的基本原理：

$$\xi_j = \sigma_j \cdot \sum_{i=1}^{n}(1 - r_{ij})\ (j = 1,\ 2,\ \cdots,\ n) \tag{8}$$

原理（8）式中，ξ_j 表示第 j 个评价指标对体系的影响程度，σ_j 表示第 j 个评价指标的标准差，r_{ij} 表示第 i 个评价指标与第 j 个评价指标之间的相关系数。

ξ_j 值越大，第 j 个评价指标对体系的影响程度与相对重要性也就越大，第 j 个评价指标的客观权重 ω_j 的计算公式为：

$$\omega_j = \frac{\xi_j}{\sum_{j=1}^{n}\xi_j}(j = 1,\ 2,\ \cdots,\ n)。 \tag{9}$$

（1）企业绩效评价指标的标准差：

$$\sigma_1 = \sigma_2 = \sigma_3 = \sigma_4 = 0.89443$$

（2）企业融合评价指标的标准差：

$$\sigma_1 = \sigma_2 = \sigma_3 = 0.89443$$

（3）企业绩效评价指标和企业融合评价指标的相关系数矩阵：

$$\begin{bmatrix} 1 & -0.43307 & -0.59206 & 0.05631 \\ -0.43307 & 1 & 0.09680 & 0.56044 \\ -0.59206 & 0.09680 & 1 & 0.14691 \\ 0.05631 & 0.56044 & 0.14691 & 1 \end{bmatrix}$$

$$\begin{bmatrix} 1.0000 & -0.18569 & 0.29186 \\ -0.18569 & 1 & 0.66618 \\ 0.29186 & 0.66618 & 1 \end{bmatrix}$$

（4）企业绩效评价指标和企业融合评价指标的权重：

$$\begin{cases} \omega_1 = 0.32190 \\ \omega_2 = 0.22514 \\ \omega_3 = 0.27158 \\ \omega_4 = 0.18138 \end{cases}, \begin{cases} \omega_1 = 0.42507 \\ \omega_2 = 0.34106 \\ \omega_3 = 0.23387 \end{cases}$$

（四）中国水产品产业链系统的协同度及分析

1. 企业绩效系统和企业融合系统的有序度

首先，根据式（1）、式（3）分别计算企业绩效的各项评价指标有序度和归一化处理，结果如下：

$$\begin{bmatrix} 0.93766 & 0.39457 & 0.00000 & 0.49767 \\ 1.00000 & 0.42642 & 0.25850 & 0.00000 \\ 0.59049 & 0.00000 & 1.00000 & 0.15238 \\ 0.00000 & 1.00000 & 0.83165 & 0.42001 \\ 0.89747 & 0.80759 & 0.78416 & 1.00000 \end{bmatrix}$$

$$\begin{bmatrix} 0.93913 & 0.49911 & 0.16643 \\ 1.00000 & 0.00000 & 0.10283 \\ 0.74391 & 1.00000 & 1.00000 \\ 0.00000 & 0.91077 & 0.11734 \\ 0.13334 & 0.04033 & 0.00000 \end{bmatrix}$$

然后，再根据式（2）、式（4）分别计算2012年—2016年企业绩效系统和企业融合系统的有序度，结果见表4-2：

表 4-2 各子系统有序度水平

有序度	2012 年	2013 年	2014 年	2015 年	2016 年
u_1	0. 48094	0. 48811	0. 48930	0. 52718	0. 86506
u_2	0. 60835	0. 44912	0. 89114	0. 33807	0. 07044

2. 水产品产业链系统协同度

根据式（5），可以得到2012 年—2016 年的水产品产业链系统协同度，结果见表 4-3：

表 4-3 水产品产业链系统协同度水平

协同度	2013 年	2014 年	2015 年	2016 年
C	-0. 03379	0. 02291	-0. 14475	-0. 30071

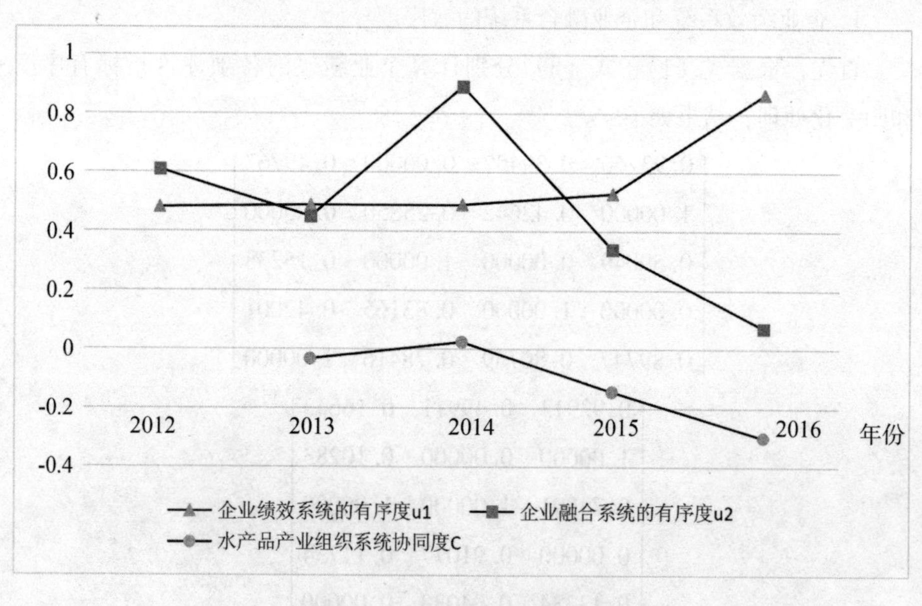

图 4-1 水产品产业链系统协同

四、检验结果分析

（一）结果分析

根据上述的分析结果，绘制出如图 4-1 所示的水产品产业链系统协同趋势图。结果表明：在 2012 年—2016 年间，中国水产品产业链的企业绩效系统有序度总体呈现稳步上升趋势，企业融合系统有序度整体呈现下降趋势，而两个子系统之间的协同程度呈现逐年下降趋势。值得注意的是，2014 年子系统企业融合系统有序度的突然增加拉升了水产品产业链系统协同度水平，由此可见，企业融合对于水产品产业链系统协同度的重要意义。

就各子系统有序度而言，企业绩效系统发展态势良好，而企业融合系统发展不容乐观；就水产品系统协调度而言，协调水平低下。本书认为主要原因有三点：第一，企业利益联结问题。由于大多数企业只重视自身企业的业绩发展，而忽略了企业融合所带来的整个产业链的联结优势，即企业融合所产生的品牌效应、宣传力度和技术优势等这些长期利益，最终导致企业绩效高、企业融合水平低下，进而使得整个水产品产业链系统失调情况的出现。第二，市场集中度问题。水产品行业长期以来都表现为水产企业规模小、数量多且分散的特点，这样散、小、多的问题使得水产品市场运行效率低下，企业融合困难，不具备规模优势，市场中缺乏龙头核心企业的领导，产业链资源得不到有效的利用，产业链整体不协同发展。第三，质量安全问题。与一般的农产品相比，水产品更容易出现质量安全问题，中国水产品市场供给主体参差不齐给系统的有序发展带来不少阻力。当前的市场竞争环境下，劣质企业往往会通过一些违反规定的不诚信手段来降低企业成本，从而增大了产品质量安全风险，降低了产业链上下游企业信任程度，严重阻碍了企业融合。

（二）结论启示

通过对水产品产业链子系统有序度和系统协同度的实证分析，可以看到水产品产业链系统发展主要受到企业融合的限制。因此，为促进中国水产品产业链系统的有序协同快速发展，保障中国水产品追溯体系的有效运行，本书给出如下对策建议：

1. 建立利益联合机制，打造利益共同体

水产品产业链系统的协同发展需要环节协同、要素协同及利益机制协同三个维度共同发力。首先，实现环节协同需要政府鼓励上游生产企业寻求技术突破和产量增加，扶持中游加工企业提升自身品牌效应，督促下游销售企业加大对可追溯产品的宣传力度，扩大市场需求。其次，要素协同要求政府加大对企业的技术投入，促进产业链与技术协同发展，定期和不定期地对水产品消费市场进行调查，把握消费者对产品的口味偏好和满意程度，实现市场和信息的协同。最后，通过多种产业链关系实现利益协同。如鼓励产业内“公司+养殖户”“龙头企业+养殖户+拍卖市场”和“养殖户+合作联社+加工企业”等多种模式的存在，充分发挥各产业链关系的契约约束和利益协同功能。

2. 推进相关企业并购整合，提高市场的集中化程度，完善市场要素体系，促进产业系统内部有序发展

解决企业融合问题就是解决当前水产企业生产散、小、多的问题，这是促进水产品产业链系统协同发展、提升追溯体系实施绩效的关键所在。具体举措包括整合区域内产业联盟数量，提升产业联盟的运行效率和质量，以大型水产企业为核心，通过兼并重组和参股等手段有效整合产业链资源，建立一体化的水产养殖、加工、销售和服务体系，实现水产行业生产加工的规模化和产业化。

3. 深化供给侧改革，促进企业内部市场化

一方面，随着国家“加强供给侧改革”政策的提出，深化水产品产业供给侧改革，推动水产品产业链系统有序发展势在必行。从产业链入手构建水产品质量安全监管平台，能够提升产业链节点企业之间的互信度，营造宽松的企业融合环境，促进水产业协同发展。另一方面，对于企业内部而言，大多数企业缺乏自主的技术研发和市场定位分析或者二者投入比例失调，导致各企业发展受阻，内部市场化低下，企业应结合自身发展的实际情况，科学规划技术投入和市场投入，促进企业内部市场化。

第二节　产业链协同对水产品追溯体系运行的影响

一、影响背景

自 20 世纪 80 年代以来，国际水产品贸易不断扩大；与此同时，由细菌、病毒等致病因子引发的恶性食源性疾病事件不断发生，水产品质量安全问题成为全球关注的焦点，用以保障水产品质量安全的追溯体系也开始备受关注。由于水产行业生产者分散，流通渠道多，产品需求价格弹性大，资产专用性程度高，经营不确定性强，再加上销售的季节性以及产品的易腐性，水产品与一般产品相比更容易出现质量安全问题（郑建明，2012），追溯体系的实施也更为重要（孙波，2012）。欧盟、美国、日本、澳大利亚和加拿大等国家和地区先后对水产品都提出了强制性的可追溯要求（Frederiksen et al.，2002）。

作为全球最重要的水产品生产国、消费国和贸易国，中国水产品产值和出口额连续 20 年来居世界首位，水产品出口额多年位居中国产品出口额之首。随着水产品产业的快速发展及人们生活水平和生活质量的提升，人们对水产品的消费需求从过去单一的对数量的追求，升级为对包括实物价值、品牌声誉、质量安全在内的顾客价值的追求。为适应需求的变化，确保质量安全，2010 年，农业部通过对全国范围内的水产品企业开展养殖、加工、批发、零售一体化追溯试点，建立了水产品质量安全追溯网，在全国范围内开始实施水产品追溯体系。2017 年，农业部要求水产品质量安全可追溯试点建设逐步实现“从池塘到餐桌”全过程追溯管理，做到“信息可查询、来源可追溯、去向可跟踪、责任可追究”。但是，水产品质量安全问题仍常见于报端，水产品追溯实践仍存在诸如政府强制实施、追溯体系流于形式、追溯信息碎片化、产业链上各个节点企业无法联动实施追溯体系等问题。事实上，就水产品追溯体系运行而言，充分发挥整个产业链上各节点企业的协同作用才是至关重要的问题。

为何中国的水产品追溯体系没能像许多发达国家的那样真正起到对水产品质量安全的保障作用？对这一问题的回答将有助于明确中国未来水产品追

溯体系的改进路径以及渔业产业政策的调整方向。本书拟根据理论分析提出研究假说，运用结构方程模型和全国 209 家水产企业的调查数据，探讨水产品产业链协同与追溯体系之间的内在结构与传导机理，寻求破解追溯体系无法有效保障水产品质量安全问题的策略，为保障水产品追溯体系的有效实施提供基于产业链协同的内生路径。

二、方法选择与模型说明

（一）方法选择

本研究中的两个主要变量产业链协同与追溯体系运行都是无法直接观测的潜变量，并且根据本研究的理论分析，产业链协同的测量又涉及产业链关系、产业链结构、产业链治理多个潜变量，这些潜变量又分别由各自的观测变量进行测量，但由于观测变量无法直接获取，本研究采用问卷调查的方式取得相应数据，从客观上讲观测数据必然存在一定的误差。因此，本研究所涉及的概念是一个有一定先验理论支撑的多变量相互交织的复杂模型，涉及对多个自变量和因变量之间关系的分析，而且自变量和因变量均存在测量误差。

目前，经济学和管理学上处理此类不可直接测量概念之间关系的方法通常有多元回归分析、典型相关分析、联立方程模型和偏最小二乘法等，这些方法在处理相关问题时都有各自的优势，但也都存在相应的局限性。首先，多元统计分析和联立方程模型在处理数据时都要求自变量和因变量不能存在测量误差，典型相关分析也无法确切解释到测量误差。其次，多元回归分析只能处理自变量和因变量之间的单一关系，虽然多元方差分析可以分析多个因变量和自变量之间的关系，但这种关系同样是单一的；在探讨两组变量之间的相关性时，虽可以通过提取最大相关的方式，将多变量之间关系转化为研究线性组合的最大相关，从而减少研究变量的个数，但是这种分析也只是一种探索性的研究方法，它并不能提供变量之间任何先验的逻辑信息。最后，典型相关分析虽然可分析多变量之间关系，但是典型相关分析只是探讨变量之间的线性相关性，并不能反映变量之间的因果关系；偏最小二乘法分析在处理多个自变量和多个因变量之间回归关系上有比较明显优势，但其主要用于预测变量之间关系，而且适用于理论知识相对缺乏的情况下，这与本研究的基本情况也不太符合。综合分析各种分析方法的利弊，本研究选取更适合本研究对象特点的结构方程模型（SEM）用于分析所探讨的变量。

结构方程模型也称作协方差结构模型，其核心包括测量模型和结构模型两大部分，它综合运用验证性因子分析、路径分析、多元回归分析等技术，结合相关数据对假设的各变量之间关系的理论模型进行分析，根据实际数据与理论模型关系的一致性程度，对理论模型做出相应的评价和修正，以达到对现实社会中各类复杂因素之间的关系进行定量研究的目的。相比于其他研究方法，结构方程模型在分析执行力时有四点明显的优势：（1）结构方程模型在分析变量之间关系时允许变量存在测量误差。产业链协同的各个潜变量均采用问卷调研数据进行测量，所得观测数据必然存在测量误差，相应的潜变量也存在误差项，因而对模型在误差的选择上有一定的要求。（2）本研究中的模型是一个多变量相互交织的复杂模型，要求分析模型能同时处理多个变量相互作用的复杂关系。相比路径分析只能分别考察不同变量之间关系且缺少整体视觉等不足，SEM 最大的特点就是能够同时处理多种变量之间的相互关系。（3）产业链协同等潜变量是一个有着先验理论做支撑的变量，因此，相对于偏最小二乘法适用于预测以及理论知识不够充分的情况，结构方程模型在先验理论知识充足并且研究目的是理论检验的情况下更适用。（4）结构方程模型在分析产业链协同和追溯体系运行内在要素关系时，能同时处理因子结构和因子之间的关系，并采用拟合指标估计整个模型的拟合程度，用以评价不同模型的拟合效果。综上所述，本书采用结构方程模型来研究产业链协同与追溯体系运行之间的关系。

（二）模型设定

结构方程模型包括测量方程和结构方程两个部分，测量方程用于描述潜变量与观测变量之间的关系，结构方程用于描述潜变量之间的关系。结构方程模型一般由 3 个矩阵方程式表示：

$$x = \Lambda_x \xi + \delta \tag{1}$$

$$y = \Lambda_y \eta + \varepsilon \tag{2}$$

$$\eta = B\eta + \Gamma\xi + \zeta \tag{3}$$

（1）—（3）式中，x 表示外生观测变量向量，ξ 为外生潜变量向量，Λ_x 为外生观测变量在外生潜变量上的因素负荷矩阵，δ 为外生观测变量的残差项向量；y 表示内生观测变量向量，η 为内生潜变量向量，Λ_y 为内生观测变量在内生潜变量上的因素负荷矩阵，ε 为内生观测变量的残差项向量；B 和 Γ 均表示路径系数，B 表示内生潜变量之间的关系，Γ 表示外生潜变量对内生潜变量的影响，ζ 为结构方程的误差项。

基于前文理论分析，本书将产业链协同、产业链结构、产业链关系、产业链治理设置为外生潜变量，将追溯体系运行设置为内生潜变量。测量模型反映产业链协同、产业链结构、产业链关系、产业链治理、追溯体系运行与其各自观测变量之间的测量关系；结构模型反映产业链协同与追溯体系运行之间的结构关系，即因果关系。

三、影响因素及假说

（一）追溯体系影响因素分析

由于水产品单体较小，数量和种类较为庞大，实施追溯体系的难度较大。相比较而言，追溯体系在水产品领域的实施相对滞后，其研究也较为薄弱。大量相关研究主要集中于农产品追溯体系方面，专门针对水产品追溯体系的研究很少；关于农产品追溯体系的研究中，大多是对实施追溯体系影响因素的分析，包括外生性因素和内生性因素。

1. 追溯体系实施外生性影响因素的研究

这方面的研究主要涉及追溯体系实施中的农户行为（陈丽华等，2016）、消费者对可追溯产品的偏好与支付意愿（吴林海等，2012）、政府对追溯体系实施的监管（傅进、殷志扬，2015；Bosona et al.，2013）以及追溯体系的信息系统管理（王秋梅等，2008）等问题。这些研究表明，追溯体系在保障水产品质量安全（王常伟、顾海英，2013）、促进出口供应链信息传递（郄海拓、李忠诚，2013）等方面具有重要的激励作用。

2. 追溯体系实施内生性影响因素的研究

随着对追溯体系认识的深入，相关研究逐渐从对外生性因素的探讨转为对产业链等内生性因素的探讨。有研究表明，包括水产品在内的农产品质量安全水平与其产业链关系有着十分紧密的联系（王常伟、顾海英，2013；郑建明，2012）。传统小规模、分散化的农业生产家庭组织的机会主义行为容易造成追溯信息失真（赵荣、乔娟，2011；王慧敏、乔娟，2011）和追溯体系实施中的逆向选择问题（郑江谋、曾文慧，2011），从而加剧质量安全监管的难度（王二朋、周应恒，2011）。有研究指出，产业链更为紧密的纵向一体化方式、产业链不同环节行为主体之间的协同以及产业链纵向协作机制（Fearne，1998），有助于解决追溯体系实施中的信息不对称问题，从而保障农产品质量安全（温铁军，2012；王华书、韩纪琴，2012）。此外，有学者明确指出保障水产品质量安全离不开追溯体系所依托的产业链关系的协同演进（胡求光等，2012；方金，2008），并提出应立足于改变水产品产业链的方式进行产业内部的自我调整（钟真、孔祥智，2012；郑建明，2012），认为应该加强对产业链源头的有效控制（李中东、孙焕，2011）。为此，学者们提出，要为建立农产品追溯体系奠定产业链基础（温铁军，2012）。然而，周应恒、王二朋（2013）和岳冬冬等（2012）研究认为，中国农渔业存在小规模、分散化经营以及组织化程度低的产业现状，制约了追溯体系的有效实施（Buhr，2003；胡定寰等，2006），相对松散及临时性的水产品上下游产业链关系导致追溯体系的强制效力无法在产业链节点企业之间有效传递，无法产生足够的激励来刺激相关经营者主动参与追溯体系的实施，以保障水产品质量安全。

通过以上文献梳理可以发现，从内生性因素考虑，水产品追溯体系的有效性受到产业链上下游企业以及同类企业之间相互关系的影响。因此，对追溯体系的研究需要综合考虑这两方面的问题。但是，目前有关影响水产品追溯体系运行的内生性因素的研究还存在不足，主要表现为分析不够全面以及缺乏将内生性因素置于一个统一的框架下进行研究。鉴于此，在上述文献综述的基础上，本书从产业链协同这一视角出发，对影响水产品追溯体系有效运行的内生性因素进行分析，探究产业链协同对追溯体系运行有效性的作用机制，从产业链内部寻找追溯体系有效实施的理论依据和支持路径。

（二）研究假说

根据欧盟（EU）、国际标准化组织（ISO）及农产品标准委员会对追溯体系的定义，“追溯体系”主要包括“追踪”和“溯源”两个基本功能。追踪是指沿着产业链条从产地到零售环节自上而下的跟踪，通过提供下游信息，用于查找出现质量安全问题的原因和位置；而溯源是根据所记录的全产业链信息沿着整个产业链条从零售环节到产地自下而上地追踪产品来源，通过提供上游信息，用来召回或撤销产品。就追溯功能而言，追溯体系包括用以反映一个企业自身追溯机制的内部追溯和用以反映产业链节点企业之间追溯关系的外部追溯。

（1）产业链协同。产业链协同是指在包括水产养殖、捕捞、生产加工、物流运输、批发经营和终端销售等一系列环节中各节点企业的业务流程和操作机制实现高效整合的基础上，采取一种整体行为和模式，它强调对市场需求的快捷反应和整体生产效率的最优化。企业在产业链中任何一个节点上的行为，都会对整个产业链上产品的质量安全产生影响（王宏智、赵扬，2017）。因此，水产品追溯体系的实施不能停留在对单个产业链节点企业或终端产品的监管上，而需要覆盖整个产业链上所有节点企业的全程协同运作过程。首先，产业链协同通过加强企业间的分工协作、相互关联、信息沟通、产品与资金流通，使得各个具有不同价值创造能力的企业有机联系起来，即形成产业链结构；其次，以现有产业链结构为基础，产业链协同对整体生产效率最优化的追求会促使企业间自发形成利益最大化的经营方式，即形成产业链关系；最后，产业链协同通过协同方式创新，如纵向一体化、横向兼并和纵横交融等模式创新，对水产品追溯体系的利益相关者形成包括契约文化、管理控制、信任承诺、利益分享和交流沟通等在内的激励和约束机制，即形成激励相容的产业链治理。产业链协同能通过产业链结构、产业链关系、产业链治理三个维度的优化、重构和演进，使产业链节点企业实现对市场需求的快速反应和生产效率的最优化，同时稳定的收益预期会促使企业间保持长期稳定的合作和协同，从而确保产业链整体效率实现帕累托优化。据此，本书提出如下假说：

H1：产业链协同影响水产品追溯体系运行。

（2）产业链结构。产业链结构主要通过行业集中度、市场势力、行业壁垒、产品差异与技术差异几个方面影响追溯体系的运行绩效。第一，提升行业集中度有助于扩大企业规模，形成市场势力。企业相对规模越大，受其他企业“搭便车”行为的不良影响越小，也就越有动力实施追溯体系以改善产品质量，维持较高的产品价格水平（余建宇等，2015）。第二，行业壁垒影响追溯体系的实施。一方面，合理的进入壁垒可以将无效企业阻挡在行业门槛之外，降低水产企业的生产成本，从而提高企业的预期收益，改善追溯体系的运行绩效；另一方面，适当的退出壁垒可以借助资产专用性等手段防止部分企业在追溯体系实施过程中出现机会主义行为，激励、督促企业有效实施追溯体系。第三，产品差异和技术差异是企业获得核心竞争优势的主要途径。产业链节点企业的技术进步导致市场垄断或竞争行为的发生，以此改变市场结构进而改变产业链结构。阿罗（Arrow，1962）认为，竞争行业要比垄断行业具有更强的创新激励因素，因为在完全竞争市场中企业技术创新可以提升其市场势力，形成产品垄断或技术垄断并获取超额收益。与一般行业相比，水产品行业的竞争性更加明显（胡求光、李竹青，2017）。因此，出于预期收益的考虑，为充分保证产品质量，水产企业具有更强烈的获取技术和产品专长优势的激励，在实施追溯体系上自觉性更加明显。基于上述分析，本书提出如下假说：

H2：产业链协同在产业链结构维度影响追溯体系运行。

（3）产业链关系。产业链关系是指产业链上各主体之间通过市场交易、策略联盟、合资经营、转包加工、虚拟合作等不同组织形式和联结机制组合在一起形成的具有特定产业形态和独特功能的经营方式（钟真、孔祥智，2012）。根据交易成本理论，资产专用性、不确定性程度与交易频率影响产业链上生产和交易关系的选择。水产品生产具有明显的物质资产专用性、养殖捕捞技术与交易等知识专用性，这种高资产专用性使得产业链前端企业易遭下游企业的“价格绑架”。因此，从事专用性交易的双方必须设计出长效的产业链协作制度安排（高小玲，2014），依靠利益联结机制、激励策略、触发策略①以及表明价值和利益追求一致性的广告行为等途径，改善经营者对水产品生产和交易的经营方式以及关于实施追溯体系的认知态度、经济投入动力与资源整合意愿，在节约交易费用、减少不确定性的基础上提高专用性资产对产业链节点企业的约束和规范，从而提高追溯体系的运行绩效。基于此，本书提出如下假说：

H3：产业链协同在产业链关系维度影响追溯体系运行。

（4）产业链治理。产业链治理模式包括市场型、模块型、关系型、领导型和层级制等不同形态，模式不同，内涵不同，企业实施追溯体系的原因和动力也各异（宋胜洲、葛伟，2012）。首先，市场型治理模式以企业间契约为核心，

---

① 触发策略是指一旦企业发现行业内存在生产不安全产品的企业，它也将生产不安全产品。企业能够预期到自身的不良行为将造成其他企业的报复式惩罚，并造成长期内整体行业不可挽回的衰弱，最终导致自身的经营无以为继。这样的预期将会对企业的行为产生巨大的威慑与警示效力，从而约束企业的长期行为。

契约中的奖励和惩罚机制不但可以保证契约条款的强制执行，而且能够减少交易双方在交易过程中可能发生的机会主义行为，提高履约效率，从而正向促进追溯体系的运行绩效（黄梦思、孙剑，2016）；其次，模块型、关系型和领导型治理同属于网络治理模式，可通过信任承诺、利益分享、交流沟通等途径，降低企业实施追溯体系的风险预期和成本预期，提高其收益预期，从而最终改善追溯体系的运行绩效；最后，层级制产业链治理作为企业内治理方式可通过管理控制提高追溯体系的运行绩效。据此，本书提出如下假说：

H4：产业链协同在产业链治理维度影响追溯体系运行。

（三）原理剖析

追溯体系是对产品或产品特征的追踪能力和记录体系，本质上具有“团队生产”的属性，实施追溯体系带来的财务收益、产品声誉等收益应为所有参与成员所共享，也需要参与成员共同参与和协同完成。产业链零散化、低度协调性加剧了产业链之间的信息不对称和市场失灵现象，引致水产品企业对主动实施可追溯体系的“偷懒”“公地悲剧”等机会主义行为。追溯体系作为一种特殊的技术和制度化的专用性资产投入对成员企业而言是存在差异的，当产业链治理缺乏合理的租金分享和价值补偿机制时，必然导致成员企业对实施水产品追溯体系缺乏组织内生的激励和约束。同时，追溯体系技术上要求供应链全覆盖，需要水产品生产流与信息流叠加成一体化流动。但是，数量多、规模小的小农产业链关系，由于组织形态的随机和离散性，导致委托代理费用高、边界成本高、规模不经济等，增加了追溯体系运行成本，降低了实施收益。考虑到实施追溯体系所需要的大规模投入及相对有限的收益，个别企业为追求自身利益往往会忽视追溯体系的建设，出现“缺位”现象。零散的、小规模的产业链之间主要以市场交易或者弱社会联系为联结纽带，而成员企业对未来预期的不稳定和对短期利益的偏好，加剧了水产品可追溯行为选择的随意性和短期性。

另一方面，产业链协同对追溯体系的影响是由其特征所决定的：（1）产业链协同是一种混合治理机制。通过纵向一体化、模块网络联结、社会资本网络等产业链成员的关联，形成了水产品产业链组织内部一体化、上下游网络等的新型产业链创新，降低个别企业在实施追溯体系中“搭便车”等机会主义行为发生的可能性。（2）产业链协同是一种基于专用性资产配置的链式激励和约束机制。通过产业链协同方式创新，形成激励相容的产业链治理，对水产品产业链追溯体系的利益相关者形成包括声誉投资、物质资本投资等专用性资产投资与收益相对称的激励和约束机制，最终形成水产品追溯体系运行与产业链融合、协同互动发展的格局。（3）产业链协同是一种产业链自组织演进机制。从产业链协同系统演进角度看，可追溯体系运行与水产品产业链演化融合发展形成一个自组织系统。水产品追溯体系的完备性、流畅性与一致性，要求水产品生产、流通和消费的全产业链成员对可追溯体系运行投入专用性资产，并和产业链其他成员形成协同共生的组织关系，追溯体系所嵌入的产业链协同方式及其演化是决定追溯体系内生的关键变量。

四、量表设计与样本说明

（一）量表设计

保障数据信度和效度的重要前提是合理设计的问卷。本书通过对国内外相关文献的梳理及产业链理论的运用，以产业链组织协同对可追溯体系运行影响的研究假说模型为中心，结合实际情况，针对模型中各测量指标设计题项；本书在考虑这些影响因素的同时，结合水产品追溯体系实施的实际状况，结合已经完成的教育部项目对水产品追溯体系的政府监管、消费者认知以及行业协会制约因素的问卷调查量表设计经验，借鉴以往相关文献中对于产业链内涵和指标的诠释，自行设计了量表。该量表于2014年自然科学基金项目获批以后开始设计并于同年12月开展试调查，于2015年自科基金项目开题专家论证会上征求意见，随后在浙江象山和山东荣成两个渔业大市进行了小样本测试，在此基础上加以修改完善，先后开展了实地问卷调查、电话和邮件调查以及网络微信调查。

调查表主要由以下几个方面的内容组成：①被调查企业的基本信息，包括企业位置、主营业务、主打产品、注册资本、总资产、组织形式、企业人数、年销售收入、产品出口占比、产业链环节、企业认证等级、企业实施追溯体系的时间等。②追溯体系运行的观测变量。根据已有文献和国际机构对追溯体系内涵的界定（参见王东亭等，2014），本书研究设计的“追溯体系”变量包括“溯源功能（上游追溯）”“追踪功能（下游追踪）”“内部追溯”和“外部追溯”4个题项。① ③产业链协同，包括产业链结构、产业链关系、产业链治理三个方面。其中，产业链结构的观测变量包括市场集中度、市场势力、产品差异、行业壁垒、技术差异；产业链关系的观测变量包括利益联结、激励策略、触发策略、资产专用性、广告行为；产业链治理方式的观测变量包括契约文化、管理控制、信任承诺、利益分享、交流沟通。所有指标均采用李克特（Likert）5级量表的形式，根据被调查者的同意程度计分，即“完全不同意=1”……“完全同意=5”。具体观测变量的含义如表4-4所示。②

表4-4 观测变量的设置与含义

追溯体系运行		产业链结构		产业链关系		产业链治理	
观测变量	观测指标	观测变量	观测指标	观测变量	观测指标	观测变量	观测指标
Y1	上游追溯	XA1	市场集中度	XB1	利益联结	XC1	契约文化
Y2	下游追踪	XA2	市场势力	XB2	激励策略	XC2	管理控制
Y3	内部追溯	XA3	行业壁垒	XB3	触发策略	XC3	信任承诺
Y4	外部追溯	XA4	产品差异	XB4	资产专用性	XC4	利益分享
		XA5	技术差异	XB5	广告行为	XC5	交流沟通

（二）样本说明

由于水产品追溯体系在国内实施较晚，2012年最早的试点城市主要集中在沿海的渔业大省，同时，沿海11个省（区、市）水产品产量在全国水产品总产量中的占比高达75%，基本上能反映全国渔业产业的整体状况。因此，本书选择沿海11个省（区、市）作为问卷发放区域。

考虑到全国真正实施了水产品追溯体系的渔业企业并不多，在基本了解中国水产品追溯体系实施情况的基础上，本书初步确定样本数量为240个，并采取分层抽样和随机抽样结合的方法选取样本。根据2012—2016各省（区、市）水产品产量在全国水产品总产量中占比的5年均值，本书将沿海11个省（区、市）分成三个层次来选样：第一层次为占比在9.0%以上的山东、

① 上下游追溯是为了反映能追查的路径和范围，重点关注“能否查到”。内外部追溯是为了体现被追溯对象相互之间的关系和功能，重点关注“如何查到”，其中，内部追溯反映一个企业内部的追溯机制，外部追溯反映产业链节点企业之间的追溯机制。

② 以“上游追溯”为例，其问项为“你是否同意上游追溯对追溯体系很重要”。其余题项类似。

广东、福建、浙江4个渔业大省；第二层次为占比在5%—8%的辽宁、江苏和广西；第三层次为占比在3%以下的海南、河北、天津和上海。考虑到第一层次的4个省份均为水产品追溯体系建设第一批试点省份，同时兼顾问卷发放的便利性，为确保问卷调查质量，本书将笔者所在的浙江省和访学单位（中国海洋大学）所在的山东省作为重点发放问卷的省份。

本次调查采用实地访谈、问卷调查、电话和电子邮件调查以及网络微信调查等方式，于2016年发放问卷240份，回收223份，剔除数据有缺失的无效问卷，实际获得有效问卷209份。样本企业的区域分布基本均衡，每个省份的占比大多介于7.2%—9.1%，浙江和山东的样本企业数量略多，有效样本量占比分别为14.4%和13.3%，广东和福建分别为9.1%和11.5%；处于种苗供应、养殖、捕捞、生产加工、流通5个产业链不同环节的样本企业分别占样本总数的28.2%、62.7%、41.6%、42.1%、27.3%①；职工人数在100人以下的样本企业占样本总数的65.6%；年销售收入在1000万元以下的样本企业占样本总数的56.9%；实施追溯体系在2年以下的样本企业占样本总数的71.8%，表明样本企业实施追溯体系的时间基本上都不长，这与中国水产业存在较多家庭作坊式的小规模企业导致难以规范化实施追溯体系有关。总体来看，本书样本结构基本合理。

（三）信度与效度检验

为保证研究结论的可信性和有效性，需要对研究所用量表进行信度与效度检验。本书采用Cronbach's α系数来检验量表的信度。一般认为，Cronbach's α系数大于0.7，则表明量表有效。效度检验一般分为内容效度检验与建构效度检验。内容效度检验的目的是检验所使用的测量题项（观测变量）能否确切反映所要衡量的概念范围，通常是由相关领域的专家对问卷测量题项进行判断来确定。本书调查问卷中潜变量及观测变量的设计是基于文献梳理、理论研究、专家意见、预调研分析等综合考虑的结果，量表本身具有一定的内容效度。建构效度包括收敛效度与区别效度。收敛效度检验最常用的方法就是验证性因子分析法。在进行因子分析之前，需要进行KMO测度

① 此题项为多选题。有些样本企业既是养殖企业，也是捕捞企业，还是加工企业。此处比例是按照问卷结果累加的。正是由于渔业企业的这种特殊性，本书重点从整体上关注产业链协同，而没有根据样本企业的不同性质分别进行研究。

与 Bartlett 球体检验，以判断量表是否适合做因子分析，通常要求 KMO 值大于 0.7，同时 Bartlett 球体检验统计值显著异于 0。在因子分析结果中，题项总体相关系数（CITC）均大于 0.5，各因子（潜变量）的平均抽取方差（AVE）都高于 0.5，则说明收敛效度良好。本书运用 AMOS21.0 软件进行因子分析，CITC 值、Cronbach's α 系数、删除该题项后的 Cronbach's α 系数、KMO 值、Bartlett 统计值、AVE 值如表 4-5 所示。

表 4-5　信度与效度检验结果

潜变量	观测变量	CITC	Cronbach's α 系数	删除该题项后的 Cronbach's α 系数	KMO 值	Bartlett 统计值	AVE
追溯体系运行	Y1	0.634	0.808	0.761	0.792	265.353 (0.000)	0.530
	Y2	0.567		0.785			
	Y3	0.733		0.718			
	Y4	0.613		0.770			
产业链结构	XA1	0.672	0.827	0.774	0.836	347.662 (0.000)	0.500
	XA2	0.597		0.792			
	XA3	0.506		0.810			
	XA4	0.551		0.802			
	XA5	0.634		0.782			
产业链关系	XB1	0.773	0.936	0.924	0.900	857.018 (0.000)	0.743
	XB2	0.824		0.917			
	XB3	0.799		0.921			
	XB4	0.815		0.918			
	XB5	0.770		0.925			
产业链治理	XC1	0.672	0.855	0.818	0.859	427.161 (0.000)	0.546
	XC2	0.716		0.807			
	XC3	0.584		0.835			
	XC4	0.663		0.820			
	XC5	0.545		0.843			

注：表 4-5 中括号内数值为 Bartlett 统计值的伴随概率，当其小于 0.05 时，适合做因子分析。

表4-5中，各潜变量与观测变量的CITC值都大于0.5，Cronbach's α系数分别为0.808、0.827、0.936和0.855，均大于0.7，表明各量表均具有良好的信度，且删除某一题项后的Cronbach's α系数均没有显著提升，说明各测量题项（观测变量）均设置良好。各潜变量对应量表的KMO值介于0.792—0.900，均大于0.7，Bartlett统计值均显著异于0，AVE值均大于0.5，说明各潜变量具有良好的收敛效度。

区别效度检验的目的是判断各潜变量之间是否存在足够的差异，如果每一个潜变量的AVE平方分均大于该潜变量与其他潜变量的标准化相关系数，则区别效度良好。各潜变量之间区别效度的检验结果如表4-6所示。各潜变量的AVE平方根（主对角线上的数字）均大于其与其他潜变量的标准化相关系数（同行或同列的数字），因此，各潜变量之间的区别效度良好。综上所述，本书研究所用量表具有良好的信度与效度，为后续的模型估计奠定了基础。

表4-6 潜变量之间区别效度检验结果

潜变量	追溯体系运行	产业链协同	产业链结构	产业链关系	产业链治理
追溯体系运行	0.728	—	—	—	—
产业链协同	0.704	0761	—	—	—
产业链结构	0.322	0.458	0.707	—	—
产业链关系	0.496	0.705	0.323	0.862	—
产业链治理	0.349	0.496	0.227	0.350	0.739

五、实证检验和结果解读

（一）模型设定

由于产业链协同与追溯体系运行都是无法直接观测的变量，且产业链结构、产业链关系和产业链治理之间可能存在交叉关联关系，而结构方程模型具有可以允许自变量存在误差，同时处理一个模型中潜变量与观测变量的测量关系，以及与潜变量之间的结构关系允许更具弹性的模型设定等多方面优点。因此，本书采用结构方程模型来研究产业链协同与追溯体系运行之间的关系。结构方程模型包括测量方程和结构方程两个部分，测量方程用于描述潜变量与观测变量之间的关系，结构方程用于描述潜变量之间的关系。结构方程模型一般由 3 个矩阵方程式表示：

$$x = \Lambda_x \xi + \delta \tag{1}$$

$$y = \Lambda_y \eta + \varepsilon \tag{2}$$

$$\eta = B\eta + \Gamma\xi + \zeta \tag{3}$$

（1）—（3）式中，x 表示外生观测变量向量，ξ 为外生潜变量向量，Λ_x 为外生观测变量在外生潜变量上的因素负荷矩阵，δ 为外生观测变量的残差项向量；y 表示内生观测变量向量，η 为内生潜变量向量，Λ_y 为内生观测变量在内生潜变量上的因素负荷矩阵，ε 为内生观测变量的残差项向量；B 和 Γ 均表示路径系数，B 表示内生潜变量之间的关系，Γ 表示外生潜变量对内生潜变量的影响，ζ 为结构方程的误差项。

基于前文理论分析，本书将产业链协同、产业链结构、产业链关系、产业链治理设置为外生潜变量，将追溯体系运行设置为内生潜变量。测量模型反映产业链协同、产业链结构、产业链关系、产业链治理、追溯体系运行与其各自观测变量之间的测量关系；结构模型反映产业链协同与追溯体系运行之间的结构关系，也即因果关系。

（二）测量模型分析

根据前文的理论分析，产业链协同测量模型涉及产业链关系、产业链结构和产业链治理三个维度，共 15 个测量指标。本书利用 SPSS 22.0 软件对原始数据进行处理，运用 AMOS 21.0 软件对模型进行估计。产业链协同一阶测量模型的估计结果如图 4-2 所示，检验结果见表 4-7。

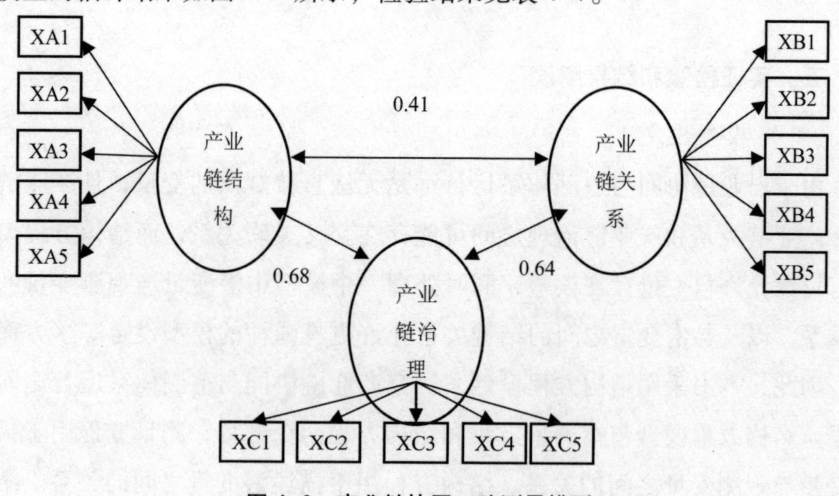

图 4-2　产业链协同一阶测量模型

表 4-7　产业链协同一阶测量模型适配度检验结果

适配度评估指标	指标结果	适配标准或临界值	说明
卡方自由度比值	1.649	<3	理想
GFI	0.922	>0.9	理想
AGFI	0.893	>0.9	可接受
NFI	0.926	>0.9	理想
IFI	0.969	>0.9	理想
TLI	0.963	>0.9	理想
CFI	0.969	>0.9	理想
PCFI	0.803	>0.5	理想
PNFI	0.767	>0.5	理想
RMR	0.053	<0.08	理想
RMSEA	0.056	<0.08	理想

由图 4-2 和表 4-7 可知，产业链结构、产业链关系和产业链治理三个维度之间的相关系数分别为 0.41、0.68 和 0.64，都在 0.4 以上，呈现出中高度相关。并且，模型适配度评估指标中，卡方自由度比值为 1.649，小于 3；绝对拟合优度指数（GFI）为 0.922，规范拟合指数（NFI）为 0.926，增量拟合指数（IFI）为 0.969，非规范拟合指数（TLI）为 0.963，相对拟合指数（CFI）为 0.969，均大于 0.9；残差均方和平方根（RMR）为 0.053，近似误差均方根（RMSEA）为 0.056，均小于 0.08。以上检验结果说明，产业链协同一阶测量模型与样本数据适配很好。诸多学者（吴明隆，2010；侯杰泰，2004）的研究认为，在一阶分析中发现原先的一阶因素间有中高度的关联程度，且在一阶验证性因素分析模型与样本数据可以适配的前提下，用高阶因素去表达低阶因素时，必然会出现卡方值增大、自由度增加的问题，但只要卡方值没有达到显著水平，而且低阶因子在高阶因子上的负荷也高，就可认为该高阶因子足以反映各一阶因子的关系，可考虑根据理论研究需要选用该高阶因子。

因此，本书根据研究需要，结合前文理论分析基础，在产业链结构、产业链关系和产业链治理之上建立“产业链协同”这一更高一阶的因素构念，形成如图 4-3 所示的产业链协同二阶测量模型，以此直接验证产业链协同对追溯体系运行的影响。

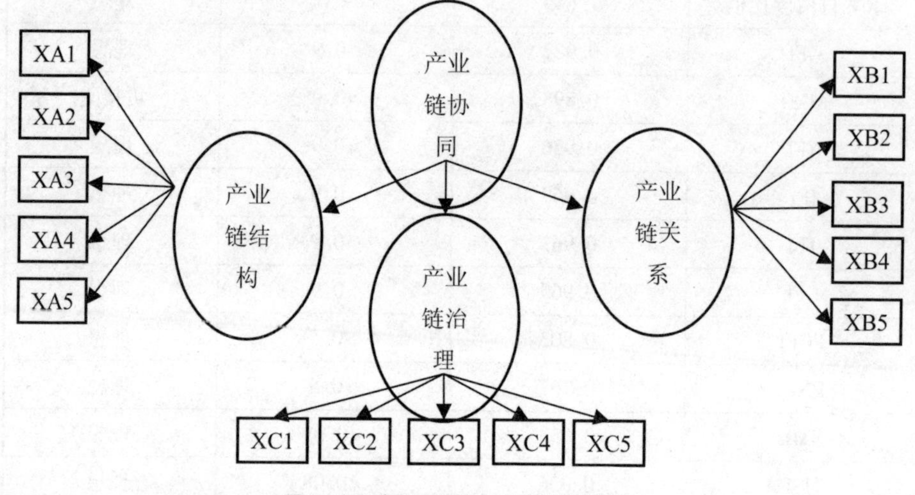

图 4-3　产业链协同二阶测量模型

（三）“违反估计”检验

在估计模型整体适配度前，需要先进行“违反估计”检验，以核查参数估计的合理性（荣泰生，2010）。“违反估计”一般有以下几种常见情况（Byrne，2001；Hair etal.，1998）：（1）出现了负的误差方差；（2）协方差间的标准化估计值的相关系数大于 1；（3）协方差矩阵或相关矩阵不是正定矩阵；（4）标准化系数超过或非常接近 1（通常可接受的最高门槛值为 0.95）；（5）出现非常大的标准误，或标准误为极端小的数值，如标准误接近 0，造成相关参数的检验估计无法被定义。

本书对图 4-3 假说模型进行估计。检验结果表明，误差方差均大于 0，未出现负的误差方差，潜变量协方差间标准化估计值的相关系数均小于 1，协方差矩阵是正定矩阵，未出现极端大或极端小的标准误，且标准化系数估计值均未大于 0.95。这说明，模型未出现“违反估计”的现象，能够进行模型整体适配度估计。

（四）模型整体适配度检验

通过测量模型分析，本书对理论模型进行细化，将产业链结构、产业链关系、产业链治理、追溯体系运行这 4 个潜变量作为一阶潜变量，将产业链协同作为二阶潜变量，利用 SPSS 22.0 对收集的原始数据进行处理，运用 AMOS 21.0 对模型进行估计，并根据修正指数（MI）对模型进行渐进性修正，得到了如图 4-4 所示的较优模型。从适配度检验结果来看，模型卡方统计值为 316.479，自由度为 148，卡方自由度比值为 2.138，小于 3，表明模型整体适配度良好。但是，由于卡方统计值和卡方自由度比值受样本大小的影响较大。因此，在进行模型整体适配度检验时，还需参考其他适配度评估指标进行综合判断。模型整体适配度检验结果如表 4-8 所示。表 4-8 中，近似误差均方根（RMSEA）为 0.065，绝对拟合优度指数（GFI）为 0.872，调整拟合优度指数（AGFI）为 0.836，相对拟合指数（CFI）为 0.928，规范拟合指数（NFI）为 0.874，增量拟合指数（IFI）为 0.929。这些指标值均达到了可接受或理想的范围，说明本书提出的假说模型整体上与实际调查数据适配良好，即模型具有较好的外在质量。

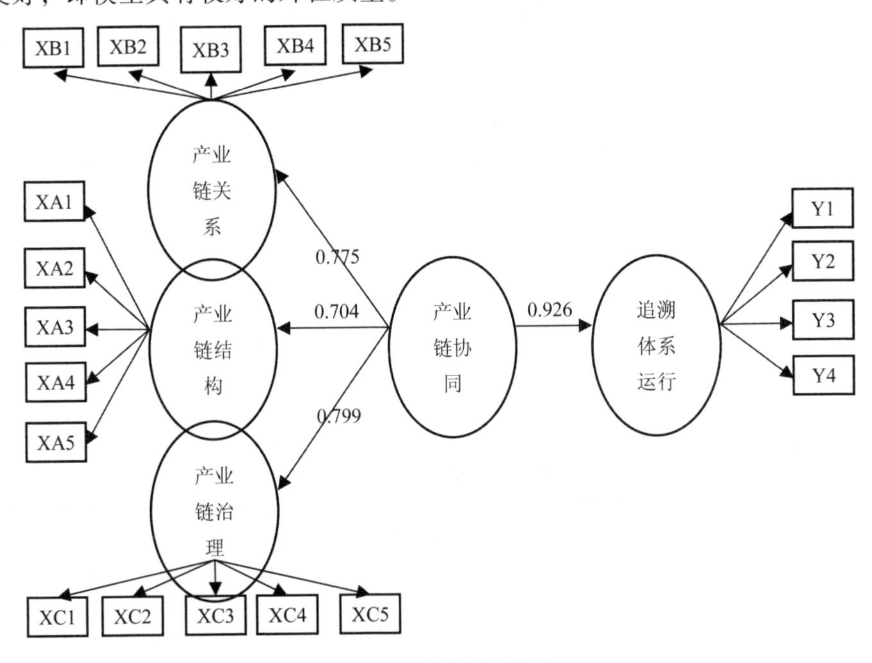

图 4-4　全模型结构图

表 4-8 整体模型适配度检验结果

适配度评估指标	指标结果	适配标准或临界值.	说明
卡方自由度比值	2.138	<3	理想
GFI	0.872	>0.9	可接受
AGFI	0.836	>0.9	可接受
NFI	0.874	>0.9	可接受
IFI	0.929	>0.9	理想
TLI	0.917	>0.9	理想
CFI	0.928	>0.9	理想
PCFI	0.803	>0.5	理想
PNFI	0.757	>0.5	理想
RMR	0.065	<0.08	理想
RMSEA	0.074	<0.08	理想

(五) 估计结果及分析

1. 估计结果

通过整体适配度检验后，对模型进行路径分析。本书借助 AMOS 21.0 软件中系统默认的极大似然估计法（maximum likelihood，ML）估计模型，得到如表 4-9 所示的各路径系数估计值、标准化路径系数估计值、临界比以及结论。

表 4-9 路径分析结果

	路径	路径系数估计值	标准化路径系数估计值	临界比（t 值）	结论
结构方程	追溯体系运行←产业链协同	0.704	0.926	10.231	接受
	产业链结构←产业链协同	0.458	0.704	8.051	接受
	产业链关系←产业链协同	0.705	0.775	10.537	接受
	产业链治理←产业链协同	0.496	0.799	9.654	接受

续表

	路径	路径系数估计值	标准化路径系数估计值	临界比（t 值）	结论
测量方程	Y1←追溯体系运行	1.000	0.723	—	—
	Y2←追溯体系运行	0.832	0.618	8.275	—
	Y3←追溯体系运行	1.046	0.806	10.617	—
	Y4←追溯体系运行	0.888	0.726	9.662	—
	XA1←产业链结构	1.094	0.770	9.846	—
	XA2←产业链结构	0.994	0.715	9.247	—
	XA3←产业链结构	0.793	0.609	7.956	—
	XA4←产业链结构	1.021	0.690	8.945	—
	XA5←产业链结构	1.000	0.715	—	—
	XB1←产业链关系	1.000	0.844	—	—
	XB2←产业链关系	1.079	0.889	16.819	—
	XB3←产业链关系	1.114	0.859	15.838	—
	XB4←产业链关系	1.082	0.882	16.590	—
	XB5←产业链关系	1.028	0.842	15.320	—
	XC1←产业链治理	1.000	0.762	—	—
	XC2←产业链治理	1.112	0.814	11.694	—
	XC3←产业链治理	0.970	0.683	9.699	—
	XC4←产业链治理	1.100	0.766	10.966	—
	XC5←产业链治理	0.961	0.666	9.433	—

注：①系数估计值为 1.000 的路径表示它们是结构方程模型系数估计的基准，系统进行估计时把其作为显著的路径，来估计其他路径是否显著。②临界比相当于 t 检验值，表示系数估计值与其标准误的比值。临界比绝对值大于 1.96，表明系数估计值通过了 0.05 水平的显著性检验；临界比绝对值大于 2.58，表明系数估计值通过了 0.01 水平的显著性检验。根据上述标准，所有路径系数估计值都在 0.01 的水平上显著。

2. 估计结果分析

（1）产业链协同对追溯体系运行有显著的正向影响。由表 4-9 可知，产业链协同在 0.01 的水平上显著正向影响追溯体系运行，其标准化路径系数为 0.926，与 H1 的预期相一致。这说明，产业链协同在产业链结构、产业链关系、产业链治理三个维度上的综合作用能够显著促进追溯体系的有效运行。这一结果与高小玲（2014）关于产业链模式激励或约束渔业企业水产品质量安全行为这一结论相吻合。当前，中国水产业有近 60%的产品供鲜活消费，极易招致质量安全风险。水产企业出于自我保护意识，自发兴起了产业链纵向整合、水平合作及二者交融等多种模式，以上模式则通过产业链结构、产业链关系、产业链治理的相容性激励、内部约束和惩罚机制，有效促进了追溯体系的运行。

（2）产业链协同在产业链结构维度对追溯体系运行有显著的正向影响。产业链协同和产业链结构之间的标准化路径系数为 0.704，在 0.01 的水平上通过了显著性检验，表示产业链结构在产业链协同这一高阶因素构念上因素负荷量很大，说明产业链结构是否合理在相当程度上影响着产业链协同度，而产业链的协同有效促进了追溯体系的有效运行，即产业链协同在产业链结构维度上对追溯体系运行影响显著，H2 得到了验证。中国于 20 世纪 80 年代中后期开始出现农业产业化经营，目前已卓有成效。其中，在“大农业”产业化组织发展的引领下，水产业的产业化经营也得到了一定的进展。虽然当前水产业仍呈现出“散”“小”“乱”的状况，但在 30 多年产业化组织发展的助推下，其市场结构处于不断完善的过程中，具体表现为市场集中度进一步提升和行业进入壁垒进一步得到构建。首先，行业集中度的提升有助于进一步扩大企业规模，企业相对规模越大，受其他企业“搭便车”行为的不良影响越小，也就越有动力实施追溯体系以改善产品质量，维持较高的产品价格；其次，合理的进入壁垒可以适当提高行业门槛，阻止无效企业进入市场，降低水产企业的生产成本，提高追溯体系的实施绩效；再次，具有规模优势的水产企业可以借助研发和品牌等路径凸显技术和产品的异质性，通过价格显示机制提高产业链节点企业对追溯体系的参与意愿。

（3）产业链协同在产业链关系维度对追溯体系运行有显著的正向影响。产业链协同和产业链关系之间的标准化路径系数为 0.775，在 0.01 的水平上通过了显著性检验，说明产业链协同度在一定程度上取决于产业链关系的契合度，而产业链协同又显著影响着追溯体系的运行，因此，产业链协同在产业链关系维度上对追溯体系运行影响显著，H3 得到了验证。目前，水产品产业链关系存在“公司+农户”“合作社+农户”、纵向一体化等多种模式，其中应用最为广泛的是“公司+农户”模式，以上模式所涉及的利益方通过契约形式约束彼此之间的权利和义务关系：一方面，契约条款的约束力保障了产业链上各主体实施追溯体系以保证水产品质量安全，从而获得市场竞争力；另一方面，伴随契约签订所产生的利益联结机制、激励策略和资产专用性也在一定程度上促使企业有效运行追溯体系，以保证水产品质量安全。

（4）产业链协同在产业链治理维度上对追溯体系运行有显著的正向影响。产业链协同和产业链治理之间的标准化路径系数为 0.799，在 0.01 的水平上通过了显著性检验，说明产业链协同度受产业链治理的影响，而追溯体系运行绩效在一定程度上取决于产业链协同度，所以，产业链协同在产业链治理维度上对追溯体系运行影响显著，H4 得到了验证。当前，中国水产品供给正处于从分散化的小农生产和运销方式向规模化、集约化、标准化的供应链产业化方式加速转变的阶段，产业链治理模式也正从松散的市场型向紧密的层级制演变。据资产专用性理论可知，在产业链治理模式逐渐向层级制演变的过程中，产业链上各企业的资产专用性程度也在不断提升。随着资产专用性程度的提升，一方面，企业的风险规避程度将大幅提高，企业违背契约的机会成本也会显著增加，此约束机制将减少企业实施追溯体系中的机会主义行为；另一方面，资产专用性有助于维持企业间长期稳定的契约关系，促进企业间交易成本的降低，由此带来的激励机制也会促使企业自主实施追溯体系。

（六）结论启示

通过对水产品产业链子系统有序度和系统协同度的实证分析，可以看到水产品产业链系统发展主要受到企业融合的限制，因此，为促进中国水产品产业链系统的有序协同快速发展，保障中国水产品追溯体系的有效运行，本书给出如下对策建议：

（1）加快建立利益联合机制，打造利益共同体。水产品产业链系统的协同发展需要环节协同、要素协同及利益机制协同三个维度共同发力。首先，实现环节协同需要政府鼓励上游生产企业寻求技术突破和产量增加、扶持中游加工企业提升自身品牌效应、督促下游销售企业加大对可追溯产品的宣传力度，扩大市场需求。其次，要素协同要求政府加大对企业的技术投入，促进产业链与技术协同发展、定期和不定期地对水产品消费市场进行调查，把握消费者对产品的口味偏好和满意程度，实现市场和信息的协同。最后，通过多种产业链关系实现利益协同。如鼓励产业内“公司+养殖户”“龙头企业+养殖户+拍卖市场”和“养殖户+合作联社+加工企业”等多种模式的存在，充分发挥各产业链关系的契约约束和利益协同功能。

（2）加快水产品企业兼并重组，加大市场集中度，规范市场主体结构，促进产业系统内部有序。解决企业融合问题就是解决当前水产企业生产散、小、多的问题，这是促进水产品产业链系统协同发展，提升追溯体系实施绩效的关键所在。具体举措包括整合区域内产业联盟数量，提升产业联盟的运行效率和质量，以大型水产企业为核心，通过兼并重组和参股等手段有效整合产业链资源、建立一体化的水产养殖、加工、销售和服务体系，实现水产行业生产加工的规模化和产业化。

（3）深化供给侧改革，促进企业内部市场化。一方面，随着国家“加强供给侧改革”政策的提出，深化水产业供给侧改革，推动水产品产业链系统有序发展势在必行，从产业链入手构建水产品质量安全监管平台，有助于提升产业链节点企业之间的互信度，营造宽松的企业融合环境，促进水产业协同发展；另一方面，对于企业内部而言，大多数企业缺乏自主的技术研发和市场定位分析或者二者投入比例失调，导致各企业发展受阻，内部市场化低下，企业应结合自身发展的实际情况，科学规划技术投入和市场投入，促进企业内部市场化。

第三节 水产品追溯体系对产业链协同的影响绩效分析

产业链协同与追溯体系间协同互动机制的构建需要通过二者内部的相互作用来实现。上述实证检验已经验证了产业链的结构、关系和治理三种途径可有效促成产业链协同，同时促进追溯体系的实施效果，在此基础上，本部分将就追溯体系能否提升产业链协同展开深入分析。鉴于水产品追溯体系对产业链协同的影响最终体现在企业绩效上，因此本书主要通过企业绩效这一指标衡量水产品追溯体系对产业链的协同的影响。

一、研究基础

水产业作为中国“大农业”的重要组成部分和国家粮食安全的新型保障，其质量安全备受关注。尽管各级政府对水产品的监管力度不断加大，但质量安全形势仍不容乐观。在“食人鱼”和“多宝鱼”等恶性水产品安全事件频发的背景下，中国政府提出建立实施水产品追溯体系，旨在加强水产品安全信息传递、控制食源性疾病危害和保障消费者利益。自此，以企业作为溯源实施和责任承担主体建立可追溯体系成为中国政府、水产企业及消费者共同关注的焦点。自 2006 年开始试点并推广实施追溯体系以来，诸多学者对企业建立可追溯体系的影响因素进行了大量研究，但鲜有文献对企业建立可追溯体系的实际效果进行定量评价。在实践中，追溯体系的建立通过何种途径影响产业链协同，进而影响企业绩效？追溯体系对不同特征企业的绩效改善效果是否相同？如果不同，是由哪些因素引起的？对这些问题的回答直接关系到渔业供给侧结构性改革的成效，是当前亟待解决的重要问题。

绩效是指企业为实现目标而展现在不同层面上的有效输出，具体表现为成本收益综合后的净值（叶俊焘，2012；杨相玉，2016），本书主要研究水产企业实施追溯体系后成本收益的改变。目前，国内外学者关于追溯体系实施对企业绩效影响的研究主要集中在两个方面：一是追溯体系影响企业绩效的机理分析。学者们普遍认为追溯体系主要通过可追溯程度、产业链关系、市场结构、产品竞争力及产业链治理五个方面影响企业绩效（赵智晶等，2012；马蒂亚斯・胡勒等，2010；苏扎・蒙泰罗等，2008；欧杨虹等，2017）。其中，杨秋红、吴秀敏（2009）及刘晓琳等（2015）的研究发现消费者对可追溯产品的支付溢价通过改变收益影响企业绩效。吴林海（2014）和李平英（2010）认为追溯体系带来的产品差异化有助于构建行业市场势力，提高企业在市场中的话语权和定价权，从而影响企业绩效。作为补充，姜启军（2011）和李清光等（2015）认为追溯体系也可间接通过产业链管理、产品差异化、企业知名度和美誉度影响运营绩效。傅琳琳等（2016）、宋胜洲等（2012）基于产业链治理的视角研究了追溯体系实施对企业绩效的影响。另外，吴秀敏和严莉（2012）则重点从产品可追溯程度的角度出发研究追溯体系对企业绩效的影响。二是追溯体系影响企业绩效的实证分析。赵智晶、吴秀敏等

(2012)以四川省为例，基于熵权的模糊综合评价方法对不同类型企业建立可追溯体系的绩效进行了评价。周洁红等（2012）基于浙江省66家猪肉屠宰加工企业的实证调查，利用Logistic模型分析了猪肉加工企业实施质量安全追溯体系的绩效。叶俊焘（2012）通过构建猪肉加工企业质量安全可追溯运行绩效的成本收益框架，利用浙江、江西两省数据，借助因子分析和聚类分析方法识别出三种运作绩效模式。刘晓丽等（2016）借助结构方程模型研究了水产品企业的追溯体系实施绩效。

总结已有研究成果可知：其一，虽然现有文献在追溯体系影响企业绩效的途径方面基本达成共识，但本书认为，仍有一些值得进一步讨论的问题。例如，追溯体系对不同特征企业的绩效影响效果是否相同？如果不同，具体是由哪些因素引起的？其二，现有研究大多集中在区域范围内，属于个案分析，难以形成全国性的方法和经验。与现有研究不同的是，本书的研究立足于更为宏观的全国视角，所得结论更具一般性，将有助于形成利于水产行业整体发展的对策建议。基于此，本书利用沿海11个省市209家水产企业的实地调查数据，就水产企业实施追溯体系对绩效的影响进行实证分析，以期更好地发挥企业在促进追溯体系实施和保障水产品质量安全方面的核心作用。

二、方法选择与模型构建

（一）理论分析

1. 追溯体系的内涵

追溯体系是一种系统或制度安排，通过正确识别、如实记录与有效传递产品信息实现产品可追溯性。首先，根据产业链理论可知，追溯体系被引入市场的初期有助于企业形成产品差异化，而追溯体系带来的产品差异化会进一步促进企业构建行业壁垒、提升市场集中度，从而改变市场结构，即追溯体系可以通过市场结构的改变影响企业行为，进而影响企业绩效；其次，追溯体系是对产品或产品特征的追踪能力和信息记录体系，本质上具有“团队生产”的属性，“团队生产”带来的企业间分工协作、相互关联、信息沟通、产品与资金的流通有助于形成各种组织经营形式，即追溯体系实施有利于形成各种产业链关系，从而通过产业链间惩罚和激励机制影响企业绩效；最后，追溯体系是通过在产业链上形成可靠且连续的安全信息流，来确保水产品具备可追溯性，以克服由信息不对称所引起的水产品质量安全风险。因此根据信息不对称理论可知，追溯体系的实施可以通过解决信息不对称问题，避免企业在市场交易中的“道德风险”和“逆向选择”，减少企业交易中可能面临的风险损失，即追溯体系的实施通过产业链治理功能改善企业绩效。综上，追溯体系对企业绩效的影响机制主要包括市场结构、产业链关系和产业链治理三个方面。

2. 市场结构与企业绩效

根据主流产业链理论的 SCP 范式可知，市场结构可直接影响和决定各企业的经营行为，企业行为又将决定企业绩效。首先，水产品追溯体系的实施将有助于企业形成产品差异化、构建行业壁垒、提高市场势力，进而提升市场集中度；接着，市场集中度的提升会提高企业的定价权，激发企业加强广告宣传和品牌建立等，即改变企业定价行为和非价格行为；最终，企业的价格竞争能力、产品竞争能力和品牌竞争能力的提升会增强价格优势、成本效率和利润效率，即改善企业绩效。鉴于此，本研究认为追溯体系实施带来的市场结构改变有助于改善企业绩效。

3. 产业链关系与企业绩效

产业链关系指链上各企业间通过策略联盟、合资经营、转包加工、虚拟合作等不同组织形式和连接机制组合在一起形成的具有渔业特定产业形态和独特功能的经营方式（孔祥智，2010；钟真，2012）。首先，根据交易成本理论可知，各种产业链间组织形式的存在，不但会降低企业搜寻商品信息与交易对象信息的成本，即搜寻成本，而且也会降低企业取得交易对象信息和与交易对象进行信息交换所需的成本，即信息成本。同时，企业为加入各种组织形式而增加的资产专用性有助于提高企业的技术水平和生产效率。其次，各种经营方式中的利益联结机制也会保障企业稳定的利益来源，资产专用性提高的同时会带来企业技术效率的提高。因此，根据成本收益理论可知，产业链关系可以降低企业成本、提升企业绩效。

4. 产业链治理与企业绩效

产业链治理模式包括市场型、模块型、关系型、领导型和层级制等不同形态（宋胜洲等，2012）。各形态主要通过以下几种治理途径影响企业绩效。一是契约治理。水产品从养殖到销售的全产业链上，企业与养殖户、企业与企业之间存在多种契约形式，从最松散的市场现货交易到最紧密的纵向一体化交易，以及两者之间的多种混合治理模式。如商品契约、要素契约、销售契约以及生产契约，所有契约共同控制着企业间交易时可能发生的“道德风险”“逆向选择”以及“机会主义行为”，从而降低企业的风险成本①。二是产权治理。在产业链内各企业间存在入股和股份分红等情况，此时企业实施追溯体系不但可以保障合理的利润收入，而且还可以同时获得二次返利和利润分红，增加企业的额外收益。三是价格治理。追溯体系催生的各种产业链内存在各种契约，契约中对远期价格的约定有助于稳定企业的销售价格。以养殖户为例，其可以自主选择销售渠道，此时企业绩效不受任何因素限制，但在市场低迷情况下其价格同样不受任何机制保护。相反，若养殖户处于追溯体系的全产业链中，即使在水产品加工低迷的情况下，中间商也会优先为社员提供供销渠道和合理价格，保障企业的稳定性收益。

（二）模型设定

1. 模型说明

Ordered Probit 模型通常用于预测有序离散变量，模型中被解释变量（因变量）的观测值 y 表示排序结果或分类结果，其取值为有序整数，如 0，1，2，3……。解释变量（自变量）是可能影响被解释变量排序的各种因素，可以是多个解释变量的集合。Ordered Probit 模型的一般形式为：

$$y* = X\beta + \varepsilon \qquad (1)$$

（1）式中，y 为因变量；y∗称为潜变量或隐性变量；X 为解释变量组成的向量；β 为 X 的系数，是待估计参数组成的向量，表示各解释变量对被解释变量影响程度的大小；ε 为随机扰动项，代表被模型忽略但对被解释变量产生影响的其他因素的总和，ε 对 X 的条件分布假设为标准正态分布，即 $\varepsilon \mid X \sim N((0, 1)$ 。

设 α，$_1$，α_2，α_3 为阈值，且 $\alpha_1 < \alpha_2 < \alpha_3$，并有：

① 风险成本：指由于风险的存在和风险事故发生后人们所必须支出的费用和减少的预期经济利益。

$$y=\begin{cases}0, & y* \le \alpha_1 \\ 1, & \alpha_1 < y* \le \alpha_2 \\ 2, & \alpha_2 < y* \le \alpha_3 \\ 3, & y* > \alpha_3\end{cases} \tag{2}$$

那么，y 对 X 的条件概率的计算方程组为：

$$\begin{cases}P(y=1 \mid X)=P(\alpha_1 < Y* \le \alpha_2 \mid X)=\varphi(\alpha_2 - X\beta)-\varphi(\alpha_1 - X\beta) \\ P(y=2 \mid X)=P(\alpha_2 < y* \le \alpha_3 \mid X)=\varphi(\alpha_3 - X\beta)-\varphi(\alpha_2 - X\beta) \\ P(y=3 \mid X)=P(y* > \alpha_3 \mid X)=1-\varphi(\alpha_3 - X\beta)\end{cases} \tag{3}$$

（2）式中第二个等号后面的公式为标准正态分布函数。

通常，可用极大似然方法对系数 β 和阈值 α_1，α_2，α_3 进行估计：

由于 ordered Probit 模型自身的特点，变量的系数项 β 并不能直接说明解释变量对被解释变量的影响大小，甚至系数的符号也只能说明该变量对第一和最后一个选择枝的影响方向，而不能说明对中间选择枝的影响方向。因此，为深入探讨各变量对被解释变量的影响程度和方向，需要厘清各个变量的边际贡献。

2. 模型设定

鉴于本研究因变量是企业对追溯体系实施绩效的主观评价，包括影响效果“不大”“比较大”和“非常大”三类，属于有序性的离散数据，本书采用 Ordered Probit 模型估计追溯体系对企业绩效的影响（王真，2016）。具体模型如下：

$$y*_i = X\beta + \varepsilon_i \tag{4}$$

式（4）中，$y*_i$ 为潜变量或隐性变量，代表各企业对追溯体系实施绩效的主观评价；X 为影响企业绩效的解释变量组成的向量；β 为 X 的系数，是待估参数组成的向量，表示各自变量对潜变量的边际影响，即 x 的边际变化对企业主观评价概率的影响。根据 Ordered Probit 模型本身的特性可知，β 无法说明解释变量对被解释变量的影响大小，甚至其系数的符号也只能说明该变量对第一和最后一个选择枝的影响方向（王真，2016；宗芳等，2012）；ε 为随机扰动项，表示对被解释变量产生影响的其他影响因素的总和；下标 i 表示样本序号，其取值为 1，2，……，n。利用潜变量可构建可观测变量 y_i 的选择模型：

$$y_i = \begin{cases} 1, \text{若 } y_i * \le r_1 \\ 2, \text{若 } r_1 < y_i * \le r_2 \\ 3, \text{若 } r_2 < y_i * \end{cases} \tag{5}$$

式（5）中，r_1和r_2为分割点，且$r_1<r_2$。当潜变量的值小于r_1时，企业对追溯体系实施绩效的主观评价为“不大”；当潜变量的值大于r_2时，企业对追溯体系实施绩效的主观评价为“非常大”；而当潜变量的值介于两者之间时，企业对追溯体系实施绩效的主观评价为“比较大”。

三、数据来源与描述性统计

（一）数据来源

本研究所用数据来自课题组于2016年7月至9月在中国沿海11个省市对水产企业的专项抽样调查。在对经济成本和样本地区代表性做综合权衡后，课题组选取浙江省、山东省、江苏省及福建省等沿海11个省市作为一级抽样单位。在此基础上，课题组再以简单随机抽样方式在各省市所辖县、区随机选取20—30个企业进行调查。所有调查均采用问卷形式，问卷内容包含企业特征、追溯体系实施特质及追溯体系实施绩效影响因素三部分。最终该项调查共获得11个省市223个样本，剔除尚未实施追溯体系的水产企业及部分问卷数据缺失较严重的样本，剩余有效样本209个，问卷有效率为93.7%。

（二）变量说明

1. 因变量

关于追溯体系对企业绩效的影响，本书采用企业负责人的主观评价予以表示，即采用李克特5级量法。其中，1代表“非常小”，2代表“比较小”，3代表“一般”，4代表“比较大”，5代表“非常大”。调查结果显示，出现频次比较高的选项是5和4，而剩余的选项出现的频次相对较低。因此，本书参考同类调查普遍思维，将出现频次相对较低的三个选项统一归类称为“不大”。为检验主观评价数据的可靠性，在问卷前后分别设置了“追溯体系对改善贵企业经营绩效的作用”和“追溯体系对贵企业绩效的影响”两个具有高度相似性的问题。这两题答案的相关系数为0.603，并在1%的显著性水平上通过了检验，说明企业对追溯体系改善自身绩效的主观评价具有较强的可靠性。

样本企业对追溯体系实施后自身绩效改善效果的主观评价情况如表4-10

所示。209 个样本总数中，33. 97%的企业选择了“非常大”，44. 50%的企业选择了“比较大”，21. 53%的企业认为追溯体系对其绩效影响“不大”。即大部分企业认为追溯体系的实施可以有效改善自身绩效。

表 4-10 样本企业对追溯体系实施绩效的评价

选项	样本数（个）	百分比（%）	有效百分比（%）	累计百分比（%）
不大	45	21. 53	21. 53	21. 53
比较大	93	44. 50	44. 50	66. 03
非常大	71	33. 97	33. 97	100. 0
合计	209	100. 0	100. 0	—

2. 自变量

各解释变量即自变量的内容和描述性统计结果如表 4-11 所示。表 4-11 显示，水产行业中企业实施追溯体系的平均年限为 0. 555。40. 2%的企业选择委托第三方建立追溯体系。70. 3%的企业认为追溯体系实施后行业壁垒的提高有助于改善企业绩效。68. 9%的人认为追溯体系会降低企业搜寻成本，从而改善企业绩效。另外，74. 2%的认为产权治理有助于改善企业绩效。

表 4-11 模型变量定义及描述性统计

变量类型	变量含义	平均值	标准差	最小值	最大值
企业特征	企业成立时间：2 年以下 = 1，2 ~ 4 年 = 2，4 ~ 6年 = 3，6 ~ 10 年 = 4，10 年以上 = 5	3. 076	1. 395	1	5
	企业总资产：100 万元以下 = 1，100 ~ 500 万 = 2，500 ~ 1000 万 = 3，1000 万元以上 = 4	2. 593	1. 106	1	4
	企业实施追溯体系的时间：2 年以下 = 0，2 年以上 = 1	0. 555	0. 498	0	1
	企业的追溯体系是否为自建：自建 = 0，委托 = 1	0. 402	0. 491	0	1
市场结构	行业壁垒是否有所提高：否 = 0，是 = 1	0. 703	0. 458	0	1
	企业规模是否有所提高：否 = 0，是 = 1	0. 766	0. 425	0	1
	具有一定的产品差异化：否 = 0，是 = 1	0. 708	0. 456	0	1

续表

变量类型	变量含义	平均值	标准差	最小值	最大值
产业链关系	搜寻成本对企业绩效的影响：不大=1，比较大=2，非常大=3	0.689	0.464	0	1
	交易成本是否对企业绩效产生影响：否=0，是=1	0.656	0.476	0	1
	企业间存在稳定的利益联结机制：否=0，是=1	0.665	0.473	0	1
	企业的专用性资产投入有所提高：否=0，是=1	0.622	0.486	0	1
产业链治理	企业间存在多种契约形式：否=0，是=1	0.689	0.464	0	1
	实施追溯体系的企业间是否存在互相入股的现象：否=0，是=1	0.742	0.439	0	1
	产品价格可以通过交易契约得以保障：否=0，是=1	0.646	0.479	0	1

四、模型估计与结果分析

（一）模型估计

本书运用 Stata 14 软件就追溯体系实施对企业绩效的影响及其边际效应进行了估计。为确保研究结果的可靠性，本书对解释变量进行了多重共线性检验。结果显示，解释变量的 VIF 均值为 2.13，且自变量的最大 VIF 为 3.35，远小于临界值 10，表明解释变量间不存在严重的多重共线性问题（陈强，2010）。另外，为消除异方差的影响，本研究同时采用稳健标准误差进行估计。模型估计结果如表 4-12 所示：其中，方程 1 为控制变量的估计结果，用以分析企业个体特征和追溯体系实施特征对企业绩效的影响；方程 2 是在控制变量基础上逐步引入核心解释变量的最终回归结果，用以探讨在企业个体特征和追溯体系实施特征不变的情况下，追溯体系实施对企业绩效的影响；方程 3 是自动剔除方程 2 中不显著变量后的逐步回归结果；方程 4 和 5 是基于方程 2 计算的各解释变量的边际效应。据表 4-12 可知，企业个体特征、追溯体系实施特征、产业链管理、企业行为以及消费者溢价五个层面对企业绩效产生了显著影响，而消费者对可追溯产品的支付溢价和实施追溯体系为企业带来的竞争力未通过显著性检验。基于方程 2，针对各因素影响效果作如下分析：

表 4-12 追溯体系对企业绩效影响的估计结果

变量	有序 probit 模型			边际效应	
	方程 1	方程 2	方程 3	不大	非常大
企业特征					
企业成立时间（对照组：2 年以下）					
2~4 年	0.097	-0.126	-0.219	0.027	-0.033
4~6 年	0.274	-0.101	-0.152	0.021	-0.027
6~10 年	0.159	0.036	-0.133	-0.007	0.009
10 年以上	0.666**	0.786**	0.323	-0.131**	0.221**
企业总资产（对照组：100 万以下）					
100~500 万	0.255	0.182	—	-0.032	0.052
500~1000 万	0.287	0.111	—	-0.020	0.031
1000 万以上	-0.224	-0.411	—	0.086	-0.108
企业实施追溯体系时间 2 年以上	0.053	-0.091	—	0.018	-0.025
企业委托第三方建立追溯体系	0.323**	0.356*	0.319*	-0.068**	0.101*
市场结构					
存在一定行业壁垒		0.499**	0.506**	-0.109**	0.137**
市场中企业的规模有所提高		0.664***	0.630***	-0.154**	0.176***
具有一定的产品差异化		0.556**	0.615***	-0.123**	0.152**
产业链关系					
追溯体系对搜寻成本的影响（对照组：不大）					

续表

变量	有序 probit 模型			边际效应	
	方程 1	方程 2	方程 3	不大	非常大
比较大		-0.535**	-0.405*	0.106**	-0.144**
非常大		-0.183	-0.097	0.033	-0.051
交易成本是否对企业绩效产生影响		-0.206	—	0.039	-0.057
企业间存在稳定的利益联结机制		0.206	—	-0.041	0.058
企业的专用性资产投入有所提高		0.168	—	-0.033	0.047
产业链治理					
企业间存在多种契约形式		-0.139	—	0.026	-0.039
实施追溯体系的企业间是否存在互相入股的现象		0.545**	0.482**	-0.119*	0.149**
产品价格可以通过交易契约得以保障		0.623***	0.599***	-0.135**	0.174***
常数 1	-0.319	0.962	0.903	—	—
常数 2	0.929	2.649	2.561	—	—
R2	0.029	0.236	0.221	—	—

注：*、**、***分别表示在10%、5%和1%的置信水平上显著；边际效应是基于回归 2 的估计结果；由于篇幅原因，表中没有报告各变量的标准误。

（二）结果评析

①企业特征一定程度上影响着追溯体系实施绩效。

水产企业成立时间与企业绩效显著正相关，并且作用比较大。相比于成立时间在 2 年以下的企业，成立时间在 10 年以上的企业实施追溯体系对自身绩效影响“不大”的概率将降低 13.1%，而影响“非常大”的概率将提高 22.1%。企业成立时间越长，实施追溯体系对自身绩效的影响越明显。不难理解，成立时间较长的水产企业，其产品在市场上拥有的知名度和信任度越高，更易于实现追溯体系实施后产品质量提升带来的价格优势，从而改善企业绩效。如好当家、獐子岛、国联水产等这些早期成立的上市水产企业，成立时间均在 10 年以上，现已具有较高的品牌知名度和经济效益。

水产企业总资产对绩效尚不存在显著性影响。一方面，分散且小规模养殖的渔业生产方式、渔民和加工商等较低的文化素质决定了水产品行业要形成具有竞争力的大规模企业较难；另一方面，分散且小规模生产、加工、经营和销售的水产行业状况决定了行业内具有竞争力的龙头企业仍只占少数，现有企业难以形成规模经济。

企业实施追溯体系的时间对绩效的影响尚不显著。从表 4-11 可知，目前水产企业实施追溯体系的平均值为 55%，普遍低于 2 年。在较短实施期限内，企业尚处于实施追溯体系的前期投入阶段，而追溯体系所带来的技术效率、品牌效益和价格优势等的提升都需在长期实现。

委托第三方建立追溯体系的企业绩效明显提升。相比于企业通过自身能力建立追溯体系，委托第三方对企业绩效影响“不大”的概率将降低 6.8%，而对企业绩效影响“非常大”的概率将提高 10.1%。对此可做如下解释，建立追溯体系并非水产企业的业务能力之内，若企业自建追溯体系则需要额外投入大量的人力、物力和财力，由此带来的成本远超于追溯体系给企业带来的效益。相反，将追溯体系的建设与维护委托第三方专业的公司，不但可以保障追溯体系的运行质量，还可以降低成本。

②追溯体系实施后带来的市场结构改变可以有效改善水产企业绩效。

行业壁垒的存在有助于企业绩效提升。与不实施追溯体系相比，实施追溯体系后构建的行业壁垒对企业绩效影响“不大”的概率将降低 10.9%，而影响“非常大”的概率将提高 13.7%。原因在于，当前水产行业存在的大量分散的小规模家庭式经营企业使中国水产行业在国内市场中一度出现过度竞争，部分企业只能以接近甚至低于边际成本的价格进行生产，而追溯体系实施后带来的技术壁垒和产品壁垒等一定程度上有助于缓解行业内的过度竞争，改善企业绩效。

产品差异化带来了企业效益的改善。与不实施追溯体系相比，实施追溯体系后企业认为提升产品差异化对企业绩效影响“不大”的概率将降低 12.3%，而影响“非常大”的概率将提高 15.2%。不难理解，目前水产行业存在大量同质的小规模企业，过于同质化的产品导致行业内出现恶性竞争，不但严重损害了企业绩效，而且阻碍了市场的正常运行。此时实施追溯体系有利于提升产品质量，塑造产品差异化，使企业从激烈的同质化竞争中得以脱身，通过良性的品质竞争提高自身绩效。

市场中企业规模的提高改善了企业绩效。与不实施追溯体系相比，实施追溯体系后企业经营规模的提升对自身绩效影响“不大”的概率将降低15.4%，而影响“非常大”的概率将提高17.6%。这一结果与胡求光等(2015)关于纵向一体化有助于扩大企业规模，从而改善企业绩效的结果相一致。由前述内容可知，在中国渔业企业小、散、乱的现状下，追溯体系的实施有助于构建行业壁垒，塑造产品差异化，从而直接带来企业绩效的改善。但需指出，行业壁垒的提升和产品差异化同时还有助于提高行业集中度，扩大行业内企业规模，从而形成规模经济。

③追溯体系实施而产生的各种产业链关系在一定程度上负向影响企业绩效。

搜寻成本对企业绩效有显著的负向影响。与实施追溯体系对搜寻成本影响“不大”相比，在追溯体系对搜寻成本的影响“比较大”时，相应的搜寻成本对企业绩效影响“不大”的概率将提升10.6%，而影响“非常大”的概率将降低14.4%。可能的原因是，目前水产品追溯体系的实施仍处于初期，消费者由于信息不对称难以辨别市场上的追溯产品，而企业为了达成交易往往需要付出更多的成本。

追溯体系是否可以降低企业的交易成本、企业间存在稳定的利益联结机制、企业的资产专用性有所提升均对企业绩效影响不显著。考虑水产行业的现状，这一系列结果的出现具有其合理性。目前水产业仍以粗加工为主，精深加工的缺乏致使行业难以形成完备的产业链。企业销售以直接面向市场为主，也就较少涉及为寻找合作伙伴而支付的交易成本，同时追溯体系带来的利益联结和资产专用性也难以影响企业绩效。

④产业链治理对企业绩效具有显著影响。

企业间存在的多种契约形式对企业绩效不存在显著影响。结合水产行业实际，可能的解释是，虽然追溯体系实施后，促使水产业形成了大量不同的产业链关系，但行业中的“龙头”组织和养殖户、加工企业之间大多实行口头协议，双方的契约更多的是建立在互相信任的基础上，而较少签订书面合同，由此导致企业间履约能力较低，难以改善企业绩效。

产业链上企业间存在的互相入股现象对企业绩效有显著正向影响。与企业间不实施追溯体系相比，实施追溯体系后带来的企业间互相入股、参股的情况对企业绩效影响“不大”的概率将降低 11.9%，影响“非常大”的概率将提高 14.9%。如前文所述，在企业间存在互相入股时，即存在产权治理的情况下，企业实施追溯体系不但可以保障合理的利润收入，而且还可以同时获得二次返利和利润分红，增加了额外收益。

契约对企业产品价格的保障在 1%的显著性水平上，正向影响企业绩效。与不实施追溯体系相比，实施追溯体系后各种契约对企业价格的保障对企业绩效影响“不大”的概率将降低 13.5%，而影响“非常大”的概率将提高 17.4%。其原因在于，当前水产行业存在各种产业链关系，包括“养殖户+合作社+龙头企业”“养殖户+行业协会”等，组织内的合作社和龙头企业可以在市场价格有所波动的情况下，保障支付给养殖户、加工商等早期合同约定的价格，使其收益不受影响。

（三）稳健性检验

前文在模型估计中通过逐步回归初步检验了模型的稳定性，并在一定程度上证实了本书研究结果的可靠性，但鉴于每种计量方法存在不同的局限性，为提高研究的严谨性和可靠性，下文进一步考察模型估计结果的稳健性。

运用 5 分法和 2 分法将因变量重新分类，同时采用有序 Probit 模型和有序 Logit 模型对分类后的因变量进行回归估计，新的估计结果基本与前文结果保持一致，只是个别变量的显著性水平发生了轻微变化（见表 4-13）。一方面，因变量分为“非常大”“比较大”“一般”“比较小”和“非常小”五类后，如产品差异化对企业绩效的影响由原来在 5%的水平上显著变为在 1%的水平上显著。另一方面，将因变量分为“不大”和“非常大”两类后，市场结构中行业壁垒和集中度由原来在 5%的水平上显著正向影响企业绩效，变为当前的不显著。同时产权治理也由原来在 5%的水平上显著变为不显著。就总体来说，稳健性检验结果虽然有细微出入，但从整体来看，研究结果依然稳固。

表 4-13 不同因变量分类情况下追溯体系对企业绩效影响的估计结果

变量	因变量五分类		因变量二分类	
	有序 Probit	有序 Logit	有序 Probit	有序 Logit
市场结构				
大量小规模企业被阻挡在行业外有助于绩效提升	0.454**	0.693*	0.333	0.519
市场中企业的规模的提高改善了企业绩效	0.661***	1.208***	0.085	0.177
产品差异化带来了企业效益的改善	0.627***	1.045***	0.520*	0.899*
产业链关系				
追溯体系对降低企业搜寻商品信息与交易对象信息的成本的影响（对照组：不大）				
比较大	-0.591***	-1.055***	0.839***	1.423***
非常大	-0.296	-0.566	0.833*	1.480*
追溯体系降低了企业取得交易对象信息与和交易对象进行信息交换所需的成本	-0.259	-0.509	0.017	0.029
产业链上各企业间的利益联结有助于保障企业收益	0.213	0.485	0.929***	1.559***
为维持与其他企业的合作，本企业的专用性资产投入有所增加	0.191	0.393	0.440	0.760
产业链治理				
本企业与产业链上其他企业间存在多种契约形式	0.021	0.051	0.223	0.354
产业链上企业间存在互相入股的现象	0.515**	0.967**	-0.101	-0.151
本企业实施追溯体系后价格的可控性有所提升	0.598***	1.001**	0.732**	1.229**

注：*、**、***分别表示在10%、5%和1%的置信水平上显著；由于篇幅原因，表中没有报告控制变量的估计结果和各变量的标准误。

（四）研究结果评析

本书依据沿海11个省市209家水产企业的调查数据，运用有序Probit模型对追溯体系影响水产企业绩效的内在机理进行了分析。研究结果表明：①追溯体系实施后带来的市场结构改变可有效影响企业绩效。其中，行业壁垒的构建、产品差异化的提升以及市场集中度的提高都对企业绩效有显著的正向影响；②产业链关系在一定程度上影响着企业绩效。其中搜寻成本对企业信息有显著的负向影响，交易成本、资产专用性和激励机制对企业绩效的影响尚不显著；③产业链治理对企业绩效具有显著影响，产权治理和价格治理均对企业绩效有显著的正向影响，而契约治理对企业绩效的影响不显著。

综上，水产品追溯体系对产业链协同整体上具有积极的促进作用，为了进一步提高产业链的协同度，同时改善企业绩效，发挥企业在保障水产品质量安全中的核心作用，基于研究结论，得出如下政策启示：

（1）优化产业关系

一是优化市场结构。要提高现有模式下水产企业运行绩效，需要从各方面对水产品市场结构进行优化。具体包括：一是进一步构建行业进入壁垒，鼓励企业间的入股、参股、收购和兼并，提升企业品牌知名度等，从而最终达到扩大水产企业的规模、提升行业规模经济的作用。二是加强产业链关系。水产行业难以通过紧密的产业链关系改善企业绩效，根本问题在于产业链条过短，不利于发挥企业间的协同作用。对此，政府可以对水产业提供政策扶持和融资渠道，引导企业引进先进技术、人才和管理经验，大力发展精深加工，延长行业的全产业链条，提高产品的附加值。三是完善产业链治理机制。研究结果表明，产业链治理的核心在于加强企业间的履约能力。对此，政府首先应制定相关的契约管理条例，引导企业间以书面的形式签订契约，其次鼓励市场成立行业协会，在后期对企业履约情况进行监督和管理。

（2）强化企业追溯意识

强化责任意识有助于增强企业实施追溯体系的意愿，促进企业绩效的改善。对此，可以通过内部学习制度的建立来达到强化企业责任意识的作用。其中提高企业纪律管控，改善企业认知态度，加大对社会责任、企业道德理念的宣传，让正确认知深入员工内心等都可成为具体措施，保证员工们真正意识到实施追溯体系的重要性，并将其落实到平时的工作中；同时企业也可以依照行业协会的规定定期组织系统培训并安排相关员工进行学习，使员工们掌握追溯体系的相关法规并主动进行相关申报，自觉接受监督。

（3）加强社会监督力度

要积极引导和鼓励消费者与社会公众参与水产品质量安全监督中来。水产品质量安全与每位公民的生命与健康息息相关，公民有权了解和监督企业行为。可以采取的措施：动员消费者广泛地参与到水产品质量安全监督中来，消费者的监督力量可以弥补政府监管、生产者自控和行业自律的不足，有利于水产加工企业追溯行为的改善提升；完善社会监督机制，提供便捷的渠道如举报电话、信箱、投诉热线等，向消费者征集影响水产品质量安全的线索；对消费者的举报和监督要及时通报对相关问题的处理结果，还要对提供有价值线索的消费者进行奖励或表彰，促进奖励措施的完善制定。

第五章

水产品追溯体系与产业链协同的国内外案例：分析及启示

在文献梳理和现状分析的基础上，本书从产业链协同对追溯体系的影响及追溯体系的实施对企业绩效的影响两个方面，对水产品追溯体系与产业链协同之间的关系进行了实证检验。一是检验了产业链协同对追溯体系的影响。基于全国209家水产企业的问卷调查数据，运用结构方程模型研究产业链与可追溯体系之间的关系。研究结果表明：产业链协同通过产业间的结构特征、不同产业之间的相互关系以及产业链治理三个方面对可追溯体系的运行具有积极且显著的正向影响。二是检验了追溯体系通过产业链协同对企业绩效的影响。基于沿海11个省市209家水产企业的调查数据，利用多元有序probit模型分析了水产企业实施追溯体系对其绩效的影响。研究结果表明：在控制了企业个体特征之后，追溯体系通过市场结构、产业链关系和产业链治理三方面影响企业绩效。其中，市场结构中行业壁垒、产品差异和规模扩大均对企业绩效有显著的正向影响；产业链关系中搜寻成本对企业绩效有显著的负向影响；产业链治理中的产权治理和价格治理对企业绩效也有一定程度的正向影响。

通过上述实证检验可看出，在中国水产行业的实践中，虽然产业链协同正向促进着追溯体系的实施，同时追溯体系通过产业链协同对企业绩效也产生了一定的正向效应，然而上述实证分析也在一定程度上揭露了水产行业产业链协同与追溯体系发展之间存在的一些问题。如中国渔业企业规模普遍偏小、企业间存在的多种契约形式对产业链上企业的制约能力有限等。为进一步验证实际情况，并找到解决水产行业追溯体系实施中现存问题的办法，在本部分研究中，本著作将选取国内外经典案例进行深入分析，以期通过进一步探索和引入其他的影响因素，深化研究的概念和实证模型。

第一节 国内案例分析

一、獐子岛：全产业链模式的领头羊

（一）现状概述

獐子岛集团股份有限公司总部坐落在大连，自公司1958年创立以来在以海珍品为主要产品的经营历程中获得了诸多荣誉，“海上蓝筹”“黄海明珠”“海底银行”均代表了公司是海产品供给的优良宝库，“黄海深处的一面红旗”更是象征着公司敢立潮头的企业家精神。獐子岛集团股份有限公司主要经营水产品加工、海水增养殖以及海珍品育苗，伴随着技术设备升级、生物技术的拓展，公司逐渐形成了集休闲渔业、海洋装备以及冷链物流等于一体的多元化产业，成为综合型海洋企业。

1. 獐子岛集团追溯体系实施现状

獐子岛集团重视产品体系的建设，将产品发展可持续、产品服务有质量的思想贯穿其中，在当今倡导“绿色、低碳、循环、发展”的生态文明理念的背景下，獐子岛集团抓取机遇，制定“全球流通、全球市场、全球资源”的国际化运营战略，力争上游，建设全程性的产品追溯体系，为消费者提供良好的消费体验。其中，獐子岛集团的追溯体系主要包括水产品安全管理体系、水产品安全管控、全产业链安全可追溯和安全管控验证四个环节，具体每个环节的实施现状如下所述。

（1）水产品安全管理体系

獐子岛追溯体系的第一个关口为水产品安全管理体系，主要包括管理体系、制度体系、产品认证体系和产品标准体系。具体实施情况可以概括为四个方面：一是构建质检、监管的控制系统。集团旗下拥有众多的分公司与子公司，涉及的区域范围广、产品种类多以及经营情况相对复杂，在此基础上集团开发并运行了质检员管理系统以便于产品的管理与监管，同时与搭建的水产品安全与质量控制体系相辅相成。水产品安全与质量控制体系具体可以分为两级，第一级是以各单位为基础的一线的水产品安全和产品质量管理体系，各单位均设立专职质检员，负责各自单位的水产品安全和产品质量的控制，作为水产品安全和产品质量控制的第一道保障；第二级是以集团产品控制部作为集团负责水产品安全和产品质量控制的管控管理部门，负责对集团所有单位的水产品安全和产品质量进行监督检查和督导。二是建立一系列的保障制度。为了保证集团产品的水产品安全，公司建立了《不合格品控制程序》《产品检验控制程序》《产品追溯管理控制程序》和《公司产品召回/撤回控制程序》《公司海域监控管理控制程序》《加工厂水产品安全管理规定》《增养殖过程水产品安全控制程序》《育苗过程水产品安全控制程序》《苗种、原料、饲料水产品安全管理规定》《水生动物疫病及有毒有害物质监控管理规定》《包装材料验收管理规定》等制度。各分子公司依据集团的水产品安全控制制度建立各自的管理制度，并建立了 HACCP 体系、SSOP 体系等水产品安全控制体系。三是保证产品通过 QS 审核。国际层面上，水产品安全体系方面不仅要经过标准技术服务有限公司（SGS）相关危害分析与关键控制点（HACCP）体系的审核，同时还需要通过英国零售商协会全球水产品标准（BRC）的核验流程。国内方面，水产品安全体系需要获取良好农业操作规范（GAP）的认证许可以及取得中国质量认证中心有机产品的认证证明，部分产品还要获得有机产品野生认证证书。四是制定企业产品标准。集团产品在符合国家、行业、地方产品标准的同时，为了进一步提高产品质量，还制定了 52 个关于扇贝、海参、鲍鱼等产品的企业产品标准以谋求更好的产品品质和服务质量。

（2）水产品安全管控

獐子岛集团针对产业链上各主体及相互之间的不同环节实施多节点管控，从六个方面严把质量第二关。一是苗种、原料及原料产地的管控。集团拥有国家一类海域，官方由辽宁出入境检验检疫局和大连市海洋与渔业局共同监控。公司内部由海洋研发中心对海域水质和地质进行监控，早在 2009 年集团建立了与中国科学院海洋研究所的长期合作关系，通过在獐子岛海域内投放浮标群来获取海洋物流、海洋化学、海水温度、海面气象等数据，之后利用 GPS 卫星系统以点、线、面的几何交叉方式将数据信息传送到黄海海洋观测基站。这实现了獐子岛海洋牧场全天候 24 小时的数据监控与海底、水体、海平面、海上空间多层次一体化的同步监测。产品由公司品控部进行监控，对计划捕捞海域每星期进行一次贝类毒素的检测，每月进行一次大肠杆菌的检测，每年进行2次重金属的检测，以保证捕捞的原料符合水产品安全的要求。苗种及外购原料的水产品安全由集团品控部进行管理，品控部对外购的苗种及原料产地进行调查监控，以防止不合格苗种和原料的购入。二是辅料的管控。所有的辅料验收由各单位的质检科负责并按照《原辅料的验收标准》执行。主要内容为该批产品的合格证明（官方的型式检验报告和本批次的合格检验报告），供应商的资质证明，集团是否对该供应商进行了合格供应商评估等。同时品控部对接收的辅料进行不定期的抽查检测。添加剂的使用严格按照《水产品添加剂使用标准》《食品添加剂使用卫生标准》执行。三是包装材料的管控。各单位制定了《包装材料验收标准》，对微生物涂抹试验的检验项目、检验标准和检验频率进行了规定。由质检科负责验收，包括官方型式检验报告、该批次的合格检验报告等，供应商是否已经通过了公司合格供应商评估等。四是加工过程的管控。集团对每个加工产品都进行了危害分析，并制定了HACCP计划，针对加工过程的控制制定了SSOP。各单位质检员负责对加工过程是否符合要求进行检查和纠正，控制加工过程的产品质量和卫生状况。集团品控部对符合性进行检查和验证。五是产品的管控。集团出厂产品严格按照《产品检验控制程序》规定的项目和频次进行检验，如产品以日做批，根据产品标准严格执行质检筛选，淘汰不合格并筛留通过质量鉴定报告的合格产品。所有产品每年两次送官方检验机构进行全项目的型式检验，同时，集团借助国际检测巨头SGS集团的检测技术和能力，将产品的检验交付给SGS检测，按照国际标准对出厂产品进行检测，保证了水产品安全和产品质量。六是仓储和物流的管理。集团投巨资打造了獐子岛中央冷藏库，并成立了东北首家鲜活水产品冷链运输公司，引入20辆国际先进的恒温保鲜运输车，通过此鲜活水产品冷链运输公司，建立起覆盖全国的快速流动体系，保证了集团产品的储存和运输过程中的水产品安全。

（3）全产业链安全可追溯

集团企业资源计划（简称ERP）项目在2011年正式开始执行并投入运营，集团从采捕到加工、流通再到销售、管理的产业链条实行了数据信息化、定位精确化、分区模块化的运营与管理模式。此后的第二年集团开始打造管理系统的升级，在2013年基于数字化信息技术建立了冷链物流管理系统、海洋牧场智能化管理系统，同时生成并实施了二维码追溯系统，逐渐完善了全产业链性质的数据信息化追溯系统，实现了集团产品追溯体系的建设与完备。对普通消费者来说，集团信息化管理最直接的意义就在于实现了海洋水产品的安全追溯体系。集团内部的每一个产品都具备一套的生产、加工、流通、销售的历史记录，任何环节中出现的问题都可以追溯到产品生产的源头，实现了源头至末端的数据信息透明化，使消费者真正实现放心消费。

（4）水产品安全管控的验证

集团品控部是负责全集团水产品安全和产品质量的最终管控部门，为了对各单位水产品安全管控的执行情况进行验证，品控部制定了《品控部巡检管理规定》，定期对各单位的制度执行情况、水产品安全和产品质量情况进行检查，包括各单位质检员的工作情况、加工现场情况、原辅料验收情况、产品检测情况和产品的可追溯性等，以验证各单位是否按照相关制度和规定进行产品的管控，以保证公司产品符合水产品安全要求和产品标准。同时每年进行一次产品追溯和召回的模拟演练，保证一旦产品出现问题时能够及时消除隐患，将对消费者的损害降到最低。

2. 獐子岛集团产业链现状

獐子岛集团自成立以来一直致力于打造覆盖整个渔业的全产业链，目前已经打造出海洋牧场、休闲渔业和冷链物流三个“支撑产业链”，三个产业链相互影响，也成为獐子岛的“三大资源”。

（1）海洋牧场

獐子岛集团在1600平方公里的海域面积上开发并建设海洋牧场，目前黄海北部区域基本建成了设施完备化、相对规模化、环节标准化的世界级现代海洋牧场。其生态价值与实践成果获得了世界的广泛关注。为了扩大涉域范围，国内依托大连、福建、山东，国外依托日本、韩国、北美等地开发并建立了国家级虾夷扇贝良种场、海珍品增养殖基地以及全国现代种业示范场等高水平水产养殖基地，集团建设所创造的生态价值与运营实践成果受到世界性的广泛关注。目前集团已成功培育出绿色、健康、环保的高品质海珍品，以牡蛎、海螺、虾夷扇贝、鲍鱼、刺参、海胆等为主，这些海珍品成功取得中国水产品行业首个碳标识认证证书，并成为“国家地理标志保护产品”。

獐子岛集团聚焦良种培育、生态养殖、资源整合三方面搭建海洋牧场的产业链。一是品种突破，扩大良种培育与繁殖。海洋牧场产业的推陈出新既要依托产学研、创新研制的技术平台，同时要秉持孵化良种的发展思路，将创新突破的发展理念贯穿品种孕育、生产、经营等各个环节，从而促进海洋牧场产业链的可持续发展。培育品种主要包括真海鞘、鲍鱼、虾夷扇贝、刺参等各类海珍品苗种，每年所供给的鲍鱼苗种达2000万枚、刺参苗种500万头，还有獐子岛牡蛎1亿枚，并且优质的虾夷扇贝的二级苗种超过了60亿枚，全产业供给量与培育量丰盛，牧场内所涵盖的场地有5座良种扩繁基地以及国家级虾夷扇贝良种场。整体上看，集团多年来重点关注苗种繁育、新品种引进、育种技术开发等方面，并已经取得了规模化的育种管理模式与技术储备。此外，在产学研、创新研制的交流互动中培育出了种类繁多的新品种。獐子岛集团受到广泛推广的皱纹盘鲍“大连1号”是由中国科学院海洋研究所副所长张国范和原大连水产研究所所长赵洪恩联合研究开发的品种，现如今已经形成了“北鲍北养”“南鲍南养”的规模化运营模式。一项三倍体牡蛎育种的单体技术得到了全自然100%的三倍体，美国新泽西州立大学教授郭希明成功地将这项技术开发并使它生根在獐子岛上。“海大金贝”是经由国家水产原良种新品种认定的虾夷扇贝新品种，獐子岛集团与中国海洋大学生命学院教授包振民在产学研合作中成功地将它进行了产业化的推广与经营。产学研的互动交流平台也顺利地将家系育种、BLUP等技术培育型产业推广起来，基本形成了一种科研院所前端研发、獐子岛集团商业育种并推进良种扩繁的合作模式。

二是扩大生态增养殖。海洋牧场的建设需要拥有充足的扩充面积与经营海域的使用权限，评估海域环境、确权海域底质以及预估生态牧场建设中的生态资源容量是开发建设环节中重要的一步。而技术方面也是关键一环，主要包括实时监控与预警预报海域环境技术、海底无害化采捕与生态化开发技术、水产品质检监控技术以及规格化苗种三级育种孵化技术等。集团为推进产业延伸与生态环境协同的发展模式，根据海域使用权的所属范围分别采取了功能性区域划分，以贝类综合底播增殖为示范区开展筹建工作并逐渐推广发展。目前已基本形成了以刺参、鲍鱼、虾夷扇贝为主的增殖示范区。集团的开发建设围绕尊重生物生长的保护理念，在鲍鱼产业的运营推广中通过初期投入逐渐形成了以荣成市为北方培育核心基地、以宁德市为南方培育核心基地的产业化运营模式，稳扎稳打地推进了十亿元的鲍鱼产业化建设工程。“耕海万顷，养海万年”是獐子岛集团在扩大生态增养殖过程中始终秉持的建设理念，集团所营造海藻渔场环境已经得到了 MSC 的权威认证，通过利用生物科技和物理处理等科学方法保护、修复与完善海珍品的海底生活，并投入人工鱼礁、藻礁等创造适合海珍品的栖息环境。

三是多方整合资源。獐子岛集团注重资源集聚的联合效应，重点聚焦辽东半岛、南千岛群岛、山东半岛以及东南沿海这四片区域的生态整合。目前集团将辽东半岛的底播海参、虾夷扇贝，东南区域的鲍鱼以及与山东半岛的海带、鲍鱼等渔业资源成功整合。自 2012 年集团跨出国门后不断开疆拓土，獐子岛集团韩国有限公司是中国企业在韩国珍岛郡投资开发运营的首个水产品建设项目，通过苗种在韩国下单、完工品在国内下单的方式整合以海参育苗、鲍鱼养殖为主要海珍品的朝鲜半岛优质渔业资源。

（2）休闲渔业

伴随水产品供给需求的升级，渔业资源不再作为简单的食品参与社会供给，可观赏、可娱乐的休闲旅游业逐渐成为产业拓展、未来发展极具潜质的现代化产业。作为獐子岛集团产业结构调整与转型升级、开辟未来渔业市场的重要战略性产业，集团对休闲渔业方面的总投入已达 1.5 亿元。集团发展经营数十年，基本拥有了现代化的休闲海钓等所需的基础设施，建成了陆岛交通网络体系。“海上大寨”是集团建设海洋牧场过程中遗留下来的历史痕迹，“海底银行”象征着集团品牌的信誉资产，集团在 2000 平方公里的海域平面上建设规模化的休闲旅游设施及配套服务，在一批专业化的人才团队的引领下建设并完善海洋牧场。作为国家级别的休闲渔业示范基地，獐子岛集团所打造的海洋牧场成为区域性休闲渔业试点单位以对接大连休闲渔业的发展，同时海洋牧场的定位逐渐升级，既要培育并形成“獐子岛有大鱼”的海钓名誉与品牌，又致力于突破并成为占据国内最大区域的休闲型海钓示范区。集团为提升渔业产品及服务质量在休闲渔业的建设方面斥巨资增设基础设施与配套服务，同时在多个地区投资以增加旅游服务的多样性，其中，集团在山东建造了潜艇观光式游船与海钓艇，共投资 1200 万建造了 2 艘半潜艇船和 5 艘豪华休闲艇；同时在台湾投资 2300 万打造了高倍航速的豪华型大客船，集中投入并开发海底型旅游项目与垂钓式娱乐项目。休闲渔业的开发与运营既要展示休闲项目的多样性，又要凸显獐子岛项目的独特性，集团陆续投入建设了潜水采捕、海底观光、海面垂钓等活动项目，致力于凸显獐子岛的独特产品与服务，打造集团引领下的海岛旅游知名品牌。

（3）冷链物流

獐子岛集团自2012年成立并开展冷链物流业务后至今已拥有3家子公司，公司所覆盖的冷链物流服务包含了代理、存贮到中转、运输及配送等各个环节，大连獐子岛中央冷藏物流有限公司、锦通冷链物流有限公司以及锦达（珠海）鲜活冷藏运输有限公司成为集团未来业务规划中重点投入发展的公司，具体业务有国际性冷藏货物的代理、存贮，城市之间冷藏货物的中转、干线运输及地点配送。

大连獐子岛中央冷藏物流有限公司主要对接的是以国际性大洋渔业资源为交易对象的物流贸易与冷藏物流服务，獐子岛集团、株式会社HOHSUI和日本中央鱼类株式会社共同参与冷链物流的首次计划投资额达3.3亿元，在占地面积5.96万平方米的区域上建造的冷藏低温仓储库存容量达五万吨，面积4.43万平方米的建筑内部垂直分离出13个存储冷藏库房。为减少冷藏库房中冷风与凝霜所造成的损失，公司采用全球顶尖级别的氨/二氧化碳复叠制冷技术以符合冷藏库存节能、减排、低碳的绿色化建设要求，这种冷库制冷工艺结合日本空气膨胀机制冷技术替代了传统冷风制冷剂氟利昂和氨的使用，直接利用空气转换成冷媒设计在制冷设备中，不仅有利于冷藏物品保存的品质与安全性，同时有利于冷藏过程的生态安全与生态环保。公司发展中不断进行全域式拓展，为供给国际性的水产品冷链物流服务已规划投资建设4个5万吨级别的大连保税港冷藏库房，致力于为国际海洋水产品的需求端提供生产、进料、加工和流通交易的服务，并与全球规模性的大洋渔业经营商建立冷链物流的合作关系，进而辐射带动以辽宁、山东为代表的北部沿海水产品加工业的发展，有力地推进大连保税港区成为全球性的水产品调配、流通的重要枢纽以及冷链物流服务集聚中心。

獐子岛锦达（珠海）鲜活冷藏运输有限公司是通过并购原来一家位于珠海的锦达冷藏运输有限公司而成立的，公司自2012年成立以来经营着鱼虾贝类等鲜活水产品的冷链物流运输，保证运输过程中水产品的鲜活性是公司发展经营的重要宗旨，另外公司也经营果肉蔬菜等各类农副产品的干线运输。

为保证运输路途中的鲜活性、及时性与冷藏性功能，在硬件设备方面，公司引进美国高端的进口设备并在内部 24 台 SCANIA 大型冷藏运输车上配备进口开利与冷王的发电机组和制冷机组，同时装配有国内最高端的中集冷藏厢体；在人才队伍方面，为保障鲜活冷藏运输的安全性，公司对运输人员进行专业培训并组织一支技术水平高、专业性强、经验较丰富的驾驶员队伍。运输标准与区域覆盖方面，根据不同种类水产品的特性、保鲜需求、温度差异等以及依据水产品的存储标准来装配制冷充氧等设备，从而保证水产品的鲜活性；以国内大中型城市为核心，为水产品消费者提供产品质量安全有保障、物流运输准时高标准、冷藏装配专业又鲜活的现代化水产品冷藏物流服务。

大连獐子岛锦通冷链物流有限公司与中央冷藏物流有限公司、锦达（珠海）鲜活冷藏运输有限公司相辅相成，不断完善冷链物流服务中的仓储性能，同时优化物流运输、装配、流通中转、加工配送等各个环节，在交通运输体系内搭建稳固的冷链物流运输网、物流仓储配送网。獐子岛锦通冷链物流公司在大连金石滩拥有 2000 吨配送库，以及车型搭配合理的配送车队。仓储库采用现代化的冷库设计与建设，拥有专业的冷藏仓储管理队伍，可以满足各类海产品、肉类制品等冷冻水产品的储存要求。为客户提供快捷、专业的货运代理、航班订舱、空运快件、铁路运输等冷链物流服务。

（4）水产品加工

獐子岛集团在水产品加工方面已形成了一定规模，其中以大连、山东荣成市为主要代表地区，目前集团已经建设了 6 座精深化的水产品加工基地，以虾夷贝柱、半壳贝、盐渍海参、淡干海参、原味鲍鱼等为主要加工品。大连翔祥食品有限公司是獐子岛集团旗下的代表性公司，配备的 2000MT（总额）超低温冷冻仓库拥有较强的冷藏性能与产品存储能力，这项从日本引进的技术能够对水产品进行超低温的精深化加工，每年水产品精深化加工的生产能力达到 3600 吨，并已经具备了相对完善的质量管理体系，通过了 ISO9001 国际质量管理体系认证和 HACCP 认证。此外，公司建立了一套相对完善的质量安全追溯体系，在水产品质量安全监测、检测方面顺利通过了欧盟双壳贝类出口监管的审核，并获得了国际 MSC 预评审、现场评审的认证，水产品质量安全监管追溯体系的优化与完善也受到了世界权威检测机构 SGS 的关注，双方为落实食品质量安全管理、保障消费者权益、强化水产品质检与监察评估联合成立了食品检测实验室。

金贝广场分公司是獐子岛集团在水产品加工方面最具代表性的精深化加工厂之一，在坐拥2.87万平方米的综合型贝类加工交易厂地上建设有一套净化、蓄养、加工的贝类生产处理流程，同时又包括了对外装配、配送、批发和销售等市场物流运送流程。作为多功能贝类综合加工交易中心的金贝广场分公司自2005年建成以来就成为国家级工农业旅游示范点，业务范围不仅体现了现代化渔业的产业化水平，同时综合体现了海洋文化、渔业文化与海岛风景的结合。公司在硬件设施、软件技术支持、经济体量规模方面的步伐与国际一流标准基本保持了同步水平，在净化蓄养池储量、设备处理先进性、品牌推广方面日益凸显。目前金贝广场公司利用全球先进的筛选贝类产品的机械设备每日可净化蓄养海珍品250吨，筛选的误差率保证在0.1%之内，在36个大型海珍品净化蓄养池内每个小时可以筛选出3万公斤的贝类珍品，净化蓄养池的存储量相当可观。公司在设备选择和配备上选择高端、进口、科技含量高的先进技术设备，加工技术与新含器调理设备从日本进口，包装设备来自德国摩迪维克。先进的技术支撑和设备支持使各类海珍品完成了高精度的减菌化处理，基于多流程温和式的升温处理杀菌方式并利用充气式的加工包装流程对海珍品进行即食加工，不仅使海珍品易于保存，同时又保留了海珍品的营养价值，延长了烹饪时的品质保存期。目前獐子岛已经成为国内顶级海参品牌之一，海参加工技术研发能力行业领先，2013年推出的“参旅”系列速发淡干海参，开创了海参发制革命，在减少海参营养成分流失的同时，极大地缩短了加工时间。

（二）存在问题

一是追溯体系的实施缺乏主动性。一方面，当前水产行业仍以小规模家庭作坊企业为主体，小规模企业由于资金、成本和技术的限制缺乏实施追溯体系的积极性和主动性，需要政府等外界力量的推动。然而，政府虽然一直在倡导和鼓励企业实施追溯体系，但大多只停留在书面上，实践中对水产企业追溯体系的实施状况缺乏有力监管，同时对于追溯体系中存在的不达标行为的惩罚力度过轻。综上，企业自身动力不足和政府倒逼机制不完善导致整个水产行业的追溯体系实施成效受到一定影响。

二是水产品行业尚未形成体系化、标准化、规范化的保障制度。在水产品生产运作方面基本形成了从生产到加工、包装，再到销售流通的法律规定与法律保护，生产记录标签、分类包装标记、移动流通标记等信息都可以完成历史数据的追溯与查询，《中华人民共和国农产品质量安全法》在产品质量安全可追溯的体系建设中发挥着重要的指导性作用。《国务院关于加强食品等产品安全监督管理的特别规定》在产品进入市场时的准入制度、责任监管方面明确了相关规定，保证水产品在供给、生产、销售各个环节有规可循。但水产品质量安全追溯体系的建设尚未形成一套标准化、规范化、系统化的法规制度体系，对于水产品在追溯标准方面的维度、具体要求、信息容纳程度等尚不清晰，未来建设体系化的水产品追溯标准仍需要相关法律法规的明确落实。

（三）现实假说：产业链协同是实施追溯体系的基础

1. 水产品安全问题产生的机理及原因

随着中国经济的平稳快速发展和国民生活质量的不断提升，消费者对水产品的需求，特别是高质量水产品的需求与日俱增，提升企业的产品质量，杜绝水产品质量安全问题已经成为各大水产企业，甚至整个水产行业面临的主要挑战之一。水产品种类多、保鲜期短、流向广的特点是其质量安全问题频发的主要影响因素。因此，要杜绝水产品质量安全问题，提升水产品品质，最关键的是要先厘清水产品质量安全问题产生的机理及其本质原因。

（1）产生机理

①水产品养殖环节安全问题产生的机理分析。经济合作与发展组织（简称 OECD）的数据显示，随着全域城市化进程的推进、居民收入水平提高以及饮食文化与结构的改变，水产品需求有望成为未来十年增速变化最大的饮食需求板块。目前中国水产品占据市场份额的增速相比世界平均水平具有持续性上升趋势，《中国农业展望报告（2020—2029）》对 2019 年包括水产品在内的农产品市场形势的分析，进而对以 2025 年、2029 年为重要时间节点的未来 10 年进行了展望。报告显示，未来十年水产品国内总消费量预计增长 9.8%。因此，未来水产品需求结构、市场发展形态、消费水平将会发生重大的变革，而随着中产阶级规模的发展与壮大，水产品蛋白替代禽畜蛋白的趋势将日趋显著。

在大规模捕捞无法持续的时代，人们日益增长的对水产蛋白的需求只能依靠养殖水产品进行满足，药物、激素、抗生素及生物技术的应用也恰恰迎合了这种需要。然而水产品消费需求的上涨也带来了新的负面影响，水产品在经过养殖、生产加工环节时为提高产品产出率、完全消除病毒危害会投放一定程度的药物、除害激素等，这就造成了养殖水体的污染。当消费者购买并食用了这些受污染的水产品时，便容易产生食品安全问题，既不利于保障消费者的食品安全权益，又损害了自身的健康，增加了食源性疾病的风险。因此，水产品产业链的发展要从源端至末端进行严格把控与质量安全检测，杜绝病毒、药剂的污染与侵害。但由于化学性、生物性的产品污染往往在食物链中经历了长期的蓄积，其对人们健康的危害难以及时发现，这是水产品安全评估面临的严峻挑战。

②水产品加工环节安全问题产生的机理分析。中国水产品质量安全问题频发的最关键环节即为加工环节，水产品加工要有一套标准化、规范化、无菌化的处理流程，而生产加工企业如果忽视体系化的流程容易产生质量安全性的问题，加工企业的规模大小、设备标准化程度、加工流程的管理体系都是影响水产品质量安全的重要原因。首先，企业利益最大化的行为选择减少了必要环节的成本投入。对于规模较小的水产品加工企业而言，生产与运输环节可能会缩减设备等方面的投入，同时在各个环节可能出现疏密的管理模式，无法达到严格的加工、质检、管控标准，从而造成了水产品生产与运作过程中微生物污染、病毒侵害的威胁。水产品在仓储、装配、配送与流通中一旦受到侵害威胁不仅会加速产品损坏变质，同时也会导致严重的水产品质量安全问题。其次，除害药剂、生物制剂的过度使用是造成水产品质量安全问题的关键。为保障水产品外观、保质期、口感等不同需求，产品在加工生产环节时往往会使用食品添加剂等物质，然而不当或者过量的添加剂等辅助物质往往会引发产品的质量安全问题，如果后期又没有严格监管的食品安全检测流程将会造成不容忽视的安全性问题。最后，伴随生产加工技术的进步与发展，原料的转型、技术的升级、工艺的革新为水产品的质量安全性发展带来了新的挑战。受新技术推广的时间长度限制，转型升级产品的安全性受到消费者的广泛关注，辐照加工类水产品、大保健水产品以及转基因水产品的安全性评估检测以及安全稳定性成为消费者关注的主要方面。

③水产品流通环节安全问题产生的机理分析。受限于距离、冷藏技术、

保质条件、存储时间等多种因素的限制，水产品的流通较多以未加工或初级加工的形式流入市场，“粗糙”的生产线条往往容易忽视对水产品流通环节的检测与管控，从而难以有效保障产品的质量安全。伴随水产品行业的迅速发展与壮大，人们对水产品的饮食结构与消费需求发生变化，水产品配送的及时性、安全性以及品质优良方面的需求日益凸显。根据《亚洲海运》统计的数据显示，中国食品每年在运输流通中腐败、损坏的统计值换算成人民币约有750亿元，具有易腐特性的水产品在其中占据的比例更是居高不下。水产品交易的跨区运输虽然满足了消费者的需求，但也增加了食品安全的隐患，长距离的路途运输使得水体微生物滋生、有害污染物增加，因此调整水产品的调配模式，完善水产品冷链物流的基础设备与技术投入建设，保障水产品存储、运输、配送等各环节的冷冻条件是突破当下水产品物流运输污染率高发这一瓶颈的关键。

④水产品消费环节安全问题产生的机理分析。受人们生活水平提高和饮食结构调整的影响，水产品的市场供给需求逐渐趋向于品质化、便利化以及丰富化，消费者不再以大订单为需求单位，转而变成小型的以家庭结构为代表的购买需求。伴随水产品内在技术含量的升级，产品质量安全的检测从传统的“闻”“观”来辨识的方式转变为利用检测工具来鉴定药剂污染等残留物质的方式，再发展到包含高技术水平的转基因水产品质量安全检测方式。而水产品的生产、加工、装配、运输等流通环节对于消费者来说超出了接触范围，作为一种经验类产品，消费者相关专业知识的缺乏、认知范围的局限、购买鉴定水平的差异造成了消费过程中对水产品质量安全问题所掌握的信息不对称，因而无法单独凭借个体的认知进行检测与鉴定。如果政府不能保证水产品安全信息及时准确地传递给消费者，或者生产者、经营者有意瞒报不利信息，消费者的权益将受到极大的损害。

（2）本质原因

水产品质量安全涉及整个水产品产业链的多个环节，其安全问题的产生也是由多个方面引起的，主要包括以下几个因素。

一是政府规制失灵造成的水产品质量安全问题。水产品的质量安全问题需要严格把关与监管，单独依靠市场经济的自发性安全标准很难保证产品稳定的安全性，尤其在当下市场主体发展参差不齐、产品价格与竞争机制上下浮动、安全质检与监管环节尚存不足的情况下，政府在市场经济体系中的管理、规制、监督职能对水产品质量安全产生了决定性的影响。一旦政府不对水产品质量安全体系进行严密的监管，完全依托市场机制下的产品质量安全可能会丧失安全质检的调控能力，失去了环境规制带来的强制性作用，进而可能引发一系列安全风险问题，规制失效、安全法规与法律保障体系束缚力度弱、水产品威胁与安全性问题发生率增加、安全监管与执行效率低、市场监督与问题追溯效率低、水产品质检标准与评估等级低、水产品安全信用等级降低、水产品运输调度与协调配合能力弱、强制性保障与执行力度弱等。因此，政府适当的环境规制不仅能降低水产品质量安全问题的发生率，同时有利于保障水产品质量安全追溯体系中的一系列安全性问题。

二是水产品产业链形态的松散与水产品追溯制度虚化缺陷的双重叠加。结合当下水产品行业的具体情况，最为本质的原因在于水产品产业链形态的松散与水产品追溯制度虚化缺陷的双重叠加。首先，水产品产业链上实施追溯体系具有明显的外部性和准公共品特征，产业链上各节点的机会主义行为，导致实施可追溯体系内生的激励补偿缺乏动力机制，制约了追溯体系的运行功效。其次，可追溯体系技术上要求覆盖全产业链，需要水产品商品生产流与质量安全信息流叠加和一体化流动，但是，当前中国的水产品产业链是数量多、规模小的“公司+渔户”等形成随机和离散的关系，由于组织委托代理费用高、边界成本高、规模不经济等，增加了追溯体系运行成本，导致追溯体系“缺位”和“空洞化”。最后，大量分散的、规模太小的产业链之间主要通过市场交易或者弱联系的市场网络进行交易，增大了水产品供应链上的不同利益相关者的可追溯行为选择的随机性和短期性。综上可知，水产品产业链形态的松散与水产品追溯制度虚化缺陷的双重叠加，是水产品质量安全问题频发的根本原因。

（3）假设依据

由上述现状及问题分析可知，水产品产业链形态的松散与水产品追溯制度虚化缺陷的双重叠加，是导致中国水产品质量安全问题频发的根本原因，对此本研究提出追溯体系与产业链协同发展的新视角，与现有研究相比，其优势大致可归纳为以下四个方面：一是从追溯体系与产业链协同的视角展开研究，有助于对小作坊式的农渔业经营户的质量安全监管进行探索性研究，弥补了以往相关研究只关注大中型规模以上的经营主体，对小规模经营主体重视程度不足的问题。二是从这一研究视角出发，有利于揭示水产品追溯体系无法有效实施的内生动因。同时，基于产业链，构建起了通过产业链协同促使水产品追溯体系实施以确保其质量安全的有效制度体系。三是基于产业链视角，深入产业链的内在动因，有助于分析水产品追溯体系绩效实施的适用性。四是水产品产业链研究领域一些模型和分析方法在水产品上是否同样适用需要得到实证支持，本研究从产业链的角度展开对水产品质量安全问题的研究以及将水产品整个产业链进行纵向集成的研究极具创新性。

（四）分析求证：产业链组织松散导致追溯体系难以有效实施

1. “小农经营”模式导致水产品质量参差不齐

中国是世界第一水产养殖和水产品贸易大国，受限于产业体量的庞大与尚未形成的标准化体系规模，国内水产品的生产模式集中表现为分散化独立经营、小规模化生产与加工等流程专业化水平较低以及市场流通与销售水平较弱。水产品从生产源端到市场流通这一环节中标准化的问题限制了产品的经营投入、降低了品质保障，阻碍了水产品优化全面质量管理的进程。目前，中国捕捞和养殖的绝大部分水产品基本保持了初级加工的品质水平入市销售，并且产品自身的分级包装、精深化加工程度低，水产品所包含的知名性品牌商标与原料或加工产地也未统一规范管理。因此，“小农经济”模式下的水产品粗放养殖、收购、散装散卖使水产品的质量难以有效把控，导致流向市场的产品质量参差不齐。同时，在运输、储存过程中造成二次污染也极易影响产品质量。

2. 企业信用缺失降低水产品追溯体系的市场信任度

水产品追溯体系是在企业与消费者之间存在一定信任的基础上建立起来的。企业之间的经济行为如果产生了令消费者怀疑的可疑因子，那么鼓励并建立水产品追溯体系的管理做法可能被误解为企业虚假宣传的一种噱头。水产品追溯体系的建立既要保证市场信息具有相对的对称性，在满足消费者知情权益的情况下，将质量安全的可追溯性标准落实到位，否则只会产生负面的影响，降低市场上对贴有可追溯标签的水产品的购买力。产品价格、消费者需求与企业需求之间的信息不对称，可能会出现在没有市场溢价的前提下，企业未获得执行追溯体系建设的有效激励继而被动地依托政府高额补贴实施水产品可追溯体系的建立。

（五）结论启示：追溯体系的高效实施需要产业链协同的基础支撑

水产品追溯体系的实施不是单纯的针对水产品生产、加工、装配、储运、流通等某一环节的管理，而是一种全过程控制、产业链上下协同合作的规范化体系运营管理过程。产业链协同对水产品追溯体系高效率实施的具体影响基于源头生产端的控制管理、依附生产与运作流程的风险控制、落实流通销售环节的质检与监管，整体上从产业链的全流程中搭建水产品质量安全的可追溯体系。基于产业链协同效应促进水产品追溯体系实现上下游产业之间从原材料源端向生产、加工、装配、流通以及监管环节的对接，不仅有利于促进水产品的市场交易量，提高水产品在加工环节的安全性，同时有利于建立水产品销售市场的品牌信誉，迎合消费者对产品的购买需求与质量安全需求。

二、国联水产：追溯体系建设的领军者

（一）现状概述

湛江国联水产开发股份有限公司是一家以水产品为主营业务，包括育苗育种、水产养殖与加工、水产品流通与交易以及研究等产学研一体化的跨国企业。自总公司2001年成立以来已经拥有了多家全资子公司，国联骏宇（北京）水产品有限公司、上海蓝洋水产有限公司、美国桑尼威海鲜公司经营着水产品的生产、加工、流通、销售，而湛江国联饲料有限公司、湛江国联种苗科技有限公司则围绕育苗育种、饵料投放等相关产业开发建设。国联水产公司在成立10周年后于2010年成为国内第一家对虾产业上市企业，并在深圳证券交易所成功挂牌。公司至今已有20多年的发展历史，作为一家受国家重视的现代化农业龙头企业，曾经在与美国“反补贴”“反倾销”的贸易战争中获得了胜诉并创造了亚洲史上的第一次胜诉。

1. 国联水产追溯体系实施现状

国联水产公司根据产品的不同批次，将水产品的原始信息以身份证明的形式进行制度化管理，公司内部制定了《产品批次管理规程》和《水产品标识及追溯程序》，目的是用来构建并保障水产品从源端至末端的可追溯体系。水产品以原料形式在进场前后都有一套标准化的操作流程，在水产品原料进厂时，一是要记录水产品的基本信息，主要包括水产品重量、生产或捕捞日

期、进厂体积等；二是要通过检验检疫（简称 CIQ）的审批证明并附带审批通过的“供货证明”。在水产品进入加工厂之后要编制并记录一系列的“身份信息”，主要有源端养殖塘号、初期养殖场址备案编号以及货物供给编号等，实现水产品从原料进厂到生产、加工、装配、流通等各个环节都有号可查、有码可寻，从而提高水产品质量安全可追溯体系的便利性与稳定性。除此之外，公司所有的水产品都需要进行抽样检测，囊括农药残留检测、重金属风险评估、营养成分分析等项目。国联水产公司建立了多层级、多环节把控的水产品追溯体系，具体如下文所述。

（1）为养殖户提供全方位的免费服务

国联水产公司为提供专业化的水产养殖服务，充分发挥“专业的人做专业的事”的服务效果，通过设立技术服务站的方式让专业的技术人员提供检验等服务，以致力于建立一套标准化生产、规范化运作、体系化经营的水产养殖流程。技术人员会每日根据养殖场址的基本条件进行评估与检验，为养殖户提供无偿的技术指导与服务，包括饵料投喂、水质检测、投入品控制、侵害检疫、病害预防等。此外，公司重视与科研院所的合作与对接，通过课业教学、培训养殖手册等无偿性的系统化培训方式组织养殖户进行专业化的岗位培训与技术学习，同时邀请业内知名的专家亲临指导，以促进养殖方式转型发展成投喂方式科学化、“三剂”使用技术化、水质控制标准化等绿色可持续的规范化操作流程。此外，国联水产公司还免费发放 1000 余部手机给养殖户，以实时传递水产品安全生产方面的新知识、新技术和新信息给养殖户，对源头生产者的培训与监管成为保障国联公司追溯体系有效实施的第一道坚实壁垒。

（2）采用“2211”电子监管模式

国联水产公司采用“两个认可、两个监控、一个核心、一个网络”的“2211”电子监管模式实时防控水产品质量安全追溯的管理系统。具体来看，“两个认可”是针对企业在水产品检测能力方面的评估与认可，主要包括实验室检测能力与检测技术人员、质量管理员检测与鉴别的能力；“两个监控”是以视频监控为主的企业内部针对各个环节质量安全性所采取的监管控制和以数据监控为主的针对水产品生产环节所采取的质量检测与监管控制；“一个核心”是指以质量为核心要求，实现水产品追溯体系的针对性监管、科学性检测以及选择性抽检；"一个网络"是搭建起全过程参与质量管控与科学地开展检验检疫所形成的综合性监督管理网络，从而实现对水产品进出口严格地筛检流程。利用"2211"的监管模式最终建立起检验检疫完备的质量安全检测与监督管理体系，从而提高企业在水产品质量安全追溯体系质检环节的高效运转的能力。湛江国联水产公司充分利用"2211"电子监管模式对公司内部水产品从生产、加工、装配、流通与销售等各个环节实行标准的、严格的、体系化的、及时的以及质量导向性的水产品检测与监控。在水产品的进出口方面更是标准化育苗种苗、科学化饵料投喂、规范化养殖管理，致力于促进水产品从生产端到市场末端的全过程质量提升与安全性提高，这样不仅有利于减少水产品的检验检疫时间周期，同时有利于简化流程手续，缓解库存处置压力并且节约水产品质量安全追溯体系建立过程中的各项费用，实现跨国界、跨区域、跨维度的直播式水产品生产与加工产业流程。"2211"电子监管模式是湛江国联水产公司水产品可追溯体系建设中的又一道保障。

（3）拥有完善的质量保障体系

国联公司非常重视各种资质的获取和认证工作，成立当年便获得了"出口水产品厂、库注册证书""输美水产品 GACCP 验证证书"，在公司不断发展探索中又先后取得了国际质量管理体系认证（简称 ISO9001 认证）、英国"BRC"高级认证和欧盟 EU 卫生注册认证。由于公司在水产品养殖场、原料厂、育苗场、加工厂等地规范化、标准化的建设，这些地点也获得了美国养殖认证委员会"AAC"的系列认证，直接奠定了国联水产公司水产品国际市场销路的坚实基础。国联水产公司出口方向对接的是美国水产品市场，在水产品质量安全追溯体系方面遵照严格的控制食品安全和风味品质的 HACCP 质量控制体系，从原材料进库、生产、加工以及包装分配到流通进入市场全过程按照卫生标准操作程序进行（即 SSOP）。公司对水产品质量安全检测检疫建立了一套标准化的追溯制度，原材料进厂前后都有清晰的编号、编码等标识，经过质量安全筛检之后的产品加贴检验检疫标签并且做到信息数据全覆盖，高效地保障了水产品安全信息数据实现全流程的可追溯、可查询。

（4）依托高校组建研发中心

国联水产公司注重科技创新，将创新投入作为公司发展的重要战略方向，并积极地探索与高校合作研发从而为公司注入科技创新的力量。公司在经过一系列的战略规划与探索产学研互动中，与广东海洋大学、中山大学建立了战略性的合作关系。由农业部主导的国家级南美白对虾遗传育种项目中，公司依托广东海洋大学的科研基础建设合作承担并进行项目拓展；公司还加入了广东海洋大学组织建设的水产品深加工工程技术研究开发中心，积极探索双方在水产品生产加工领域的创新突破。此外，公司还建立了与中山大学的长远合作伙伴关系，联合建设的"中山大学与湛江国联水产品加工技术研究中心"旨在科学地探索抗病种苗、无菌加工、规范化的养殖生产等。公司依托高校组建研发中心，积极探索水产品从育苗、种苗、饲料、养殖、生产、加工、装配、运输到流入市场前的系列质量安全控制体系建设，以水产品质量安全为核心，加强创新科技投入，建立与高校科研院所的产学研互动，推进水产品畅销至国际市场，打通欧盟、美国、俄罗斯、加拿大等市场的销路。

（5）企业、政府及职能部门相互协作

湛江检验检疫局对国联水产公司建立的水产品质量安全追溯体系实施全方位的监督与管控，针对追溯体系的各个环节实施定点定位追查，依托电子信息数据库将水产品的编号信息统一存储、实时监控，搭建覆盖产品信息追溯、卫生标准核验、药残监管审核以及生产流程监管的全产业链数据信息追溯体系。政企合作有利于搭建健全的生产体系、有保障的质量安全性检验，能有效地提高质量安全追溯与监管核验流程的落实与完善，利用水产品全产业链的质量安全追溯体系可以第一时间解决出现的问题，迅速从源端至末端进行定位核验并找出问题环节，及时采取纠偏与改进措施。这种联合强化水产品检验检疫的追溯体系获得了美国卫生和人类服务部以及食品药品监督管理局（简称 FDA）代表团的高度赞誉。

（6）坚持品牌建设

国联水产公司秉持以质量安全为产品核心标准，以坚持品牌建设作为开拓市场的战略手段。公司根据对虾类产品在市场上的反馈情况，旨在探索对虾品牌建立的突破点，抢占处于完全竞争的对虾市场。对虾品牌的探索与建设既有利于为消费者提供可依据、可选择、可追溯的有质量安全保证的市场品牌，同时有利于提升对虾产品的价值。在坚持对虾品牌建设的战略规划上，国联水产公司坚持资源吸纳和品牌推广两步走，一是为谋求市场影响力以及占据对虾市场的一定份额执行企业收购计划。国联水产公司在调查桑尼维尔公司后提出高效整合资源的收购方案。二是设计并建立国联水产公司的自主品牌，根据消费者的类型进行产品设计与分类，既有以主流人群为分类标准，针对群体性差异进行产品配送与服务的 Suunyvale 品牌、O good 品牌，又有以销售终端的市场差异为分类标准进行百人次销售市场划分的 iCook 品牌，国联水产公司学习并借鉴品牌建立的渠道与方式逐步创建国产自主的对虾产品品牌。

2. 国联水产公司产业链发展现状

国联水产公司在水产品质量安全追溯体系构建方面注重上下游企业之间的产业布局，对水产品从育种育苗、饵料投喂、生产养殖、加工装配、审验质检再到市场销售等整个流程中实行生态化的管控模式。上游产业主要是基于水产育种育苗的培育基础引用现代化的科学技术开展工厂化模式的水产养殖业务；下游产业主要是基于市场终端消费者的需求导向，打造将生产加工业务逐渐转向以服务型为主导的综合型水产品企业。

(1) 实施“公司+标准化养殖+基地”产业模式

国联水产公司基于育苗、饵料、生产、养殖、加工、装配到储运、流通等整个产业链构建标准化的产业合作模式，自 2005 年开始便致力于加大资金投入推进育苗、饵料及加工养殖示范项目的进程。为积极推进“公司+标准化养殖+基地”产业模式的开展，一是提供优质优产、抗害能力强、适应速度快的“国联 1 号”对虾苗种。二是采用特定的膨化鱼饵料、对虾饵料并通过控制食品安全和风味品质的 HACCP 质量控制体系认证。三是建立养殖户生产原料供给、出口的登记备案。依托在案的 4 万多亩基地，通过契约合同、原材料供应、技术服务与指导的方式来保障养殖过程中饵料供给的科学性、养殖水体的安全性、病害防疫的预警性以及质检反馈的实时性，最终实现原料虾高质量的产出与稳定的供给。

(2) 产品多元化与产业链的建设

国联水产公司坚持多元发展的思维导向，建立具有综合性、多元性、经济性的水产品产业链体系。鉴于加工工艺与生产渠道的相近性，公司推进罗非鱼和金鲳鱼的多元化建设项目，旨在推进上下游向外延伸拓展的产业链发展战略，从而促进原材料供应的可持续性与水产品质量安全的稳定性。国联水产公司在 2012 年年底投资 1.8 亿元打造以罗非鱼为主要推广对象的水产品产业链的多元化发展，利用深水网箱养殖技术开展水产品的加工、装配、出口等业务，辐射带动多层次的对虾、金鲳鱼等水产品的结构体系的完善，构建育苗、育种、养殖、饵料、加工、装配及销售一体化的水产品多元化产业链，以充分发挥产业链的协同优势，提高水产品产业链上各类资源的高效整合与利用。

(3) 覆盖全球的供应链

国联水产公司对内高标准、严要求监管水产品生产、加工、装配及销售等全链条的质量安全，对外公司高度注重市场营销供应链网络的建设。公司对外联络主要通过三个方面进行，一是维护良好的市场群体关系。公司通过货物交易的往来、定期联络、售后服务、活动邀请等形式与客户维系长久的合作联络关系。二是保持良好的企业形象。公司积极参与国际性的水产品展览会，同时注重并积极参与到具有社会效益、经济规模、专业性强的产业推广活动上，利用国际性交流互动的产业推广平台开拓市场群体，抓住时机进行贸易洽谈。三是落实宣传与推广。公司在做大做强水产品质量安全标准的基础上，利用水产品市场交流会等活动，积极推广与宣传公司重点产品及服务。在水产品供应链网络的建设上，国联水产公司目前已经成为具有一定规模的进口商、经销商的重要供应商之一，产品及服务领域覆盖至国内外，与一部分终端客户、超市、饭店等建立了长久的合作伙伴关系。

(4) 以核心技术支撑产业链发展

国联水产科研中心是公司的核心技术部门，水产品的育种育苗、生产、养殖、加工、质检等各个环节都是在科研中心完成的，中心内部既包括水产品的初级加工又有精细化加工，还有副产品的生产加工等一系列的技术渗透活动。国联水产公司通过与广东海洋大学、中山大学等高校的产学研合作，提升企业内部的科学技术水平，以核心技术支撑水产品质量安全性体系的产业链条拓展。这不仅优化了内部投入成本，降低了劳动力成本，同时促进了企业产品专业化与科技含量的提升，为进一步拓展海内外市场、推进产品进出口贸易奠定基础。

(二) 问题分析

结合企业现实发展现状与经营中出现的问题，总结归纳为以下三个方面。

一是缺少与市场群体的有效沟通，高端消费的市场动力不足。受限于水产企业以生产养殖和加工贸易为主的传统经营模式，企业偏重于以餐饮为导向的市场交易及销售渠道，这就会造成市场消费模式相对固定与单一，无法刺激市场群体的消费动力。伴随电子商务的成熟与发展，以生鲜超市为代表的线上水产品销售平台发展起来，直接覆盖了国内外的水产品市场。传统养殖与加工贸易的经营模式在市场需求疲软、交易方式改变、消费动力减弱的三重刺激下日显弊端。因此需要及时调整市场经销战略，以獐子岛为例的一批企业改革内部产业链供需模式，以焕发产品经营与品牌推广的新生活力，促进企业的可持续发展。

二是水产品质量安全追溯的经营体系规模化程度低，追溯成本较高。水产品追溯体系的建设成本主要包括前期投入成本和组织成本。前期投入方面，在水产品质量安全追溯方面既要保证硬件设备的配套齐全，又需要兼顾软件投入，对水产品质量安全追溯体系中涉及的人力资源进行专业化培训以及工作制度的监管与落实，针对关键技术的学习培训构建水产品质量安全追溯体系的生态圈。目前中国水产品的经营模式仍以小农小户作为主要的经营主体，受限于投入成本与后期组织成本的限制，科学技术支撑、信息化水平、经营体系标准化程度以及市场流通方式方面仍较为滞后，水产品的流通销售市场集中于小规模的集贸市场且组织体系化程度低。

三是水产企业在整个产业链中缺乏议价能力。由于水产企业在质量安全追溯的产业链前端事先与原料供应商签订了合作协议，并且向水产企业提供水产品原料的供应商既有普通养殖户，也有制造商、中间代理商以及批发商等，因此对实现签订好的合作约定很难再次改变。国联水产公司的供应商以对虾养殖户为主，双方签订的“捆绑式”交易合作协议需要参考当时的市场价格，所以水产企业在产业链体系中的议价能力较弱，而如“育苗+药剂+饵料+养殖技术+售后服务”的事前协议合同在实际交易中限制了企业的议价能力。

（三）现实假说：追溯体系的高效实施可以促进产业链更加协同

1. 产业链运行低效的原因

一是过度注重过程的实用性与结果的功利性，忽略了产业链的整体关系。一方面，企业作为理性经济人追求利益最大化，容易忽略产业链的发展而过度注重经济利益、过度注重过程的实用性而忽视了产业链的整合与协同效果。

实用主义注重行动、效果，将经验看作一种经营行动的反馈效果，过分的讲究有用、效用，这虽然在一定程度上促进了产业在市场上的拓展但也为产业发展带来了局限。作为美国土生哲学的实用主义充斥着美国的社会气质，如果我们只是被动接受，而不主动对其进行调整改造，实用主义可能出现“水土不服”的情况，阻碍中国经济社会的健康可持续发展。而过度注重结果的功利性则表现在渴望社会财富，忽略水产品质量安全追溯体系的建设目的与社会福利。虽然企业追求自由发展下最大化的利益效果会带来社会效益、经济效益一样的正面影响，但也给水产品贸易市场带来了质量安全方面的威胁，产品经营体系的安全性与品牌构建的诚信效应受到负面影响。

二是水产品安全法律体系不完善。中国现已颁布的涉及水产品安全的法律法规数量很多，监管方面已有《产地水产品质量安全监督抽查工作暂行规定》《农业部关于全面推进水产健康养殖 加强水产品质量安全监管的意见》等，安全规定方面有《水产养殖质量安全管理规定》《中华人民共和国水产品质量安全法》以及《中华人民共和国食品安全法》等。关于水产品安全法律法规方面的政策文件的出台时间整体上相对较早，虽然在水产品质量安全管理体系上已经有了法律法规依据，但仍需要标准化、实时性、适用性的法律法规文件的支撑。此外，目前水产品质量安全保障方面的法律法规以部门起草为主，整合力度与统筹规划程度较弱，存在边界不清、交叉重叠等问题。

三是信息不对称导致市场经营主体与消费主体之间的信任度低，产业链体系的构建受到阻碍。由于信息差企业可能会选择以牺牲水产品质量安全为代价的经营销售行为。一方面表现在企业忽略产品质量安全，在不会造成严重过失的情况下向消费者销售产品，这种法律意识薄弱、忽视产品质量安全体系建设的经营行为制约了产业链质量安全追溯体系的建设与推广，使后知后觉的消费者失去了对产业链质量安全追溯体系构建的信心。另一方面表现在申报并获得产品质量安全认证证书或获得质量安全标准体系认证的企业可能会存在“前后反差”的质量安全监管行为。获取安全认证之后降低安全标准，以追求产品利润最大化为目标降低生产成本，甚至降低产品的质量安全标准，从而侵害消费者安全保障的权益。市场上这种信息不对称的企业行为最终可能会造成“劣币驱逐良币”的恶性竞争行为。质量差、安全性低、标识缺且便宜的水产品混入市场取代了成本高且质量安全性好的水产品，因而在水产品市场上只剩下失去安全保障的劣质产品，消费者的信心和积极性将明显降低，进而形成恶性循环，进一步恶化水产品市场。

2. 假设依据

产业链协同是指在包括水产养殖、生产加工、物流运输、批发经营和终端销售等一系列环节成员的业务流程和操作机制实现高效整合的基础上，采取一种整体行为和模式，它强调对市场需求的快捷反应和整体生产效率的最优化。企业在产业链中任何一个节点上的行为，都会对整个产业链上产品的质量安全产生影响（王宏智，赵扬，2017）。因此，水产品追溯体系的实施不能停留在对单个产业链节点企业或终端产品的监管上，而是需要覆盖整个产业链上所有节点企业的全程协同运作过程。首先，产业链协同通过加强企业间分工协作、相互关联、信息沟通、产品与资金的流通，使得各个具有不同价值创造性能的企业能够有机联系起来，即形成产业链结构；其次，以现有产业链结构为基础，产业链协同对整体生产效率最优化的追求会促使企业间自发形成各种经营方式，即形成产业链关系；最后，产业链协同通过协同方式创新，如纵向一体化、横向兼并和横纵交融等创新模式，对水产品追溯体系的利益相关者形成包括契约文化、管理控制、信任承诺、利益分享和交流沟通等在内的激励和约束机制，即形成激励相容的产业链治理。产业链协同能通过产业链结构、产业链关系以及产业链治理三个维度的优化、重构和演进，使产业链节点企业实现对市场需求的快速反应和生产效率的最优化，同时稳定的收益预期会促使该企业间保持长期稳定的合作和协同，从而确保产业链整体效率实现帕累托优化，据此实现水产品追溯体系与产业链协同发展。

（四）求证分析：追溯体系低效运行导致产业链管理效率低下

追溯体系监管部门协调性差导致质量管理工作效率低。参与负责食品安全监管的部门涉及农业农村部、卫计委、国家工商总局、国家质量监督检验检疫总局、商务部、国家粮食局等多个部门。各部门往往从不同渠道进行追溯平台的建设，部门之间缺乏有效协调并且不共享追溯信息。水产品从进入市场销售开始的所有信息数据由商务部负责搜集与整理，而在产品进入市场之前直至生产源头的信息数据则由农业农村部组织搜集与整理，这就使水产品在建设质量安全追溯体系过程中出现了信息孤岛与数据标准不对称的问题。由于各个部门所代表的利益主体不同而带来的利益冲突以及存在工作重点不同而带来的在工作上的冲突，都会导致整个部门机构的工作效率不高，水产品质量安全管理效果不理想。

（五）结论启示：追溯体系更好促进产业链协同发展

水产品行业的产业链较长，在水产品行业中一旦发生安全性问题则主要集中在个别产品或单一定量批次中，因此建立水产品质量安全追溯体系能快速定位、排查隐患、定点追溯并及时处理。以美国市场中牛肉质量安全追溯体系为例，任何出售的牛肉通过 DNA 扫描仪便可快速查询到牛肉生产从源头到市场终端的所有信息，不论是牛肉的来源主体，甚至涉及母体的二代、三代都可以快速查询到信息数据，一旦出现问题便能迅速解决，提高牛肉经营企业的运营管理效率。因此，为了打造高水平的水产品产业链，企业、政府及其有关部门应整合各方资源共同促进产品质量安全追溯体系的建立，并以此倒逼整合水产品质量安全追溯的产业链上所涉及的各方主体承担社会责任，做大利益蛋糕。

从经济的角度和管理的角度分别对水产品质量安全问题的产生和追溯体系与产业链协同发展进行分析，基于此，提出“企业产品品质的提升需要追溯体系与产业链协同发展”的假设。进而从追溯体系与产业链不相协同的三个表现来分别论证其对水产品质量安全保障工作带来的不利影响，并分析由此产生的水产品质量安全问题。通过以上的假说、求证可以得到的结论是：水产品追溯体系与产业链协同的互动发展是解决当前水产品安全问题频发的必然选择。

习近平总书记在十八届中央政治局第二十三次集体学习时的讲话非常清晰地指出食品药品安全在保障社会公众健康、增进人民生活福祉方面的重要意义，它不仅关乎社会公众最基本的生命问题、身体问题，同时也关乎社会大健康发展、居民健康生活及养老保障的问题。在食品药品安全问题的处理上，需要用最严肃的态度、最严苛的问责、最严厉的监管切实保障消费者的权益。实现追溯体系与产业链协同的互动发展不仅符合新时代对提高人民生活水平的需求，也是对客观事实的反映，对保障消费者水产品质量安全意义重大。对于如何实现追溯体系与产业链协同的互动发展，完善两者协同发展的体制机制，鉴于中国对水产品追溯体系的关注和建立较晚，在该方面的研究也较少，实践经验也都不太成熟，本研究将借鉴已经较为成熟的国外案例。

第二节 国外案例借鉴及启示

一、案例借鉴

(一) 日本水产株式会社

日本水产株式会社是一家在日本东京经营水产品的公司，自1911年公司成立以来发展已有百余年历史，开展的水产品及服务业务横跨亚洲延伸至欧美、新西兰、澳大利亚等十多个国家和地区。公司利用自有的水源、生物等生态资源形成了以水产品加工为主的涉及生产、精细化加工、仓储物流等相关海洋渔业的产业链条。日本水产株式会社以两个一百年战略规划为经营目标，致力于不断扩大科技投入，提高产业链的专业化水平，推进水产品产业链的可持续更新与发展。

1. 成熟的产业链

日本水产株式会社经过数十年的发展，已经形成了一条以海洋产品为核心，综合利用海洋生物资源、海水捕捞、海水养殖、海洋加工等资源的完整产业链体系。依托临近海域的独特地理优势，开展水产品的生产、加工、仓储、配送以及销售等业务。经过数十年的耕耘，会社已拥有链接世界各地和日本本土水产品的全球供应链。总结会社的发展历程及战略规划方向，日本水产株式会社始终致力于市场业务的拓展以及对接国内外重要的水产品市场。在水产品产业链的建设上会社兼顾横纵延伸，一方面延长从生产要素到市场产品的纵向产业链条，另一方面将链条上的每一个环节延展成面。

2. 完备的技术支撑

日本水产株式会社将业务活动延伸至世界上各个国家，并与不同的国家建立了产品交易、技术研发等互动合作的关系。公司联合研发的健康产品是由会社的美国分公司与美国戈顿公司联合设计、研究、开发生产；产品集成化的系统管理是由会社与新西兰 Sealord 有限公司联合孵化出来的信息管理系统，致力于统计并管理产品信息，完善产品从生产源端到市场终端所有环节中的销售规划。大分海洋生物技术中心和东京创新中心是日本两大水产品综合性研发中心，集生产、加工、销售等相关产业链条于一体。中心内部包括核心研发实验室、安全研发中心机构、技术发展实验中心以及产品研发实验中心等多个部门，不论是水产品原材料的特性及口味，还是水产品育种育苗、饵料培育以及生产技术突破等各个层面的研究，日本水产品研发中心都提供了巨大的研发支持。

3. 日水追溯体系实施现状

日本水产株式会社目前主要的业务活动是依托海洋生物资源开展的水产品生产、养殖、加工及产品销售。在水产品产业链体系的建设中实现了全方位、全流程、全产业链的质量安全追溯标准，提高了水产品的质量安全。日本水产株式会社有效推行产品安全追溯体系的关键不仅是完备的技术支撑，更重要的保障是其设立的品质管理中心。以中国市场为例，青岛日水水产品研究开发有限公司是日本水产株式会社于 2003 年设置的一家中国品质管理中心，对接的是国内水产品的管理与指导工作，针对产品从生产源端开始，经过产品生产、成品再到检测等整个过程中的监督指导工作；同时培训专业化的科技人员，完善产业链中的人力资源要素，提高产业链的管理水平。

（二）冰岛水产品追溯体系

由于冰岛处于洋流交汇处，拥有天然且优越的鱼类栖息休养的环境，墨西哥湾暖流、冰岛东部寒流以及格陵兰东部洋流三流相汇使渔业成为冰岛最主要的经济支柱产业。冰岛的水产品主要来自海水捕捞，在本岛经过初级加工后出口到世界各个国家，已经形成了以对接北美、欧盟市场为主的海产品质量安全管理追溯体系。①

1. 冰岛水产品流通形式

冰岛水产品主要用来供给渔业加工企业和流入水产品批发市场进行拍卖，其中作为拍卖的水产品之后经过加工企业转入市场进行销售。以拍卖为主要手段的水产品交易市场已经形成了相对成熟的产业体系。受益于冰岛较为丰富的水产品交易市场以及码头资源，水产品的拍卖销售在 15 个市场和 30 个码头之间建立了规模化的交易网络。首先，拍卖流程中的买卖双方通过提交

---

① 刘俊荣．冰岛水产品加工出口贸易的运营模式对我们的借鉴——冰岛联合冷冻集团水产品追溯体系的调查与研究［G］// 中国水产学会．2005 年渔业对外贸易跟踪研讨会论文集．北京：中国水产学会，2006：50—62.

担保资金将基本信息录入拍卖交易系统；其次，按时标准化的买拍交易流程，买方在每日的固定时间段（13：00—16：00）通过网站进行交易，水产品的价格随时间下跌直至有一方进行交易。这种采用“荷兰式”的价格拍卖模式合理且有效定价，减少了气候、环境等不确定因素对水产品价格波动的影响，这种便捷式的网络拍卖交易模式有利于水产品信息数据的管理，同时有利于扩大水产品交易市场，有效推进水产品质量安全追溯体系的实施。

2. 水产品批发市场可追溯的实施

水产品在进入市场之前被放置在不同标识的标准鱼箱中，对鱼箱进行编号、记录、信息存储是实现可追溯的第一步，也是至关重要的一步。鱼箱的标识内容主要包括水产品从捕捞开始的原始信息，具体有捕鱼船只的相关信息、鱼的品种、鱼类质量属性、捕捞时间以及捕捞地点，基于上述信息建立每一种水产品的原始数据库。鱼箱编号后便要开始对鱼箱进行分批分次，依据海域地理位置、捕捞时间以及渔船特征信息等将水产品分类分批。此后，带有标识的鱼箱进入流通市场，再次根据市场信息贴上对应买卖双方信息、主要批次类型及质量的标识标签。通过一系列的标识登记，每个批次、每个鱼箱都具备了识别身份的关键编号，也可以叫作身份标识（ID），而买方可以通过 ID 快速追溯对应水产品捕捞生产的源头信息。

3. 水产品加工企业可追溯的实施

水产品加工车间第一步就是对各种原料进行分类分级处理。水产品的原料种类多且生产的产品类型也大有不同，水产品加工企业需要根据相同时间段生产的原材料整合归类，混合成新批次的原材料；同时对每批次的原材料进行质量检查、鱼箱编号录入、产品品种登记、捕捞相关的信息等记录等。之后，将新批次的原材料进行加工处理，建立原材料批次信息与新产品批次信息的关联并登记，对每一个经过处理加工后的产品贴上新的产品标签。企业可以将加工日期作为区分产品批次的一个衡量标准，同时利用相同产品的生产日期的差异来划分产品批次，建立四位数的时间编码分类方法。第一位数代表产品生产日期中年份的末尾数字；其他三位数字对应的是一年中的天数。水产品批次标识的编号是由产品编码、时间编码以及企业编码共同构成的，利用信息数据库则可以迅速查询到各个批次产品的鱼箱编码信息，快速追溯原材料信息。当产品进入市场流通时，水产品的信息登记又将物流运输信息与不同批次的产品联系起来。利用水产品追溯体系的数据信息库可以快速根据物流标识信息追溯到产品的批次等具体的信息记录，继而利用鱼箱编号进一步追溯到水产品的生产源端。整个水产品追溯体系的实施不仅使企业能够建立产品单元的唯一标识，同时确保了产品出现问题时能够快速通过信息检索分析找出问题源头，以便快速定点、定位地采取应急措施，提高产品的质量安全水平，保障消费者的合法权益。

4. 可追溯法律法规

国际上关于水产品可追溯体系的建立有三种方式，一是强制性实施标准，主要以欧盟国家为代表。二是鼓励并支持非强制性实施标准，主要以美国为代表。三是拒绝实施可追溯标准，主要以部分缺乏体系建设条件、经济发展容易遭受贸易壁垒的发展中国家为代表。落实水产品质量安全可追溯体系是当今关乎渔业发展且十分重要的问题，欧盟作为极力支持水产品质量安全可追溯体系建设的重要代表，在法律法规等制度体系的建设方面积极出台了相关标准。为落实“从农田到餐桌”的信息追溯流程，欧盟食品安全管理局颁布的《欧盟食品安全白皮书》中重点指出产品生产经营者的安全保障责任。而美国颁布的《公共安全和生物恐怖主义防备和反应法案》，重点指出水产品要保留以美国本土信息集聚为中心的食品生产、加工、包装、流通、销售等各个产业环节的数据信息，推进食品质量安全追溯体系。依据《鱼类和贝类原产国标签的强制性暂行法规》和《食品标识管理规定》的标签管理制度，水产品的追溯信息不仅要标明产品的基本信息，包括名称、生产日期、重量，还要将产品的供需端主体进行登记，主要包括原材料供应商、经销商、批发商等信息。除欧盟和美国两个代表外，泰国也是积极推行水产品质量安全追溯体系建设的主力国家之一。泰国是一个水产贸易的强国，《国际商报》曾指出，泰国在虾产品出口方面世界第一，90%的斑节对虾出口至以欧美日为代表的国际市场中。为落实可追溯体系的建设，泰国本国内影响力最大的海产品加工企业进行了100个养殖场的标签登记、信息录入、问题检测、快速追踪等全流程的质量安全追溯体系的试验，快速追踪并锁定录入产品电子数据库中的信息。

总体来看，水产品质量安全追溯体系建设已经得到了代表性国家的一致认可，不同国家在建设时的相同点在于强调追溯体系建设的标准制度、法律法规保障制度等。国际物品编码协会（EAN International）和美国统一代码委员会（UCC）共同开发、管理和维护的全球统一和通用产品管理系统已经推广与应用，还相继出版了一系列产品追溯指南书籍与标准，《鱼类产品追溯指南》《生鲜水产品追溯指南》《CS1 可追溯性标准》以及《GS1 可追溯性实施指南》都为水产品质量安全追溯体系的建设奠定了重要基础。目前全世界已有数十个国家和地区都在积极探索并建立水产品从生产源端到市场消费终端的全产业链信息登记与传递方法。包装和标签是产品质量安全可追溯体系建设的重要条件之一，缺少完善的包装和标签标识，产品可追溯体系的信息追溯与查询将难以有效实现。

二、经验启示

1. 对生产商的培训与监督

日本和冰岛的追溯体系较为完善，大多都具有一定的专业背景，比如农业生产方面，公司提供标准和良好的农业操作规范，员工则会根据以上要求和标准对农户进行培训。另外，也会将全球水产品安全倡议（GFSI）认可的标准转化成专业的培训资料分发给农户，并同时帮助农户建立可追溯产品的数据库。对于每一份原材料文件的分析，对从生产到流通全过程进行了记录与分析，包括监督供应商、验证规格、运输、原材料验收和分析组织的储存，以及分配所有负责和实施与原材料有关的工艺等。通过对文件的记录与分析，将对应的原材料信息、包装信息以及流通信息等进行编号，再输入到产品质量安全追溯程序的文件清单中，而对文件清单的定期审验也会产生监督与推进体系建设的效果，尤其是对相关人员卫生工具和员工培训文件的定期检查有利于落实相互监督的制度体系。

2. 多元化的治理结构是保障追溯体系有效实施的核心

健全产业质量安全追溯体系的建设要做好产品的事前预防与质检工作，而引入行业、政府监管机构、行业专家、经济学家和法律界之间的合作是有效落实追溯体系实施的重要环节。水产品贸易中的安全问题可以通过供应商和制造商之间的非官方商业互动来解决，以制定安全策略并促进减少潜在的质量安全问题。非官方的商业互动通过各方主体的合作治理形成了多元化的治理结构体，不仅包括针对小型生产商和供应商的基层教育、鼓励参与和反馈验证，还包括通过交易行为与其他组织机构建立合作互助的关系。多元治理结构包括了对制度规范、规则主体、规范对象、激励方式和利益相关者的治理分析，治理结构与促进或阻碍水产品质量安全追溯体系建设的因素（如政策、经济环境、主体因素等）一起，将直接影响利益相关者创新和改进产品追溯体系制度或升级的能力。如獐子岛集团、国联水产公司不仅重视各个子公司之间产业链的划分与协作，同时积极建立与科研院所等机构之间的产学研合作伙伴关系。公私合作伙伴关系既有利于中小型生产商了解新法规，同时又为产业链上的合作项目提供了经济援助。这种多元治理主体参与的合作伙伴关系可以帮助养殖户采用新的水产品质量和安全国际标准，可以为加工和储存设施集中资源以及提高中小养殖户的生活水平。这一系列的治理合作手段会将水产品带入更高利润的出口市场，并提高出口国的食品安全标准以及一般公共卫生标准。

3. 完备的产品召回体系

由于产品品种繁多，产品谱系复杂，其完整性和准确性很难达到标准，所以产品召回对供应链来说是一个具有挑战性的问题。而完备产品的召回体系就需要事先建立一套分类清晰的标识编码（ID），如果水产品具有相同的ID代码，则无法区分好与坏的产品，并且所有出现问题的产品都必须下架。因此，将可追溯系统纳入供应链以跟踪从原材料供应商到最终消费者的整个制造和交付过程，并实时更新原始材料和实时信息流是非常重要的。在必须召回一批出现质量安全问题的产品的情况下精确记录供应链中不同产品的历史和位置，对可追溯系统收集的信息具有重要的战略意义。水产品质量安全的可追溯性通过更具体地识别产品的来源来实现更有针对性的召回；当产品发生质量安全问题时，或是有产品需要召回时，通过客户的购买信息数据库进行实时查找来确定问题产品的最终去向，从而降低消费者因劣质产品受到的损害。

4. 新型的O2O业态

传统的市场批发模式仍是水产品当前销售的主要模式，而这种模式由于涉及的环节广、主体多，给追溯体系的实施带来了诸多不便。随着互联网大数据信息技术和电子商务的兴起，各个行业之间的产业链发生了重大变革，产业发展优化升级成为各个行业发展的必然趋势。原因在于，“互联网+”的产业模式有助于将传统线下的交易转移为线上，通过互联网手段可以有效地记录和监控每个环节的产品质量状况，从而促进追溯体系的有效实施，起到最终保障水产品质量安全的作用。因此，可借鉴日本株式会社等集团的经验，以快速适应市场消费者需求、迎合时代发展为导向，建立一套可追溯、可监控的全方位服务体系。

5. 追溯标准与国际接轨

水产品质量安全追溯体系的建设要对接国际标准，制定标准化、统一化、精度化的追溯信息库与质量安全预警体系来推进水产品追溯体系的进一步发展。冰岛和日本等以水产品为主要产品的生产大国在水产品追溯体系的建设方面具有领先且成熟的发展，通过现代信息科技的支撑搭建云端存储服务器，将水产品追溯的检测信息与生产流通信息统一上传至云服务器中，从而建立全国统一的水产品质量安全追溯体系。另外，在实现追溯标准与国际接轨的同时，应鼓励代表国家级别的追溯体系管理委员会或相关监管机构，发挥在法律支撑平台搭建、科研技术储备与支撑等方面的作用，避免出现管理权限不清晰、多头监管以及层层冗余的管理乱象。

6. 充分发挥品牌建设效益与产业链协同优势

水产品质量安全追溯体系的建设要充分发挥品牌效益，从品牌维度层面看，品牌可信度和品牌声誉都有助于增强品牌信任度，在推进水产品质量安全追溯体系时更容易获得市场消费者的认可。水产品品牌树立后，消费者更倾向于从“知名品牌”中获得可靠信息与付诸购买行动，因此培育水产品安全品牌并发挥品牌效益有利于建立和发展可靠的食品链系统，主要包括了可信度和系统能力两个方面。品牌培育增进了产品的可信度，系统能力的提升则需要发挥产业协同的效果，提高产品的质量安全性能。水产品产业链的协同效应不仅保障了上下游产业之间的协同稳定供应，确保了持续的原材料输入输出的流通路径，同时提高了产品的质量稳定性、安全可靠性以及水产品的企业竞争力。水产品产业链的协同效应推进了产品生产、加工、流通、销售等各个环节的质检和监管力度，优质优产的水产品在得到消费者的认可后才能有效发挥品牌建设的影响力。

7. 搭建合作渠道平台，形成一套完整的技术解决方案

水产品产业链追溯体系的建设是解决生鲜产品从生产源端到市场消费端

中出现安全问题行之有效的制度方法。在落实追溯体系建设的过程中最关键的是解决产业链前端生产供应的问题。由于水产品供应的独特性，生产供应商可以是分散的养殖户，也可以是规模化的生产厂商，产业链下游企业为找到符合标准的水产品供应商往往付诸相对较高的成本。日本水产株式会社为解决寻找产业链上下游主体的问题搭建生产源端供应商与其他如技术供应商、加工供应商、宣传与推介供应商等之间的合作平台，整合双方资源进行互惠互利的交易合作，有效保障了追溯体系的实施绩效。政府通过引导为水产品追溯体系全产业链构建了一个多渠道沟通、多资源整合、多效益合作的共赢合作平台，推进了生产供应商、技术供应商、宣传推介供应商等利益相关者之间的互动合作，为高效、优质、便捷的水产品质量安全追溯体系的建设奠定了坚实基础。

8. 渠道优势在约束和改变生产者行为中发挥了重要作用

生产者按照追溯体系实施标准进行农事活动是水产品追溯体系有效实施、水产品安全供应链管控的关键。水产品生产供应商往往是由部分小农生产者和农民专业合作社组成，包括了分散的养殖户、零散渔民临时成立的合作社等，这就造成了普通村民难以对接市场信息，并且有限的技术支撑与经济支持迫使村民很难在水产品质量安全追溯体系的建设中发挥作用。国联制定的标准之所以能有效推行，关键在于面向对象不是零散小户，而是拥有较大市场空间和平台优势的大型超市、连锁超市以及自购商超。因此，政府可从追溯产品供应链终端的商超入手，适当提高现有水产品商场的规模，鼓励现有大型商超在国内外重要地区加快布局连锁店和专卖店，支持商超企业开通网上商场电商业务，从而提高终端销售渠道的话语权，倒逼整个产业链追溯体系的实施绩效。

9. 关注价值链中每一环节的利益

冰岛的水产企业非常注重渠道管理，关注供应链条中每个环节的利益点，冰岛推行水产品追溯体系的关键在于供应链的优化。平台的价值在于给予价值链上各个主体最大效益，实现多主体的共商共赢。同时，日本株式会社对生产供应商的技术咨询服务采取了后端收费的形式，实现了技术服务的市场价值。因此，在探讨建设产业链协同与追溯体系协同发展机制时，应重视市场思维的运用，探讨如何利用市场机制实现各个环节参与主体的利益最大化。

10. 政策保障是提高产业链上中小企业追溯体实施绩效的基础

根据当前水产品质量安全追溯体系建设中统一标准体系、追溯成本、企业实施动力以及制度建设方面的不足之处，从法规制度体系、政府影响力、激励动力以及体制国情四个方面总结建设水产品质量安全追溯体系过程中所要健全的各项保障制度。第一，健全水产品质量安全相关法律法规制度体系。水产品质量安全追溯体系的建设不仅涉及产业链的各个利益主体，同时包括了一系列从生产源端到新市场终端的标准、规则与要求，落实追溯体系的执行需要用法律法规的强制效力作保障。健全水产品质量安全相关的法律制度不仅要根据国情制定适合的制度文件，同时要明确水产品质量安全的详细标准、制度规范等，做到奖惩清晰、界限明确。第二，充分发挥政府在体系构建、协同监管中的主导作用。政府在欧美日等国的水产品质量安全可追溯体系的建立过程中均发挥了重要的主导作用。水产品质量安全可追溯体系的建立需要满足覆盖范围的广泛性、标准的统一性、执行的有效性，甚至需要强制执行以保证有效性，这些都需要政府进行指导和推动。由于政府的权威身份以及拥有强制效力，制度体系的执行要接纳政府统一的监督管理，承担针对质量安全追溯体系建设的监控和管理职责，并且政府的号召力影响广泛，在落实制度建设与执行过程中，往往需要发挥政府的号召力，鼓励产业链上下游各个利益主体积极参与到水产品质量安全追溯体系的建设中。第三，调动并鼓励企业积极参与到水产品质量安全追溯体系的建设中来。企业作为建设产业链追溯体系的主体发挥着重要的作用，在有切实收益保障的情况下，企业可以积极发挥自主性和主体作用，推动水产品追溯体系建设，而这需要企业能够发挥主观能动性积极投身到追溯体系的建设中来，这个过程中还需要政府的积极鼓励政策与引导政策，可以通过针对企业的优惠或支持政策调动企业参与的积极性。第四，精确定位寻找适合本国国情追溯体系制度建设。基于技术储备、发展现状、战略定位等方面的客观差异，不同国家往往采用差别化的方式推进水产品质量安全可追溯体系的建设，根据执行的强度可以归纳为强制性、自愿性、部分强制性三种形式。不论是通过强制的统一监督管理还是自由建设管理，各国采取方式的多样性与各国国情的差异性紧密相关，若只是对别国的方式进行简单照搬而未进行本土化处理，当产品质量安全追溯体系进行推广实施时将会出现“水土不服”的治理乱象，反而为政府监管、市场运行以及产业链上的各个主体的业务活动带来弊端。我国水产品质量安全涉及多个部门，这就意味着在建设水产品产业链追溯制度时要综合考虑相关部门的职责与管理目标，从而因制施策以建设适合本国国情的水产品质量安全追溯体系。

第六章

产业链协同的水产品追溯体系运行机制构建：争论与重构

上文通过案例分析和模型构建，分别从理论和实践两个方面对构建水产品追溯体系与产业链协同机制的必要性和紧迫性做了详细论述。基于此，下文将在现有研究内容的基础上，探讨如何构建水产品追溯体系与产业链协同机制。构建追溯体系与产业链协同机制必须首先明确追溯的具体内容。下文所讲的追溯包括内部追踪性与外部追踪性。前者指的是单一水产企业的内部作业，包括原料获取、产品加工、处理等，这些内部资料一般都有，但可能未进行有效整合。后者需要明确产品的来源、去处，以及仓储时间、运输距离、保存温度等。其中，由于缺少明确的标准对资料的维护运输等进行规范，导致水产品追溯资料的严谨性和完整性明显不足，相较于内部追踪性，外部追踪性的问题更大。

第一节　协同机制构建的制约因素

水产品追溯体系与产业链协同机制的构建需要以水产行业内产业链结构、产业链关系和产业链治理三方面为基础和支撑，因此，在进行机制构建之前，必须针对上述三方面存在的问题，对制约产业链协同和追溯体系建设的因素进行系统梳理。

一、产业链协同的制约因素

产业链中的“产业”是指生产或者提供同种或同类产品的企业集合。产业链结构指的是同一产业内企业的集中或者分散程度，以及不同规模企业之间的分工协作关系。当前水产行业产业链结构不合理的问题不但反映在行业整体层面，而且行业内部三次产业自身也存在一系列问题。

（一）产业结构不完善

1. 产业结构层次较低

在发展早期，我国渔业以粗放型经营经济方式为主，通过对自然资源不加节制的攫取推动产业规模的扩张，科技水平相对较低的水产养殖业和捕捞业创造了渔业的大部分经济产值；水产加工业发展水平较低，缺少高附加值产品，往往局限于冷冻、冰鲜等初加工；第三产业发展滞后，休闲渔业等高水平服务业的潜力仍有待进一步挖掘。2019 年，全国渔业经济总产值中渔业 129.34 百亿元、渔业工业和建筑业 58.99 百亿元、渔业流通和服务业产值 75.73 百亿元，分别占比 49.0%、22.3%、28.7%。① 一产的渔业产值比重远远超过二产和三产，反映出中国渔业经济仍以第一产业为主，第二、三产业的发展滞后。

2. 支撑服务体系不健全

相较于大宗养殖品种，特色品种的种类众多，且各具特点，对养殖技术的要求相对较高，所需的养殖成本也明显高于大宗养殖，考虑到成本和收益，各地对特色品种养殖的重视程度明显低于大宗品种，在政策扶持、资金补助等方面的力度明显欠缺。当前特色水产养殖的产业化水平较低，没有龙头企业引领产业发展，尚未形成完备的特色养殖产业链。此外，各地尚未建立特色水产养殖业的产学研融合创新机制，质量安全、保鲜利用、精深加工等关键技术研发明显落后。

3. 产业链化程度较低

中国渔业生产中零星作业、分散经营的情况较为普遍，在淡水养殖方面尤为突出，分散作业、缺乏组织化的问题已逐渐暴露，如小养殖户缺乏市场意识和安全意识，对应用新品种、新技术的积极性不足，难以准确应对消费者的需求变化，进而导致水产品的品种单调、结构趋同，水产品面临严峻的质量安全问题。并且分散经营制约了经济共同体形成，抑制了产业的优化升级，不仅遏制了各经济主体的市场竞争力，还阻碍了渔业产业化的推进。此外，水产品进出口未有效实现组织化，相关企业出口水产品的附加值和科技含量较低，品牌附加价值不高，在国际市场的竞争力不足。

---

① 据农业农村部渔业渔政管理局、全国水产技术推广总站、中国水产学会编制的《中国渔业统计年鉴 2020》。

4. 行业科研创新投入力度不强

由于体制障碍、多头管理等因素，政府对渔业发展的重视程度较为欠缺，对渔业经济的投入明显不足，扶持力度相对薄弱。由于缺乏稳定的长期研发投入，相关科学技术的发展较为滞后，致使渔业生态资源无法有效开发利用，难以推动可持续发展。同时，基础设施、人员培训、信息化等方面资金投入不足，渔业设备老旧落后，从业人员缺乏专业素养，渔业信息化建设滞后等问题较为突出，渔业经济的稳定发展受到严重制约。

（二）行业内三次产业结构不合理

1. 第一产业

水产业结构不合理问题较为突出，尤其表现在三个方面：一是产品结构不合理。在生产结构方面，海水养殖以贝藻类为主，鱼类和虾蟹类的产量较低；淡水养殖则以鱼类为主，虾蟹等优质品种的产量明显不足。在供给结构方面，品种多样化程度差，优质产品较少。虽然水产品产量在稳步增长，但由于环境质量恶化、环境污染加剧，产量波动明显，消费者对鱼类和虾蟹类的需求难以得到满足。二是水产品质量较低。随着可支配收入的增加，消费者对渔业产品的需求层次不断提升，对水产品质量安全的重视程度明显增强。以无公害、无污染、安全、优质标准组织渔业产品的生产和贸易，已经成为一种世界趋势和国际性的强制性行为规范。三是生产组织化程度较低。小规模养殖户是中国渔业经济的发展主体，分散经营是主要的生产组织方式，零星作业、分散管理的现象较为普遍，水产企业数量呈下降趋势，企业经济效益明显不足。

2. 第二产业

水产行业的第二产业主要指水产品加工行业。水产品加工行业作为渔业经济发展的支柱和连接渔业第一产业和第三产业的桥梁纽带，在渔业经济中扮演着重要的角色，然而当前水产加工行业所存在的一些问题却也严重制约整个行业的健康发展。一是水产品深加工不足。当前中国水产品总产量始终居于世界前列，但总的加工比例却不足总产量的1/3，严重落后于世界上其他渔业大国。其重要原因在于加工技术的落后和加工设备的老化。二是行业组织化程度偏低。虽然中国水产加工企业数量众多，但当前的生产仍然保留着“小农经济”时代的“家庭作坊式”经营模式，难以适应当前产业化发展的趋势。三是行业缺乏完善的准入机制。国外主要水产品市场都形成了较为完善的市场准入机制和淘汰机制，但国内水产品市场仍处于起步阶段。缺少详细的政策文件对水产品企业的规模、技术水平和从业人员资质等进行统一的规定，这导致行业内良莠不齐的问题较为突出。

3. 第三产业

水产行业的第三产业主要指休闲渔业。休闲渔业是随着当前消费者生活品质的提升而逐渐兴起的，符合中国可持续发展和供给侧结构性改革的政策号召，成为当前引领渔业经济发展的新风尚。然而，当前也存在一些突出的问题亟待解决。一是产业未合理规划。受各地区资源禀赋的影响，不同地区在渔业经济发展中具有差异化的比较优势。虽然很多地区已经出台了休闲渔业发展规划，但由于未结合当地实际特点，导致项目同质化等问题较为突出。二是娱乐项目较为单一。休闲渔业的基础设施建设需要大量资金投入，企业为规避经营风险，往往缺乏投入的积极性，这就导致多地区未夯实发展休闲渔业的基础，大规模渔业休闲场所的数目及从业人员相对较少，休闲娱乐项目单一，难以挖掘消费者的潜在需求。三是从业人员素质不高。劳动者素质对休闲渔业的可持续发展影响深远。当前休闲渔业的从业者多是从传统渔业转行的渔民，在专业知识和技能方面亟待提高。

（三）产业链协同效应不强

国内水产企业对产业链建设和组织化发展的重要性已形成较为清晰的认识，部分龙头企业开始推动全产业链发展模式的建设，但在取得一定绩效的同时也应该注意到还存在许多亟待解决的问题。

1. 对产业链下游市场资源的掌控力不足

根据波特的产业链理论可知，企业实施产业链战略应具备以下条件：一是已构建核心业务能力，在产业链的部分环节进行深耕，具备一定的市场地位；二是企业的核心业务具备较强的辐射能力，可以在价值链环节间进行传递；三是产业政策、产业环境、产业竞争、行业特征等特定的环境条件；四是在产业链薄弱环节有充足的技术、人才与资本投入。但在当下，中国水产企业难以有效调动产业链下游市场资源，品牌和营销策略的市场竞争力较为欠缺，并且对技术、人员、设备等的投入不足，无法畅通产品的终端营销环节，产业链战略难以有效落实。

2. 未能实质性发挥产业链的协同效应

目前，随着产业化与工业化的推进，水产养殖和捕捞企业的经营和运营能力迅速提升，相关业务亟待向冷藏、流通和营销等拓展。此外，水产品的国内消费量逐年增强，对外出口量逐步减少，推动上游企业以全产业链的发展方式对产品质量实施全程控制，加快下游加工流通领域龙头企业的出现。国内部分水产龙头企业开始实施全产业链模式，但一些企业并未采取实际举措，仅以“全产业链”为噱头，将其视为打造企业形象和产品品牌的口号标语；而另一些企业虽然采取措施推进全产业链的构建，但由于未能统筹兼顾产业链的各个环节，在短期内，企业优势业务可能有所增强，但从长期来看，企业的资源获取能力、资源整合能力、盈利能力、抗风险能力等都会受到负面制约。

（四）产业链治理模式单一

水产品追溯体系实施往往涉及多个利益主体，包括政府、水产品生产经营者和消费者等。在水产品追溯体系实施中，各个利益主体的动机存在较大差异，政府以实现社会福利最大化为目标，致力于保障整个社会的水产品质量安全，水产品生产经营者聚焦利润的最大化，而消费者则以自身福利最大化为目标，利益主体的不同目标和行为将影响到水产品追溯体系的实施。但当前水产品追溯体系建设的高成本和监管的高难度导致在追溯体系实施过程中只有单一的政府外部治理，难以真正实现水产品追溯体系的价值。另外，政府治理中也存在一系列问题，制约着多样化的产业链治理模式的形成。

一是政府多头监管问题。水产行业中多部门分段管理的质量安全监管体系的缺陷较为突出，各部门职能交叉条块分割的问题较为严重，这不仅给水产品生产销售各环节的主体造成困扰，也造成了资源的大量浪费。在多部门对同一环节进行监管时，若出现问题，各部门倾向于互相推诿责任，而不是明确自身问题采取整改措施。并且，由于各部门采取分段管理的模式，信息资源往往无法及时共享，缺乏高效沟通的情况普遍存在，致使监管部门的工作效率难以提高。

二是政府管理手段落后。目前，政府在水产品质量安全中所承担的责任以及所采取的管理手段与措施难以支撑水产品追溯体系的全面实施，尤其在水产品产地环境、水产品生产过程、水产品质量安全标准和市场准入制度等方面的管理力度较为薄弱。并且不同地区、行业的发展水平、技术积累、人才储备等存在较大差异，这导致水产品生产、加工、销售等环节的关系较为脆弱。此外，与水产品质量安全相关的法律法规相对滞后，相关的信用制度尚不健全，尤其是水产品追溯编码不统一。

二、追溯体系建设的制约因素

（一）政府配套服务不强

1. 缺乏行业标准

水产品追溯涉及种苗培育、投入品使用、生产档案记录、水产品检测、加工流通等多个环节，追溯体系的高效实施需要上述每个环节具备明确的行业标准，并严格执行。当前由于各方面的因素，水产行业内仍然缺乏统一明确的标准，究其原因，主要包括两个方面：一方面是水产行业未实现规模化和集约化生产，水产企业和专业合作组织运作管理缺乏有效规划，与养殖户未紧密联系，小规模分散经营是水产品的主要生产方式；另一方面是劳动力结构失衡，缺少青壮年劳动力。当前水产行业中的劳动力以中老年人为主，他们在产品生产和加工过程中缺乏产前、产中和产后的系统培训，缺乏对追溯标准重要性的认识和实施能力。

2. 法律制度不完善

中国尚未出台专门的水产品质量安全可追溯体系法律法规，目前对水产品追溯体系的相关规定来自不同的法律法规，并且部分规范或标准与实际脱节，难以满足中国水产品当前的发展需要，政府监管部门对水产品质量安全的监察管理还存在法律空白、漏洞；水产品由渔业、卫生、食品药品监管等多部门进行分管，各部门在实际工作中往往缺乏沟通协调，而且工作效率、业务水平等方面存在较大差异，致使难以统筹资源、凝聚力量以有效保障水产品质量安全；同时，各级政府的执法力量存在较大差距，尤其是基层政府的执法力量明显不足，致使执法效率较低，难以有效保障水产品质量安全。

（二）系统平台建设不够完善

系统平台建设是实施水产品追溯体系的技术硬支撑，是保障水产品质量安全的手段和途径。然而，当前的水产品追溯平台的建设仍有很多亟待改善的地方。

1. 各个系统的兼容性较差，难以实现全程追溯

当前的水产品可追溯体系建立在不同的平台上，体系之间的标准尚未统一，可追溯信息的规范性不足，信息资源的交流与共享难以实现。这主要是因为各系统分别由不同的部门负责开发，而要实现水产品信息的有效传递，需要体系中所有信息在格式、表达和内容上形成统一标准。倘若水产品质量安全追溯系统由单个部门负责研发，信息传递不畅的问题可能并不明显，但如果由多个主体分别负责，不同类型企业的数据资源等无法交流共享，对水产品可追溯体系的拓展造成明显制约。

2. 信息真实性不高

水产品追溯体系有效运行的前提是录入完整、大量的数据，但信息整理、录入工作较为繁重，不是某个企业可以独立完成的，必须由政府部门介入进行统筹规划，如果在监管方面存在漏洞，将会出现信息失真等问题，阻碍信息的披露或责任的认定。实施水产品信息追溯的基础是产品生产记录，根据《中华人民共和国农产品质量安全法》规定，水产品生产企业和渔业专业合作经济组织应建立生产记录。但中国初级水产品以小规模个体经营户为主要生产者，技术基础薄弱，素质良莠不齐，因此国家无法调配执法力量强制要求建立生产记录，只能通过鼓励形式来引导小规模生产者，这对企业建设水产品质量安全可追溯体系的积极性造成一定的限制。

第二节　协同机制构建

一、协同机制的总体框架

（一）总体思想

以习近平新时代中国特色社会主义思想为指导，按照国务院自党的十八大以来的决策部署，坚持以落实企业追溯管理责任为基础，以推进信息化追溯为方向，加强统筹规划，健全标准规范，强化互联互通共享，加快建设覆盖面广、先进适用的重要产品追溯体系，提升产品质量安全与公共安全水平，

满足人民群众在经济、社会、生态等方面日益增长的需要。①

（二）基本原则

坚持政府引导与市场化运作相结合，充分发挥企业作用，调动各方面积极性；坚持统筹规划与属地管理相结合，加强指导协调，落实具体工作；坚持形式多样与互联互通相结合，促进开放共享，提高运行效率；坚持政府监管与社会共治相结合，创新治理模式，保障消费安全和公共安全。

1. 市场引导

尊重产业发展的内在规律，发挥市场在"产业链协同与追溯体系"协同建设中的决定性作用。一方面，在保障国家水产品安全的前提下，采用物联网等信息技术，建立以市场需求为引导的水产品追溯体系。另一方面，遵循市场选择和市场竞争规律，培植发展水产品追溯重点实施产业，调整和优化行业布局，通过兼并重组涉渔企业，培育壮大龙头企业，促进追溯产业链的形成和完善。

2. 联动发展

协调各部门和各级别的关系，构建联动高效的合作办公模式。明确市场经济条件下的政府职能定位、政府与市场的边界以及各级政府之间的事权财权，对各级政府的行为进行有效规范。加快政府职能转变，切实改变管理经济和社会事务的方式，深化行政体制改革，加快行政审批制度改革，提高行政效率。

3. 产业转型

有效整合水产资源，优化产业结构。发展高效、品牌、优质水产品，实现由粗放型发展模式向集约型模式转变。推进渔业产业链与价值链的延伸与提升，大力发展水产品精深加工、流通与贸易，以及渔业信息、金融、文化等服务业，加快种苗培育、水产养殖捕捞、流通贸易、信息金融服务等关联产业的融合与协调发展，培育产业链协同与追溯体系相互促进发展的新模式、新业态。

（三）主要目标

通过构建产业链协同与追溯体系互相促进的发展模式，从产业链视角，通过产业链结构、组织方式以及组织治理三个维度形成一定的制度契约来约束和激励成员行为，使之形成长期稳定的合作和协同关系，确保产业链整体

① 《国务院办公厅关于加快推进重要产品追溯体系建设的意见》（国办发〔2015〕95号）。

效率以实现帕累托最优，进而实现国家保障国民产品质量安全的战略目标。

二、协同机制的设计

在借鉴国内外知名水产企业经营案例的基础上，进一步结合当前水产行业的特殊情况，可以发现，中国水产行业在追溯体系实施过程中存在上述诸多制约因素。当前，只有解决产业结构不合理、产业链间协同效应不强和产业链治理模式单一等现实问题，才能在水产行业建立起长期有效的可追溯机制，提高中国水产品的质量安全水平。

水产品追溯体系与产业链的协同发展不是一蹴而就的，而是产业链内部上下游企业在内外部压力的驱使下，经过较长时间的相互适应、相互配合与调整，通过博弈与演进做出理性选择，采取正确的经营策略，进而实现追溯体系与产业链协同发展的状态。在前述理论、实证和案例分析的基础上，本书总结提炼出水产行业追溯体系与产业链协同机制模型，见图 6-1。

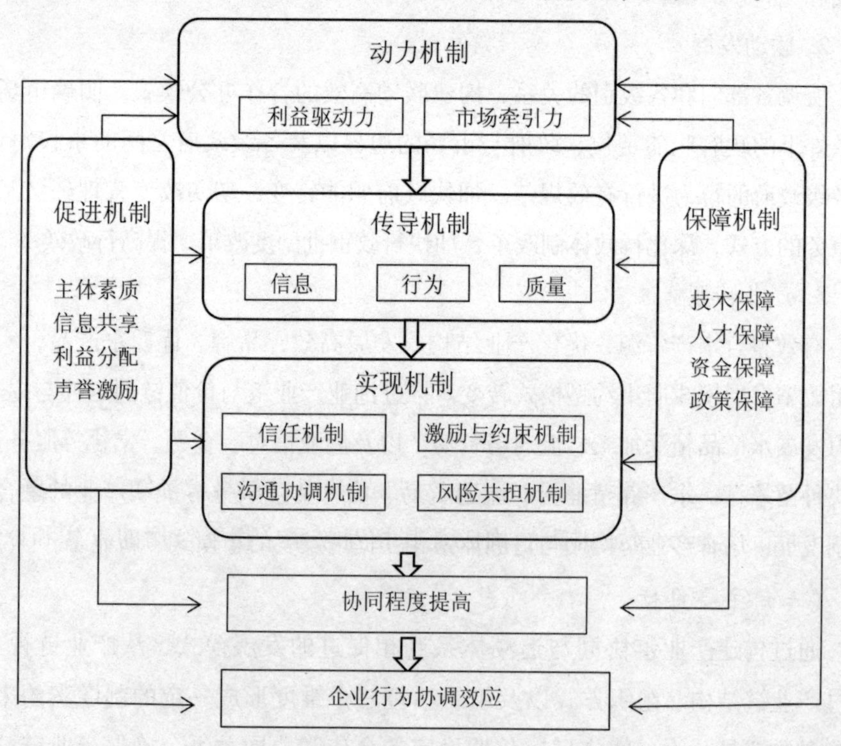

图 6-1　追溯体系与产业链协同的形成机制

水产行业追溯体系与产业链协同这一过程可细分为企业间互相博弈与演进形成的动力机制、传导机制、促进机制、保障机制和实现机制。五个机制形成一条主线和两条辅线，对应着一个内循环和两个外循环。其中，主线“动力机制→传导机制→实现机制→协同程度提高→企业行为协调效应→动力机制”构成内循环；附线“促进机制→协同程度提高→企业行为协调效应→促进机制”构成左循环，附线“保障机制→协同程度提高→企业行为协调效应→保障机制”构成右循环。本研究将内循环中的动力、传导和实现机制称为主导机制，将左、右循环的促进和保障机制称为辅助机制。

内循环的作用是在不断改善追溯体系的实施绩效、优化产业链关系的同时，通过提高产业链上企业的市场竞争力和经营效益，成为追溯体系与产业链协同的原动力，这一主线支配着追溯体系与产业链协同的全过程。促进机制和保障机制这两大辅助机制，对追溯体系与产业链的协同形成了促进力和保障力，渗透于主导机制的各个作用环节。左循环的作用是找出产业链内部推动企业实施追溯体系的因素及其作用关系，进一步促进追溯体系与产业链协同共同发展；右循环的作用是确保企业行为沿正确方向演进并逐步达到追溯体系与产业链协同的状态目标与结果。

（一）动力机制

动力机制是指一个社会、区域或行业以发展、变化或运动的不同层级关系与其产生的推动力量，以及这些关系或推动力量产生、传导并发生作用的机理、过程与方式，本质是描述事物运动与发展以及动力的基本内在联系。无论是有意识还是无意识，无论是发现或是没发现，社会中一切政策、体制、制度的背后，均存在着动力机制的作用。

水产行业追溯体系与产业链协同发展的动力机制是指推动追溯体系与产业链协同的各种力量或因素的构成及其相互联系、相互作用的方式和原理。追溯体系与产业链协同机制的形成动力来来企业自身的趋利性和市场竞争中的驱动力两方面。内部要素是指水产行业中的每个企业作为一个经济体，拥有获取超额收益、规避潜在风险的共同利益追求，市场驱动要素是指来自产业链内企业间的相互竞争，即产业链中每个企业要实现持续经营，必须在市场竞争中通过改善产品质量来提升自身的竞争优势。

企业趋利性和风险规避性对协同机制形成的驱动作用表现为，水产行业产业链上的企业均是符合经济人假设的行为主体，其最终目标是自身利益最大化，根据前述分析可知，产业链内各个企业只有相互协作，并且通过实施追溯体系提高产品质量和获得市场认可，才能实现共同利益的最大化。一方面，企业趋利性对协同机制建设的作用表现在：产业链上各环节企业借助产业化经营和产业链内部的协作，使追溯体系能够在行业内高效运行，在实现水产品质量安全有效保障的同时，进一步增强企业实施追溯体系的意识和能力。最终使各个企业获得相较于独立行动更多的收益，超额收入的增加将进一步推动企业理性行为的选择，促使合作伙伴关系的加深和双方行为协调的形成与演进。另一方面，企业风险规避性对协同机制构建的驱动作用表现在：企业作为市场活动的主体，必定面临一系列潜在的风险，如质量安全得不到保障、价格波动、市场迅速变化等风险，这些风险将给企业造成巨大损失，甚至让企业面临被淘汰的风险。企业通过追溯体系将自身与上下游其他企业连接起来，形成相互促进的经营主体，不但可以提高彼此的技术水平，规避产品质量方面可能存在的风险，而且也可以实现信息共享和联动，从而有效地规避价格波动和市场需求变动的不确定性等其他潜在风险，使得企业间合作形成一个良性循环。

市场牵引力对协同机制形成的驱动作用表现为当水产品不能满足市场需求，或不能顺应市场环境发展趋势，就没有了生存的空间。实施水产品追溯体系，保障水产品质量安全的最终目的是满足消费者日益提高的消费需求，使企业获得比较优势，在激烈的同质化竞争中脱颖而出。因此，市场牵引力对协同机制构建的驱动作用表现在：一方面，实施水产品追溯体系有助于企业实现产品差异化经营，提高品牌的知名度，提升产品质量和消费者购买力，从而帮助企业实现追溯体系不断完善和经营绩效不断提升的良性循环；另一方面，企业通过各种契约形式与上下游不同企业间形成横向联合、纵向联合或者混合联合的产业化组织模式，有助于企业借助市场上其他企业的力量提高市场占有率，获得竞争优势，进而实现规模经济。

总之，企业的趋利性、风险规避性和市场的牵引力是追溯体系与产业链协同发展的源动力。追溯体系的实施行为是一个理性演进的可持续过程，产业链上各个企业通过相互合作，推进追溯体系的实施，在提高整个行业的竞争优势和整体收益的同时，实现自身利益的增加，形成良性循环，进一步提高企业实施追溯体系的积极性。

（二）传导机制

追溯体系与产业链协同中的传导机制研究聚焦于对协同机制形成起作用的因素及其关系。在水产品产业链中，上下游企业间充分、准确、及时的行为信息流和质量信息流是实现企业自主实施追溯体系的关键因素。

行为信息流对水产品追溯体系与产业链协同机制形成的传导作用在于水产品产业链上各企业间的行为信息流，即企业在养殖、加工、销售等过程中质量活动状态的定向流动和有序传递，有助于增强各主体间活动的一致性和有序性。水产品追溯体系的实施将加强水产企业间行为信息流的高效传递，促进企业间形成相互协作的组织模式，加强追溯体系与产业链协同发展的良性循环。企业实施追溯体系后形成的行为信息流既包含了企业内部各节点层面的行为信息，也包括产业链层面上的行为信息，前者指的是企业在水产养殖、加工、运输和销售过程中的行为状态信息，后者是指上下游或者同一环节内企业合作、竞争等方面的行为信息。

质量信息流对水产品追溯体系与产业链协同机制形成的传导作用在于质量信息流强调水产养殖和加工品的质量特性在产业链各环节的有序传递，推动产业链各环节产品质量特性的有机衔接和不断改善，提高了各环节产品质量的匹配程度。追溯体系可以真实及时地将各个企业的产品质量安全信息进行记载，并随着产品流向其他环节，质量信息的公开透明公布有助于规避企业在生产中由于信息不对称带来的“道德风险”问题，从而有助于维持和巩固企业间的合作关系。

（三）促进机制

追溯体系与产业链协同的促进机制是指推动水产企业加快实施追溯体系，加入产业化运营的因素及其作用关系。在追溯体系与产业链协同过程中，发挥促进作用的因素可分为企业内外部两方面，企业内部因素包括企业经营者自身素质、成本和收益预期等；外部因素包括供应链经营理念、信息分享渠道、合作伙伴、利益分配制度等。

内部因素的促进作用表现在以下几个方面。影响水产企业参与可追溯体系意愿的内在因素主要是企业实现利益最大化的驱动，即企业是否会参与可追溯体系建设主要基于成本和收益的考虑。一是成本，企业生产可追溯水产品需要收集、记录和标识信息，建立数据库，引进相应的软硬件设备等，生产成本将明显提高，若可追溯产品销售获得的超额利润相对可观，足以弥补企业的成本并使其获利，则企业有较强的实施产品可追溯体系的积极性；二是收益，企业作为理性经纪人，在生产经营中将以收益为第一要素，参与主体在过程中承担的风险是影响收益分配的重要因素，企业的收益分配应和所承担的风险成正比。因此，要激发企业内部收益对追溯体系的影响必须构建完善的产业链关系。

外部因素的促进作用表现在以下几个方面：一是供应链经营理念，在企业就“共享利益，共担风险”达成一致时，合作的基础才能夯实，进而实现互利共赢；二是信息共享渠道，在企业间建立畅通的信息共享渠道，行为和质量信息在传递过程中的失真、扭曲、耗损等问题将有效减少，使企业能准确及时地了解彼此的行为，冲破内部障碍，进而促进双方行为协调一致；三是合作伙伴，具有共同发展意愿、会主动提高协调配合能力的优秀合作伙伴，是推动水产品追溯体系与产业链协同行为协调有序的重要力量；四是利益分配机制，合理的利益分配机制将满足企业间进行合作经营的参与约束和激励相容约束，从而增强和进一步促进相互间良性循环不断发展的源动力。

（四）实现机制

水产品追溯体系与产业链协同的实现机制，可以在内外部力量的共同驱动下，依靠行为信息流和质量信息流的畅通、稳定和有序传递的传导作用，在促进力和保障力这两股力量的辅助下，通过产业链上企业之间的信任机制、激励与约束机制、沟通协调机制、制裁惩罚机制和风险共担机制，最终实现水产品追溯体系与产业链协同状态目标和协同结果目标，最终达到提高水产品质量和提高产业链竞争优势的目的。

1. 信任机制

水产品追溯体系有效运行的基础是建立各个水产品产业链成员企业之间的信任机制。信任机制的建立将加强产业链上各个成员企业之间的合作关系，在提高核心竞争力的同时降低交易成本，实现各水产企业之间的优势互补，降低或避免成员企业之间的潜在冲突。信任水平与非正式契约的接受程度成正比，信任机制建立在完善公平的分配机制、公正合理的程序原则、相互信任的组织成员等基础之上，其中分配机制涉及水产品产业链利益补偿机制、利润分配机制、成本与风险的共担机制等。因此，可以通过建立合理完善的分配机制，保障信任机制在产业链上的实现。

2. 激励与约束机制

产业链中的各水产成员企业以实现利益的最大化为最终目标，彼此之间相互独立。基于共同利益，水产成员企业之间相互交流沟通并达成合作意愿，通过正式和非正式的契约相互约束，分享共同收益。水产品追溯体系中产业链上的各成员企业放弃机会主义进行有效合作的基础是可预见的长期收益。但仅有激励机制尚不足以支撑产业链协同的有效运行，还需要约束机制进行配合，使得各个水产成员企业约束生产经营行为，不愿意违背已达成的契约，以自身信誉为代价去获取短期利益。

3. 沟通协调机制

产业链中各节点的水产企业是独立的经济实体，当这些企业基于自身利益最大化的原则进行经营活动时，在利益方面的矛盾较为尖锐，阻碍水产品追溯体系的落实。因此，为确保产业链的有效运行，实现水产品追溯体系效益的最大化，亟待建立完善的产业链协调机制。产业链内水产企业相互信任、目标一致以及有效沟通是协调机制建立的基础。首先是相互信任。相互信任是指产业链各水产企业之间彼此信任，重视合作，协同完成产业链的整体目标。其次是目标一致。产业链中的各个水产企业既有自身特定目标，也有保障产业链的总体效益的统一目标，两者不一致时容易产生矛盾，需要采取措施进行统筹管理。最后是沟通协商。指通过一个各方相互“妥协”的方案来解决各方矛盾，对目标进行动态优化。

4. 制裁惩罚机制

制裁惩罚机制以违规后果为依据，对违反产业链协同中共同规则的水产企业进行制裁惩罚。考虑到执行成本和经营收益，成员企业可能不履行行为规范，致使整个产业链的运行出现波动，相较于激励约束、沟通协调等其他机制，制裁惩罚机制对水产企业的约束效力更强，能发挥较为有效的作用来抑制产业链上水产企业的机会主义行为。

5. 风险共担机制

在水产品产业链协同过程中，既有处于关键位置的核心水产企业，又有大量的节点和附庸辅助的水产企业，不同企业由于竞争地位的差异，其获得的利益回报存在较大差距。核心水产企业基于契约要求，通过调整自身行为来实现利益最大化，节点和附属辅助企业根据契约的利益最大化来决定自身的行为，核心企业与节点、附属辅助企业是领导者与跟随者的关系。当企业进行合作时，核心企业往往将部分风险转移给节点和附属辅助企业，后者虽然承担了相当程度的风险，但也获得了较大的收益。在产业链协同中，企业承担的风险与实际获利紧密相关，承担的风险越大，获取的利益也越大；承担的风险越小，其得到的利益也越小，风险和收益是成正比的。

（五）要素保障机制

党的十九大报告强调人民健康是民族昌盛和国家富强的重要标志，“大健康”理念将从理论付诸实践，水产品安全防线将实现全面构建。农业部农产品质量安全中心召开2017年第四季度理论中心组学习会，认真学习十九大精神和习近平新时代中国特色社会主义思想，全面理解乡村振兴战略对农产品质量安全工作的重要指导意义，切实增强做好“三农”工作特别是农产品质量安全工作重要性和紧迫性的认识。2018年3月李克强总理在两会报告中指出，要充分利用互联网、大数据等新兴技术，创新水产品药品监管方式，实现水产品质量安全可追溯，切实保障消费者的权益。未来较长时间，水产品安全保障、追溯体系建立将成为政府各部门工作的核心，也是当前消费者的迫切需要。因此，为加快水产品追溯体系与产业链的协同机制建设，政府应从技术、人才、资金等多方面给予保障，积极构建要素保障机制。

1. 技术保障

随着信息技术的蓬勃发展，电子政务已成为政府部门提升公共服务治理水平的重要抓手，社会公众主要利用网络渠道获取各类政务信息，但是监管水产品质量安全的各职能部门网站对相关信息的发布明显迟滞。水产品质量安全可追溯系统之所以能及时准确地发现问题、采取措施，有赖于全部过程的自动化和国内外系统的兼容。完备的水产品质量安全可追溯系统建立的前提是对数据进行整合，构建各行为主体的信息共享机制和水产品质量安全信息数据库，实现从原料到最终产品的追踪及其逆向追溯和参与主体之间的信息共享。因此，坚实的技术支撑是水产行业追溯体系有效实施的基础。对此，政府相关部门应该在以下几个方面着手，加强对追溯体系建设的技术保障。

一是加快区块链技术与追溯体系的融合。区块链作为不可篡改的分布式数据库，针对缺失中心化机构情况下的信任问题。区块链中的区块按时间先后顺序记录了所有发生的价值交换活动。不可篡改上传数据是区块链最突出的特性，消费者可以通过厂商、海关等上传的物流数据，交叉认证所购买商品的各项信息，在区块链上进行数据造假基本无法实现。因此，在物联网高速发展的背景下，水产行业也应该顺势而为，加快区块链与物联网的融合，打造去中心化的水产品全球供应链追溯体系。

二是提高设施装备。现在的水产业以海洋渔业为主，海水养殖是其中的主要内容，要对家庭作坊式养殖户生产的水产品进行质量安全追溯，需要抓大放小、以大带小的模式，尤其是加快渔港建设及配套设施改造，建设渔港经济区。并且需要推进抗风浪深水养殖网箱、渔业安全生产、质量安全监管、执法监控和取证等设施装备建设。此外，应充分发挥互联网的优势，构建渔业信息数据平台，推广渔业物联网、病害远程诊断和资源养护体系，通过设施设备的现代化来保障水产品质量安全追溯体系的有效实施。

三是提高科技引领支撑能力。开展资源保护与环境修复、绿色养殖、节能减排、渔业信息化等共性与关键技术研究。推进重大渔业科学工程、重点学科实验室等的建设，加快一流渔业科研院所的建设。强化渔业技术推广体系，优化创新引导机制，加快先进技术的实际运用。培育渔业科研人才以及高素质专业渔民、产业发展带头人，提高对水产品质量安全重要性以及水产品追溯体系实施必要性的认识，从而从人力上保障水产品追溯体系的实施。

四是提高信息化水平。在互联网技术风靡的当下，水产行业也应该顺势而为，重视新兴技术在实际业务中的运用，加速信息化建设。一要加快养殖、加工的质量安全和流通管理系统的研究开发。二要利用数字加密及条码技术综合收集全流程信息、建立监管数据库。三要运用信息化技术建立水产供应链各环节内部之间信息流转以及货物单元的编码规则，实现水产品产业链信息的有效衔接，并重视防伪工艺，阻止假冒伪劣产品在市场的流通。通过水产行业的全面信息化来保障水产品追溯体系的顺利实施。

五是完善供应链管理技术。传统的水产品供应链管理模式，供应链上各企业首先基于集成化供应链视角，改造、整合其工作流程，实现水产品数据信息的电子化，并构建配套的信息系统，夯实信息共享的基础。但供应链上各企业建立的信息系统往往是孤立的，形成了一个个的追溯信息“孤岛”，企业间并未建立紧密的联系。因此水产品供应链管理亟待完善和优化，将企业内部和企业之间的各项业务视为一个整体，推动企业内外部供应链形成一体化的管理体系，进而实现供应链上企业的信息共享，为追溯体系所要求的追溯信息一体化流动提供支撑。

六是完善追溯关键指标筛选技术。筛选出一套兼具科学性和适用性的标准化指标体系是确保水产品信息成果追溯的关键。考虑到水产品追溯体系各建设主体的需要，指标筛选不仅要实现追溯系统自身要求，还要满足水产企业、政府监管以及消费者需求。因此，水产品追溯的关键指标筛选应秉持以下原则：一是准确性。追溯指标需要反映水产品的来源、加工流程和应用情况。二是适用性。追溯指标应具有较强的适用性，简单可行易操作是指标采集工作的要求。三是符合性。追溯指标需要符合水产品安全相关的法规、标准和规范的要求。四是精确性。追溯指标应真实有效，避免数据造假。五是经济性。应充分考虑企业的收益与成本问题，根据客观情况确定水产品追溯宽度。六是导向性。以追溯效果为导向，适时调整水产品关键追溯指标体系。

七是完善供应链各环节信息衔接技术。追溯信息衔接不畅不利于水产品追溯体系的有效实施。为有效发挥水产品追溯体系的作用，应充分利用信息技术实现水产品供应链中各环节信息的传递共享，对不同的水产品实行代码化管理是实现信息衔接的重要前提，追溯信息衔接的实质就是通过编码的关联管理来实现。

八是完善追溯体系编码技术。为实现水产品信息全流程可追溯的要求，需要积极发展水产品标志与编码技术，建立水产品标志与编码的技术体系，对同类水产品进行统一编码，从而弥补由于追溯编码体系不规范造成的信息难以交流共享的缺陷。统一的编码系统是开展水产品安全追溯的基础，可以参考全球统一标志系统，为生产及贸易的各个环节提供统一的产品标志信息。消费者购买的水产品都具有完整的产品证明，该证明反映产品在供应链上的流动过程，消费者可以根据产品标志信息对产业链条的各环节的水产品信息进行有效追溯。

2. 资金保障

建立健全高效的追溯体系，实现水产品追溯体系与产业链的协同发展，不仅需要技术、人才和政策的保障，同时也需要相应的设施硬件，这需要专项资金来提供支持。

一是强化金融保险支持。水产品追溯体系的建设和实施，前期需要大量的资金投入，后期能否通过价格显示机制实现优质高价，仍存在一些不确定的风险。因此，为激励水产企业实施追溯体系，需要加强产业链上以水产品的标准化和追溯体系的规范化为核心的关键环节和短板的资金扶持和金融支持，建立健全渔业全产业链的保险支持政策，开展水产品追溯体系的产业链一体化保险。

二是政府补贴合理化。在培育可追溯水产品市场的过程中，谨慎使用财政的补贴工具。政府补贴虽然有助于建设水产品可追溯体系，但过多的政府补贴可能影响水产品可追溯体系的建设进度及实施效率，试点的城市应基于政府补贴与市场份额弹性的高低，探索政府补贴的最优点。同时，政府还需要引导企业形成正确认识，不能让水产品可追溯体系流于形式，而应切实落实水产品质量安全的可追溯，以获取除市场直接收益外的间接收益，获得更广阔的市场空间。

三是政府补贴科学化。考虑到消费者对可追溯水产品额外价格的支付意愿不强，政府部门需要采取有力的支持措施推动水产品可追溯体系的建设。如通过财政补贴和技术指导降低企业的生产成本；针对企业规模大、基础设施好、容易实行水产品可追溯的企业，应采取鼓励和政策性扶持的措施；要重点帮扶中小型企业，帮助加强基础建设，完善质量体系认证，在技术、资金方面给予帮助，以提高企业的积极性，打开可追溯水产品市场，进而对水产品的生产流通进行有效监控，保障水产品质量安全。

3. 人才保障

人才队伍是保障水产品质量安全、水产行业健康发展的根本举措。人才队伍的建设围绕引进、培育和留住人才等方面进行，重视团队力量的发挥，促进水产品健康发展。

一是引进人才。水产品追溯体系的建设和实施需要谙熟水产行业并掌握一定信息技术的专业人才，因此要充分发挥高等院校、科研院所等在技术储备、信息数据和人才资源等方面的优势，积极引进高端人才，并鼓励水产行业专业人员及其检验检测机构自主研发水产品可追溯体系技术，突破追溯体系实施中的瓶颈。

二是培养人才。水产行业作为“大农业”的重要组成部分，其从业人员应具备相应的基层性和技术性，因此水产行业人才的培养需采用“校企合作、定向培养”的模式。校企合作注重在校学习与企业实践，并兼顾学校与企业资源、信息的共享。企业应与合作院校展开深入合作，如与企业共同制定顶岗实习方案，每年有计划安排一定数量的学生到企业顶岗实习，并接受毕业生就业。

三是留住人才。一是要转变观念，以人为本。水产企业要留住人才必须在企业内部营造出一种良好的人际关系和紧密融洽的群体心理气氛。二是要提高员工的物质待遇，使员工分享企业发展的成果。员工物质待遇中最重要的是提供有竞争力的薪酬，保持员工对企业的黏性。三是要改革企业人力资源管理机制。通过对企业员工的培训、考核、激励等，充分调动员工的积极性，实现人力资源的合理配置，确保企业战略目标的落实。

三、协同机制的功能

（一）功能定位

产业链协同的水产品追溯体系需要集水产品质量安全信息、渔业环境监控、水质在线监管以及水生动物病虫害远程诊疗“四位一体”功能于一体。以问题为导向，以大数据为核心，以信息化为手段，全面构建四位一体的质量控制体系，实现水产品信息数据共享、环境污染闭环、水质监管、靶向诊疗，四个环节融会贯通，形成一个有机的整体，最终实现信息共享、体内运行、闭环管理、良性循环，为保证水产品质量安全、提高渔业效益、增强消费者对优质水产品的消费信心奠定基础和提供有力保障。

①水产品质量安全信息追溯。通过微信二维码扫描，就可以显示水产品的产地和追溯的代码，捕捞日期、地址及运输物流环节都清晰明了，所有从生产源头的信息到消费的终端信息一应俱全。

②水产品养殖环境监控。基于智能传感、智能处理与智能控制等物联网技术，通过环境传感器、增氧控制器、自动投食机、电动阀门、用电安全探测器、高清网络视频摄像机等仪器对水产品养殖区域的温湿度、大气压力、光照度、风速、雨量等环境参数在线采集、预警信息发布、决策支持、远程与自动控制，及时获取环境预警信息，根据环境监测结果，实时调整控制设

备，实现水产养殖节能降耗、绿色环保、增产增收。

③水质在线监测系统。以提供具有代表性、及时性和可靠性的水产品样品信息为核心任务，以在线自动分析仪器为核心，借助现代传感技术、自动测量技术等先进技术以及相关的专用分析软件和通信网络，运用水位传感器、微滤机、投料机、水泵、电磁阀、灯光设备、UV 紫外线设备、警报器等养殖渔场设备，实现对水产品养殖水质的温度、pH 值、硫化物、水位、压力、液位、报警功能、记录测量和报警中的数据等水质取样、预处理、分析到数据处理及存贮，完成整个在线自动监测系统的连续可靠运行。

④远程诊疗。利用信息化技术手段，加深与科研院所的专家学者的联系，把无法确诊的病样信息等发送给专家，专家可以在线上对病害进行诊断，并给出具体的治疗方案，为养殖户及时应对病害问题提供技术支撑，解决基层对疑难杂症确诊率低、治疗方案不合理等问题，实现及时准确诊断、规范用药。

（二）功能特点

水产品追溯系统通过物联网、二维码、传感器等硬件设备的先进技术，将水产品育苗、繁育、加工等产业链信息数据录入、传递和汇总到水产品追溯系统平台，通过平台特定的逻辑加密算法，给每个水产品设定唯一的标识数码。并将该数码通过标识方式与水产品进行捆绑，实现标识与水产品的一一对应，成为保证水产品质量安全的身份证。

①实现水产养殖品从生产环节到销售环节的全程可信数据的追溯，提高监管力度，保障海产养殖品的质量与安全。水产品将和所有溯源产品一样，都拥有一张合格证明的二维码“身份证”。

②建立相关质量管理制度和水产品溯源体系，落实水产养殖生产和养殖用药记录制度，销售的水产品应附食用农产品合格证或产品标签。从技术和监管层面着手构建水产品质量安全追溯管理平台，确保水产品在各个环节不出问题。

③将二维码视作水产品合格证明的“身份证”，利用二维码对水产品信息进行追溯，实现育苗、养殖、加工、销售全过程数据的查询。利用溯源技术，为水产品制作追溯码，做到各个环节信息详细可查。

④以追溯二维码为载体，推动追溯管理与市场准入相衔接，在种苗、生

产、养殖、加工、流通等环节推行质量认证制度。对海产养殖产品的生产环境、生产活动实行可追溯的信息化管理。

⑤对规模化的水产品养殖场及投入品来源进行数字化监管；对水产规模养殖场进行质量安全检测；通过产品溯源功能对水产品可以进行质量安全溯源查询。通过建立水产品追溯系统进一步提升水产品的安全性和可追溯性。

⑥原料与辅料采用批次管理模式，水产品采用一物一码模式，实现水产品有效追溯。水产品溯源系统、水产品质量安全追溯系统开发技术服务，通过水产品追溯让消费者更安心。

综上，面向水产养殖集约、高产、高效、生态、安全的发展需求，集水温、水位、氨氮、pH、溶解氧、余氯、盐度、浊度等传感器功能于一体的水产品可追溯系统，可以实现全产业链作业环境的实时智能监控，有效降低企业成本，提高水产品的生产效率。

第七章

产业链协同的水产品追溯体系实施：路径与保障

上文详细阐述了产业链协同的水产品追溯体系运行机制构建的制约因素，并明确了协同机制的总体框架、设计及功能。下文将进一步探讨水产品追溯体系的实施路径，包括推进标准化工作与产业化应用、加快信息化与智能化建设、开拓新领域市场以及引导消费升级等，并基于水产品追溯体系及其产业链关系的内生逻辑，指出应发挥企业主导作用和政府保障作用，强化产业链的协调协同作用，促进水产品追溯体系建设及有效运行，最后对研究结果进行总结，展望未来的探索方向。

第一节　实施路径

一、加快实现标准化

加快“标准化”以有效发挥追溯机制作用。一是制定统一标准整合水产品全产业链，对水产品生产、加工、存储、运输和销售等各环节进行统筹管理。当下迫切需要实施国家水产品质量安全追溯管理办法，需要统一编码标识、数据采集、平台运行等追溯管理制度如关键技术标准和主体管理、索证索票、追溯赋码的建立。二是有效对管理层级进行衔接。中国水产品模式主要是实行分段管理，加之多样性管理作为补充，即渔业、质检、药监、卫生等部门多头管理，因此，需要打破部门间的壁垒，强化协同配合，进而形成一套行之有效的追溯机制。

二、积极推进产业化经营

促进养殖、捕捞、加工、物流产业相互融合、协调发展，拓展产业链、提升价值链。探索具有产区特色的水产品，强化技术底蕴和发展潜力，推动水产品品牌建设，支持相关品牌高质量发展。对于现代渔业园区应该予以重视，充分发挥主观能动性，并对相关产业集群进行引导，促进产业集群发展，一方面，重视对水产产业化龙头企业的扶持，另一方面，发展新型经营主体，如专业合作组织、家庭渔场和产业联合体等，实现多种形式利益相关机制的建立，促进以核心龙头企业为引领的产业链追溯体系的实施。

三、推进互联互通

促进水产品追溯数据交流共享机制的完善，实现水产品在产业链各环节信息的互通共享。政府相关部门应基于客观需要，对于地区追溯管理信息平台或者是水产行业的构建，需要对现有设施进行充分利用，并以实现上下游信息互通产业相连为目的，对水产行业协会、水产品生产经营企业和第三方平台在此平台的接入给予引导作用。打开统一的公共服务窗口，优化信息查询方式以满足实际需求，向社会公众提供水产品追溯信息一站式查询服务。

四、探索智能化追溯

依托微软云平台，从水产品生产上游的种苗培育、中游的养殖和捕捞以及加工、下游的流通和销售和行业标准及规范入手，探索“智能产品追溯系统”，可以向消费者展示出每个环节的详细信息，实现全过程信息透明化，同时也能让水产品生产企业以更严格的标准、更高的要求去执行质量安全的法律法规。通过安装探头和无线传输设备、传感器，记录水中的氧气含量，养殖户只需要在家对着手机就能远程控制养殖场的投料和增氧及投药喂料时可能会出现的危机预警，对于选育品种都能给出具体数据，从而实现科学养殖。同时还可以搜集国内外所有养殖的信息和数据，针对不同的水产品分别给出不同的指导意见，供养殖户参考，探索智能化可追溯。

五、发展追溯服务产业

引导社会资本进入水产品质量安全追溯体系建设，培育创新创业新领域。鼓励第三方水产品追溯平台建设，通过市场化方式吸引水产品生产经营企业加盟，构建追溯体系建设的创新孵化器。推广政府和社会资本合作模式，建立水产品追溯体系云服务平台，向中小微水产品企业提供信息追溯管理服务。鼓励科技研发、咨询监理、测试及大数据分析应用等机构的广泛参与，为水产品信息追溯体系建设及日常运维提供专业服务，形成完善的配套服务产业链。

六、提高消费升级意识

政府部门应与消费者协会等展开积极合作，通过宣传活动等方式，普及可追溯水产品的相关知识，提高消费者的信任度和支付意愿，并重视消费者收入水平的提高，进而激发其对可追溯水产品的购买意愿，抬高水产品支付的额外价格；考虑到水产品企业的生产经营成本，应对可追溯水产品包含的安全信息的具体内容进行筛选以契合水产品消费结构不断合理优化的大趋势；不仅可以逐步推广可追溯的水产品，还可以开发新兴的海产品市场，同时考虑到消费者个人口味的不统一性，从而满足不同个体的需求。要实现这些就必须建立可追溯的水产品市场体系，充分考虑消费者的异质性偏好。

第二节　保障措施

基于水产品产业链形态的松散与水产品追溯制度虚化缺陷的双重叠加的根本问题，本书一直致力于突破政府、社会等外部分析角度，尝试基于水产品追溯体系及其产业链关系的传统的内生逻辑，探索“水产品追溯体系与产业链协同机理”这一新的理论框架。虽然水产品质量安全的有效保证和追溯体系的高效实施从根本上依靠的是产业链内部企业间的相互激励和监督，但市场是一个完整的整体，政府作为市场的“守门人”和追溯体系及建设的发起者、推动者，加强对水产品追溯体系的监管是必要的，因此需要采取积极措施为水产品质量安全保驾护航。

一、发挥企业主导作用

一方面，建立水产品质量安全追溯体系，可以提高获证企业和产品市场的可靠性，对于企业加强产品质量安全管控、提高产品质量起到引导性作用，有助于改善和增加市场份额。同时在另一方面，使国家对海产品安全追溯的基本要求得到满足，并进一步打破国外基于海产品质量和安全追溯体系设置的技术贸易壁垒，最终提高企业国际竞争力。

（一）推进规模化和标准化生产

加快水产品养殖加工的规模化和标准化进程，有助于水产品追溯体系的有效实施。中国作为世界上最大的水产品生产国，时至今日仍无法摆脱家庭作坊式的生产经营方式，分散的小规模经营方式以及缺乏科技含量的低附加值产品不仅阻碍中国水产品追溯体系发挥应有的作用，也影响各相关主体参与可追溯体系建设和保障水产品质量安全的积极性与能动性，水产品规模化和标准化养殖、加工的发展力度不足是当前亟待解决的问题。因此，应该在充分考虑水产品规模化养殖、加工可能产生的环境问题前提下，尽可能地与产业链上下游环节通过多种方式实现水产品规模化、标准化生产，这也是发达国家水产品追溯体系建设的经验。

（二）促进价值链与产业链协调发展

聚焦价值链与产业链的拓展，推动价值链和产业链协同发展。一是对于水产现代冷链物流体系的建立予以重视，发挥主观能动性，推动全冷链物流体系在水产品行业的实现，在降低运输损耗的同时，提升水产品质量安全。二是加强研究水产加工品，统筹发展初级加工、精深加工和综合利用加工。三是对于水产品的流通路径进行广泛开拓，构建网络交易平台，将优质海产品推广到千家万户。四是对产业化经营积极推进，推动主导企业和新型经营主体之间建立利益相关机制，且这种机制是具有多种形式的，做大产业链、完善价值链。五是积极规划休闲渔业，苏浙沪等沿海发达地区可以结合海洋牧场、人工鱼礁建设，率先发展修业渔业，着力推动主题酒店、海钓体验、观光旅游的发展，对于一些产业的兴起起到带动作用，如水族器材、钓具、玻璃钢船等。

（三）鼓励加强水产加工与销售环节利益主体间的纵向协作

政府应加强水产品加工与销售环节各利益主体的纵向协作，建立健全不同销售环节溯源管理的制度体系。作为联通水产品养殖和销售的桥梁，水产品加工企业是水产品可追溯体系有效运行的关键，而加工企业建设可追溯体系的积极性又与产业链上下游企业的行为紧密相关，尤其是下游的销售企业，若在销售环节不能实现水产品的有效追溯，水产品追溯体系建设的预期收益将难以变现。影响海产品可追溯性的主要原因有两个，一是水产品加工销售企业纵向合作松散而且对海产品销售环节追溯管理缺乏有效监管。因此，一方面，政府需要鼓励水产品销售企业与加工企业发展紧密的纵向合作模式；另一方面，水产品溯源管理制度体系在不同销售业态的构建，出台有关建立水产品销售市场的购销台账、提供购物小票等政策文件，加强水产品销售环节溯源监管力度。

二、优化产业链协调作用

（一）优化产业链结构

第一，鼓励水产企业提高规模经济。为了克服产业规模化问题、实现追溯体系实施绩效的提升就必须要解决水产企业生产分散问题。具体举措包括以下四个方面：第一，为了提升产业联盟绩效，必须要整合区域产业联盟数量，通过兼并重组、参股等方式有效整合产业链资源，实现养殖、加工、销售、服务一体化。建立和推广规模化和产业化的生产加工模式。第二，设置行业准入门槛。加快水产品加工业政策以及准入条件的制定和完善，从原料基础、生产规程、产品标准等角度明确加工企业的必要条件，鼓励企业的入股、收购和兼并。第三，提高公司的品牌知名度。巧妙利用地名和品牌并充分利用公司的文化特色，同时利用互联网工具提升品牌知名度，进而实现产品的差异化。第四，以培育龙头型商超为重点。鼓励引导具有成长潜力的终端商超借助互联网和大数据，不断提升自身的行业地位，以期借助市场话语权提高带来的渠道优势倒逼产业链上游企业提升追溯体系的实施绩效。

（二）实现产业链关系协同

实现产业链关系协同即是对产业链进行优化。要提高各种现有模式下的水产品追溯体系运行绩效，需要采取以下措施以优化水产品产业链。第一，对产业链组织化程度进行提升。检测、跟踪和追溯质量安全信息是组织化生产、销售端所具有的能力。第二，垂直整合产业链以减缓信息流失并降低追溯难度。产业链环节过多将导致信息失真，不利于水产品逆向追溯。在产业之间进行垂直整合，缩短产业链长度，完成外部交易内部化，进而质量安全信息的正向传递和逆向追溯也得到实现。第三，发挥水产品品牌的信号作用。

发挥水产品品牌的信号作用有助于消除产业链上的信息不对称。水产品企业需要准确传递产品的质量信息，并承担质量安全方面的全部责任以塑造和维护品牌形象，进而充分发挥品牌的信号作用。第四，推动信息采集自动化和物流标准化。按照标准化流程处理初级水产品，使之契合新型零售业态销售，将有助于标识体系沿着产业链自动记录该水产品交易、包装、加工、运输等环节的相关主体，畅通逆向追溯通道进而高效地解决突发的质量安全问题。

（三）推动产业链治理创新

第一，建立多方参与的履约机制。研究结果表明，增强企业之间履行合同的能力是产业链治理的关键所在。因此政府需要制定相关的合同管理制度，对于企业以书面形式签订合同这一行为发挥引导作用。同时，支持行业协会在市场上的成立，监督和控制企业后期业绩的进行，如对于企业、行业协会和媒体、消费者等主体分别引入“利益激励”“专业监督”“权利激励和监督”，将其作为政府“权力监督”的补充。建立水产品追溯体系的“四位一体”治理机制，其中包括公共机构（包括各级政府及水产品安全监管机构）、市场、社会（行业团体和新闻媒体）、公民（主要是消费者）等。第二，建立与激励相适应的治理机制。一方面，鼓励中小企业努力实施产品差异化战略和横向合作机制，实现议价能力与市场地位的提高，减少大企业的机会主义收益；另一方面，当前产业链治理是资产专用性较低的市场型，政府需要在产业链治理向资产专用性较高的层级型转变中发挥引导作用，提高企业在追溯体系实施中违背契约的风险成本，从而维持长期稳定的契约关系。第三，引导龙头企业搭建专业平台，形成一套完整的技术解决方案。推动多部门合作，支持优质市场主体，提供农业技术服务，进而构建社会化的水产品追溯体系技术服务平台，提供满足市场解决方案需求的技术给渔民专业合作组织和家庭渔场等。

三、加强产业链协同作用

一是加强企业间的沟通与合作。实现合作伙伴行为协调就必须保证良好的产业链合作伙伴沟通与合作。本书研究表明，水产业企业不完善的信息化和质量追溯体系阻碍了渔业的快速转型升级。因此，充分的沟通与合作是产业链企业必须要实现的，通过完善信息系统而起到信息共享作用，并从保障海产品的质量安全出发建设质量追溯体系。具体的措施：通过合同、协议等方式，促进水产产业链上各环节的企业全面合作，完善信息系统建设、行为信息流和质量信息流，增进企业间信息交流与共享；基于硬件系统如条码技术、无线射频识别技术（RFID）完成水产品质量追溯系统的构建，使其贯穿整个水产品产业链养殖、加工与销售环节的全过程；对问题产品召回制度、生产档案制度、责任追究等制度等加以完善，规范各环节的质量行为；接受来自政府和消费者的监督控制，通过生产档案在信息库的录入，实现网络化管理和信息公开。

二是建立合理的利益分配与风险共担机制。水产品产业链上各环节的企业均符合经济人的假设，改善和协调自身质量行为的推动力来自自身利益最大化、获得更大利益的目标。本书的研究证实了这一点，如果不建立合理的利润分享机制和风险分担机制，就会影响双方长期的合作发展，甚至引起矛盾冲突，整个产业链的稳定发展都会受到影响。因此，需要对各方建立合理的利润分享和风险分担机制行为进行鼓励。满足实施产品追溯的参与约束和激励相容约束、从源头上加强相互合作监控、提高追溯体系的实施绩效等是合理的利益分配机制的作用。因而，产业链各企业应按照利润共享、风险共担、成本相关、激励相容的原则，结合自身的具体标准，促进建立和完善供应链整体核算平台。采用有效的利润分享方式，建立利润分享和风险分担机制，努力实现个体利润和供应链整体利润的优化。

三是打通供应链各环节，实现一体化管控。亟待实现企业的管理运营能力的提高与全产业链管控能力的加强，打通产业链上下游环节，实现企业内部的数据集成和整个供应链的信息化管控，使企业能够对整个供应链进行可视化管控，企业可以通过对原材料、生产、运输、销售与配送全链条进行可视化管理，对各个节点的产品流向、流向信息有所把握。

四是搭建产销一体化平台。通过“云+管+端”的模式，构建具有全追溯、供应链管控、数字营销能力的一体化企业产销平台，全产业链追溯生态系统可以在使海产品适应国家追溯监管要求的同时，提高产业链关联企业的管控能力。其中，“云”是指能够有效连接企业数据与合作组织、使得企业上下游数据以及整个产业链能够实时互联共享的大数据云平台；“管”是指企业内部信息管理系统，可以运行产业链管理应用，破坏企业内部信息孤岛，与企业 ERP、WMS 等信息管理系统进行数据整合；作为产品赋码、数据采集与处理的前端，“端”是供应链各环节数据的入口，这些数据与企业信息系统协同工作，并结合业务流程发挥管理作用。

五是拓展产业链。第一，促进水产加工业发展，实现加工、保鲜、副产品的综合利用。加快海产品冷链物流系统平台建设，提高海产品冷链物流系统利用效率，减少海产品物流损失，切实提高海产品质量安全水平。第二，支持营销新业态发展，推进海产品加工开发研究，开拓水产品新领域，激发国内海产品市场消费潜力。第三，大力发展休闲钓鱼。一方面，鼓励江苏、浙江、上海等沿海先进地区带头试点。在传统钓鱼文化的基础上，最大限度地发挥生态系统的水景功能，促进休闲方式的发展，如水族观赏、垂钓体验、科普教育等，并带动相关配套产业的兴起，如推广钓具、水族器材。另一方面，加快完善休闲垂钓管理制度，加强开发和保护相关文化遗产。第四，加快推进水产品产业化，重点推进水产养殖、捕捞、加工、物流等一体化合作，推动高质量建设和品牌的维护。第五，推动现代水产品园区建设，在支持重点行业龙头企业的同时，培育家庭养鱼场、产业综合体等新型主体，构建多态利益机制，并鼓励各类组织、工商资本进入市场，在水产品生产、加工、运输等环节提供高质量服务。①

四、推进政府保障作用

在市场难以充分发挥作用的公共服务领域，政府的有效介入可以帮助市场克服自身的缺陷、弥补市场的不足。非竞争性、非排他性、外部性以及信息不对称是水产品质量安全管理所具有的特征，仅依靠市场调节难以为继，需要政府进行管控，因此，政府应加强水产品质量安全管理，切实履行公共管理职能。政府通过水产品追溯体系，实现对水产品的有效监督管理，实现水产品质量安全与维护消费者的合法权益的目标，促进水产业的持续健康发展。政府在水产品追溯体系的建设和运行中发挥着至关重要的作用。水产品质量安全可追溯体系致力于满足消费者对水产品日益增长的需求，其主要由市场机制、政府机制和非营利事业机制组成。产业链上下游企业的相互激励

① 相关内容来自《农业部关于加快推进渔业转方式调结构的指导意见》。

和监督是保障水产品质量安全和有效发挥追溯体系作用的基础，但政府作为市场的“守门人”和追溯体系建设的发起者、推动者，应承担职责并对水产品追溯体系进行监管。构建海产品追溯体系时，各级政府部门应该明确分工和权责边界并协调配合，降低决策失误的沉没成本，避免责任推诿的出现。根据国外典型追溯企业的经验，设立统一的监管机构在保障水产品质量安全方面发挥了重要作用，水产品追溯体系在中国的建设应该以此为鉴。可考虑在浙江、山东、广东等沿海发达省份进行试点工作，明确主管水产品可追溯体系建设的部门，在政策文件中规定其职责与权限，在提供财政支持、政策倾斜等的同时，要求其他部门机构积极协调配合，优化资源配置以推进水产品追溯体系建设。另外，政府应采取灵活的政策措施进行有效干预，在保持对参与企业支持力度的基础上，允许各企业积极探索符合自身发展目标的水产品追溯管理模式，在资金利用等方面应给予企业较大的自主选择权。在水产品追溯体系建设中，明确政府职能定位，拓展政府作用渠道并根据现实完善措施，引导多元主体积极参与水产品质量安全管理，实现水产品追溯体系建设的有序推进。

（一）明确职能定位

政府应找准自身在建设水产品追溯体系中的定位，一方面，通过制定政策法规、强化生产过程认证、加强市场监管等措施，对水产品企业行为进行约束，并为企业塑造良好的生产经营环境以激发企业管理水产品质量安全的积极性。考虑到信息不对称等因素，公司不太愿意提高其海产品的质量和安全性，政府采取积极措施可以起到保护消费者的知情权的作用，促进良好的消费环境形成，由于消费者更青睐优质安全的水产品，为提供高质量水产品支付更多生产成本的企业能得到市场的正面反馈，经营收益将实现长足增长，在获得正向反馈的情况下，企业有动力继续维护水产品安全。另一方面，应充分激发社会组织的积极性。社会组织作为政府与公众沟通的桥梁和纽带，上呈民意，下达政令，不仅反馈公众参与水产品追溯体系的建设的意见和建议给政府，还监督追溯体系的有效运行，确保水产品质量安全的提高，政府应把握舆论主动权和控制权，对水产品质量安全管理的必要性、迫切性和可行性进行报道，及时公布水产品追溯体系建设的进度以及成效，激发社会组织积极主动管理水产品质量安全，有效弥补市场失灵和政府职能有限的不足。

（二）拓展作用渠道

作为水产品追溯体系建设的推动者，政府需要发挥引领作用，承担主体责任。一是专项法律法规的制定。出台专项法律并了解关键追溯信息，明晰各参与主体的权责，加强对投机取巧、违规违法和追溯体系实施不到位等行为的监管和惩罚力度，进而加快水产品追溯体系的建设步伐。二是重视“精准帮扶”。秉持“政府引导、市场运作”原则，在加强对追溯实施企业的财政补助和政策倾斜的同时，重视对相关人员的培训指导，鼓励企业提升品牌形象，挖掘其中的商业价值。发展电子商务等新型业态，推动上下游企业的合作联营。三是强化责任问责制。在构建海产品追溯体系的重要保障时落实政府问责制，这有助于对相关管理部门的监督，提高质量安全管理意识。强化问责制建设，构建水产品质量安全追溯体系，进而促进不同部门分工协调，落实各部门在碎片化管理过程中应尽的职责，切实解决多部门水产品质量安全监管问题，如职能重叠、缺失等问题。

（三）完善现实举措

政府应积极完善现实举措，多措并举，推动水产品追溯体系建设。一是积极开展科技研发，夯实水产品追溯体系建设的基础，如研发具有自主知识产权的追溯信息采集与传输技术。二是增加资金投入，优化投入结构，将保障水产品质量安全纳入渔业补贴专项，并通过优惠政策吸引社会资本参与水产品追溯体系建设。三是加强人员培训和宣传推广，各级政府部门需要灵活运用多种政策工具，加强各方面的培训如相关政策法规、技术标准等。四是加强国内外合作交流，吸收国外的先进管理经验。学习借鉴国外先进管理理念和成功模式，推动渔业溯源国际合作与交流，并结合国内实际情况进行积极的探索。

（四）加强宣传力度

水产品追溯体系的有效实施是政府、企业、消费者等多方主体共同努力的结果，不仅需要企业内部的自我约束监管、政府的外部监管，还需要消费者的监督反馈，因此政府应加强对水产品追溯体系的宣传力度，提高消费者的认知程度。当前消费者对可追溯水产品缺乏应有的认识，追溯意识普遍欠缺，这将阻碍可追溯水产品价值的实现。如果消费者将海产品追溯体系仅仅看成是政府提供的质量安全认证，以加工企业为代表的水产品生产经营者的品牌美誉度难以实现，对于深入推进水产品追溯体系建设是不利的。因此，政府首先需要充分发挥电视、广播等传统媒体作用，在此基础上加强新媒体如网络媒体、数字报纸杂志等的建设，推动新旧媒体的融合，增强水产品追溯体系的宣传力度，提高消费者的追溯查询意识。

（五）开展适时评估

建设水产品追溯体系的目标是通过水产品溯源，保障水产品质量安全，政府关注的焦点不应局限于水产品追溯体系是否全面建立，更重要的是追溯体系是否在为保障水产品质量安全而有效运行。因此，政府对水产品追溯体系建设进行绩效评估是非常重要的，需要适时进行评估。同时考虑到政府并非是万能的，政府应该充分发挥社会公众的主体作用，激发公众建设和参与水产品追溯体系评估的积极性，搭建政府与社会公众信息交流平台，使政府对公众反馈及时回应，从而增强公众对水产品追溯体系建设的信心。在推进水产品追溯体系建设进程的同时，实现社会经济稳定。

第三节 总结展望

作为我国“规模化农业”的重要组成部分和国家粮食安全的新型保障，水产养殖质量安全受到高度关注。尽管各级政府监管力度在不断加大，但是仍不能乐观看待质量安全形势。我国政府在水产品恶性事件频发的情况下提出水产品质量安全追溯体系的建立，目的在于强化水产品安全信息传递、控制食源性疾病危害和保障消费者利益，目前我国政府、水产企业及消费者共同关注的焦点是利用企业作为追溯来源和承担责任主体建立可追溯体系。

本书以已有研究为逻辑起点和理论出发点，构建产业链协同和追溯体系运行之间相互作用的理论模型，分析产业链协同对水产品追溯体系的影响机理，并结合水产品追溯体系的发展现状和建设历程等，对其存在的问题进行梳理。在此基础上，进行问卷调查，对中国 209 家水产企业进行调研，选择结构方程模型和多元有序 probit 模型分别对产业链与可追溯体系关系、水产品企业实施追溯体系的绩效影响等问题进行研究，研究发现产业链协同正向促进追溯体系的实施，同时追溯体系通过产业链协同对企业绩效也产生了一定的正向效应。为进一步验证实际情况，并探寻解决水产行业追溯体系实施问题的有效途径，本书选取国内外经典案例进行深入分析，对水产品追溯体系运行机制构建的制约因素及协同机制的总体框架、设计及功能等进行了详细说明。最后，本书对产业链协同的水产品追溯体系的实施路径做了进一步探讨，并根据水产品追溯体系及其产业链关系的内生逻辑，提出了相应的政策建议。

本书系统阐述和分析了我国海产品质量安全追溯体系的建设和运行情况，并结合实际问题提出了政策建议，但由于笔者研究能力、时间与掌握资料数据等的限制，仍存在一些有待完善之处。

第一，水产品质量安全追溯体系的应用实践仍处于探索阶段，可用于实证研究的数据相对不足且滞后，有待对水产品追溯体系进行效果跟踪和数据分析，结合不同沿海省市的客观差异，深入挖掘其影响机理。

第二，由于文献资料等的获取渠道相对有限，本书探讨国内外经典案例时所参考的信息数据可能存在滞后和缺失问题，对水产品追溯体系存在问题分析的深度不足，经验启示未清晰凝练，有待在后续研究中进一步完善。

第三，水产品追溯体系赖以有效发挥作用的信息平台尚未在全国乃至全球范围内形成，在相当大的程度上制约了追溯体系的效用。需要政府积极发挥作用，以数字经济和监管追溯平台为支撑，建立统一的溯源信息采集和查询的大数据平台。

第四，水产品质量安全追溯体系的建立也可以被视作是一产的养殖捕捞、二产的加工产业在物流、销售等第三产业的延伸，如何更有效地发挥产业之间的升级、融合和协同机制，推动追溯体系对水产品质量安全发挥足够的保障作用，有待于随着信息时代和数字经济的发展而不断深化完善。

参考文献

[1] 曹楠，赵义良，李云．关于建立水产品质量追溯体系的现状以及存在的问题和对策研究［J］．食品安全导刊，2019（22）：60—61.

[2] 曹庆臻．中国水产品质量安全可追溯体系建设现状及问题研究［J］．中国发展观察，2015（6）：70—74.

[3] 曾小平．中国水产品出口存在的问题及改善路径［J］．对外经贸实务，2015（12）：54—57.

[4] 陈红华，邓柏林，刘泉．中国政府主导型可追溯系统和企业主导型可追溯系统对比研究——以北京和山东企业调研为例［J］．世界农业，2017（2）：9—14.

[5] 陈建龙．信息服务模式研究［J］．北京大学学报哲学社会科学版，2003，40（3）：124—132.

[6] 陈杰，杨俊，吴军辉，司慧萍，林开颜．农产品安全追溯系统发展现状与趋势［J］．农学学报，2018，8（9）：89—94.

[7] 陈金玉，钟锐宇，林俊弟，刘华，李瑞婷．我国水产品质量与安全现状及对策研究［J］．农产品加工，2019（4）：84—86，89.

[8] 陈君石．没有诚信就不可能有安全水产品［N］．中国水产品安全报，2012—06—14（A2）．

[9] 陈雷雷，金淑芳，李俊．基于RFID的水产水产品可追溯体系研究［J］．农业科学研究，2009，30（1）：51—54，70.

[10] 陈丽华，张卫国，田逸飘．农户参与水产品质量安全可追溯体系的行为决策研究——基于重庆市214个蔬菜种植农户的调查数据［J］．农村经济，2016（10）：106—113.

[11] 陈娉婷，张月婷，沈祥成，罗治情，马海荣，郑明雪，官波．中国食用农产品追溯标准体系现状及对策［J］．湖北农业科学，2021，60（22）：190—194，200.

[12] 陈然．基于产业链治理的中国铁矿石进口贸易市场势力构建研究［D］．浙江大学，2011.

[13] 陈兴琼．我国水产养殖种苗现状及发展对策［J］．农村经济与科技，2017，28（10）：66.

[14] 陈颖桐．浅谈水产品市场发展［J］．江西水产科技，2019（2）：47—48.

[15] 陈雨生，房瑞景，尹世久，赵旭强．超市参与水产品安全追溯体系的意愿及其影响因素——基于有序 Logistic 模型的实证分析［J］．中国农村经济，2014（12）：41—49，68.

[16] 陈雨生，薛晓蕾，冯昕，陈宁．消费者对海产品可追溯信息属性的偏好及支付意愿——基于选择实验的实证分析［J］．宏观质量研究，2019，7（1）：110—119.

[17] 程虹．跨企业协同信息管理竞争力［M］．北京：中国社会科学出版社，2006.

[18] 程华，谢莉娇，卢凤君，刘晴．农业产业链的增值体系、演化机理及升级对策［J］．中国科技论坛，2020（3）：126—134.

[19] 程璐璐，施进，王晓渊．建设农产品追溯体系［J］．条码与信息系统，2019（6）：23—25.

[20] 崔凌霄，刘霞．动漫产业链结构及整合研究［J］．价值工程，2017，36（28）：105—106.

[21] 戴祁临，安秀梅．产业链整合、技术进步与文化产业财税扶持政策优化——基于文化企业生产与研发的视角［J］．财贸研究，2018，29（3）：30—39.

[22] 戴天放，麻福芳，魏玲玲，徐光耀，何澄星，万菊林．中国水禽产业质量安全探析——基于产业链角度［J］．中国农业文摘·农业工程，2017，29（2）：18—22.

[23] 邓尚贵．水产食品加工与安全［J］．食品安全质量检测学报，

2017, 8 (4): 1194—1195.

[24] 东方. 新发展格局下智慧物流产业发展关键问题及对策建议 [J]. 经济纵横, 2021 (10): 77—84.

[25] 董笃笃. 中国互联网信息服务业的市场结构 [J]. 竞争政策研究, 2021 (4): 90—107.

[26] 董银果. SPS 措施对中国水产品出口贸易的影响分析 [J]. 华中农业大学学报 (社会科学版), 2011 (2): 44—49.

[27] 窦润龙. 关于提高企业产品品牌溢价能力的研究 [J]. 知识经济, 2013 (3): 10—11, 14.

[28] 杜龙政, 汪延明, 李石. 产业链治理架构及其基本模式研巧 [J]. 中国工业经济, 2010 (3): 108—117.

[29] 杜庆昊. 产业链安全的实现途径 [J]. 中国金融, 2020 (17): 29—30.

[30] 杜庆昊. 数字产业化和产业数字化的生成逻辑及主要路径 [J]. 经济体制改革, 2021 (5): 85—91.

[31] 樊虎玲, 赵坤, 程晓东. 农产品质量可追溯制度建设现状与思考 [J]. 陕西农业学, 2012, 58 (5): 127—128, 168.

[32] 樊玉然. 中国装备制造业产业链纵向治理优化研究 [D]. 成都: 西南财经大学, 2013.

[33] 范敏. 水产品质量安全管理中存在的问题及对策 [J]. 石河子科技, 2014 (3): 3—4, 6.

[34] 方金, 王仁强, 胡继连. 基于质量安全的水产品产业组织模式构建 [J]. 中国渔业经济, 2006 (3): 37—42.

[35] 方金. 基于产业组织理论的水产品质量安全管理模式构建 [J]. 山东经济, 2008 (3): 49—55.

[36] 方凯, 王厚俊, 单初. "公司+合作社+农户" 模式下农户参与质量可追溯体系的意愿分析 [J]. 农业技术经济, 2013 (6): 63—72.

[37] 冯东岳, 汪劲, 刘鑫. 我国水产品质量安全追溯体系建设现状及有关建议 [J]. 中国水产, 2017 (7): 52—54.

[38] 付勇. 食用农产品企业建立质量可追溯体系的动力机制研究 [J].

营销界，2019（20）：71—74.

[39] 傅晨．“公司+农户”产业化经营的成功所在——基于广东温氏集团的案例研究［J］．中国农村经济，2000（2）：41—45.

[40] 傅进，殷志扬．农业监管部门视角下水产品质量安全监管的现状、问题和对策［J］．江苏农业科学，2015，43（4）：432—434.

[41] 傅琳琳，黄祖辉，徐旭初．生猪产业链体系、交易关系与治理机制——以合作社为考察对象的案例分析与比较［J］．中国畜牧杂志，2016（16）：1—9.

[42] 高泓娟．全产业链模式提升食品可追溯性［N］．中国食品报，2018—06—15（3）.

[43] 高磊，王钟强，覃东立，陈中祥，王鹏．水产品中有机危害物残留检测技术挑战及流程展望［J］．水产学杂志，2021，34（6）：82—89.

[44] 高令梅，郭建林，陈建明，姜建湖，李倩，张海琪．浙江省渔业经济发展对策研究［J］．中国渔业经济，2021，39（6）：28—34.

[45] 高小玲．产业组织模式与食品质量安全——基于水产品的多案例解读［J］．软科学，2014，28（11）：45—49.

[46] 高新．产业经济学视角下的战略性新兴产业定价对策分析［J］．环渤海经济瞭望，2021（3）：173—174.

[47] 高云，周丰婕．农业全产业链发展的问题和建议［J］．物流科技，2021，44（2）：151—153.

[48] 葛佳．产业链协同视阈下区域性“大流通”体系构建思路［J］．商业经济研究，2021（23）：13—15.

[49] 耿瑞，刘龙腾，鲍旭腾，刘伟娜，赵蕾，赵明军．中国水产企业全产业链发展现状和趋势［J］．农业展望，2016，12（5）：53—55，64.

[50] 宫萌，高浩．我国水产品冷链物流优化问题探析［J］．商场现代化，2013（28）：71.

[51] 郭利京，仇焕广．合作社再联合如何改变农业产业链契约治理［J］．农业技术经济，2020（10）：103—114.

[52] 郭世娟，李华，牛芗洁，曹睐，李玉磊．发达国家和地区畜禽产品追溯体系建设的做法与启示［J］．世界农业，2016（12）：4—10.

[53] 郭树龙，李启航．中国制造业市场集中度动态变化及其影响因素研究［J］．经济学家，2014（3）：25—36.

[54] 郭伟亚，侯汉平，张成海．食品可追溯体系绩效评价指标体系的构建研究［J］．科技管理研究，2017，37（10）：81—87.

[55] 郭永辉．生态产业链治理模式研究——国内外治理比较分析［J］．科技进步与对策，2014，31（8）：63—69.

[56] 国小雨．中国远洋渔业发展现状及趋势研究［J］．海洋经济，2013，3（5）：25—31.

[57] 过广华，袁书强．煤电资源产业链结构与创新融资模式研究［J］．中国矿业，2017，26（10）：58—64，75.

[58] 韩雪梅，李跃宇．汽车制造企业供应链管理信息化建设探讨［J］．技术与市场，2008（5）：95—96.

[59] 韩杨，孙慧武，刘子飞，马卓君．"一带一路"中国水产品贸易格局与渔业国际合作展望［J］．经济研究参考，2017（31）：35—42.

[60] 何静，刘位祥，王威然．水产品生产加工企业可追溯系统有效性评价体系的构建［J］．食品工业，2018，39（12）：260—264.

[61] 何静，周培璐．海洋水产品安全追溯系统实施的决策行为分析——基于食品供需网（FSDN）理念［J］．海洋开发与管理，2017，34（7）：40—47.

[62] 何军．我国经济内涵式发展中的产业链升级问题研究［J］．河南社会科学，2020，28（9）：54—62.

[63] 何秋洁，赵睿，陈国庆．健康产业功能区与主体功能区协同发展路径研究——以成都市为例［J］．攀枝花学院学报，2021，38（1）：46—55.

[64] 贺一恒，初睿．产品可追溯研究的演化与发展［J］．价值工程，2018，37（5）：81—83.

[65] 洪浩峰，叶敏．出口水产品质量安全发展探析［J］．现代农业科技，2019（4）：223—225.

[66] 侯熙格，姜启军．中国水产品可追溯体系建设现状与对策［J］．山东农业大学学报（自然科学版），2012，43（4）：625—628.

[67] 侯熙格．水产品追溯体系建设中生产者行为研究［D］．上海：上

海海洋大学，2016.

[68] 侯熙格. 可追溯性生鲜果品的电子商务营销模式分析 [J]. 中国农学通报，2012，28（12）：252—256.

[69] 胡定寰，Fred Gale，Thomas Reardon. 试论“超市+水产品加工企业+农户”新模式 [J]. 农业经济问题，2006（1）：36—39，79.

[70] 胡红浪. 我国水产养殖种苗现状及发展对策 [J]. 科学养鱼，2007（10）：1—3.

[71] 胡俊康，梁中. 中国电子信息制造业两阶段创新效率研究——基于产业链分解下 DEA-Tobit 模型分析 [J]. 合肥工业大学学报（社会科学版），2021，35（5）：36—45.

[72] 胡求光，黄祖辉，童兰. 水产品出口企业实施追溯体系的激励与监管机制研究 [J]. 农业经济问题，2012，33（4）：71—77.

[73] 胡求光，童兰. 中国水产品质量安全追溯体系的出口贸易效应分析 [J]. 国际贸易问题，2012（7）：30—36.

[74] 胡求光，朱安心. 产业链协同对水产品追溯体系运行的影响——基于中国 209 家水产企业的调查 [J]. 中国农村经济，2017（12）：49—64.

[75] 胡求光. 水产品质量安全、追溯体系及其实现机制研究 [M]. 北京：经济科学出版社，2016.

[76] 胡云锋，孙九林，张千力，韩月琪. 中国农产品质量安全追溯体系建设现状和未来发展 [J]. 中国工程科学，2018，20（2）：57—62.

[77] 黄徽，朱晓玲，余婷婷，张莉，靳海滨，姚晓帆. 湖北省水产品重金属污染状况分析 [J]. 食品工业，2020，41（1）：284—287.

[78] 黄磊，宋怿，孟娣. 关于我国水产品质量安全可追溯体系建设的探讨 [C] //农产品质量安全与现代农业发展专家论坛论文集，2011.

[79] 黄梦思，孙剑. 复合治理“挤出效应”对水产品营销渠道绩效的影响——以“农业龙头企业+农户”模式为例 [J]. 中国农村经济，2016（4）：17—30，54.

[80] 黄祥祺. 改革开放三十年中国水产业发展的政策回顾 [J]. 中国渔业经济，2008，26（4）：11—15

[81] 黄奕雯. 福建省水产品质量安全可追溯体系建设探析 [J]. 福建

农业科技，2020（12）：20—24.

［82］黄云霞．新零售背景下生鲜供应链上游企业商业逻辑重构［J］．合作经济与科技，2021（7）：70—71.

［83］黄祖辉．现代农业经营体系建构与制度创新——兼论以农民合作组织为核心的现代农业经营体系与制度建构［J］．经济与管理评论，2013（6）：5—16.

［84］纪玉俊．海洋渔业产业化中的产业链稳定机制研究［J］．中国渔业经济，2011（1）：48—55.

［85］靳松．创意产业链结构及整合研究［D］．北京：北京交通大学，2006.

［86］荆会云．农产品质量追溯管理体系建设思考［J］．农业经济，2019（9）：142—144.

［87］孔洪亮，李建辉．全球统一标识系统在水产品安全跟踪与追溯体系中的应用［J］．水产品科学，2004（6）：188—194.

［88］匡远配，易梦丹．精细农业理念促进现代农业产业链、价值链和利益链“三链耦合”［J］．农业现代化研究，2020，41（5）：747—755.

［89］雷霁霖．中国海水鱼类养殖大产业架构与前景展望［J］．海洋水产研究，2006（2）：1—9.

［90］黎光寿．“可追溯”水产品调查：一场革命还是一个噱头？［EB/OL］．每经网，2009—12—30.

［91］李斌，刘斌，陈爱强，杨文哲，苗淮保．基于冷链模式的农产品冷链碳足迹计算［J］．冷藏技术，2019，42（3）：1—5.

［92］李灿，丁琳，阳荣凤．差异化利益联结模式下农业龙头企业的价值实现比较［J］．财会月刊，2022（1）：125—134.

［93］李大良，史磊，戴美艳．中国渔业产业结构优化研究［J］．中国渔业经济，2009，27（4）：41—45.

［94］李怀祖．管理研究方法论·第 2 版［M］．西安：西安交通大学出版社，2004.

［95］李吉强 ，高伟 ，尹瑞业．当前海洋捕捞业的几个问题与对策探讨［J］．渔业现代化，2003（5）：42—49.

[96] 李佳洁，任雅楠，王艳君，马婉祯．中国食品安全追溯制度的构建探讨 [J]．食品科学，2018，39 (5)：278—283.

[97] 李建春，邱晓燕，朱荣，杨立昊．普洱茶品质追溯标准体系研究 [J]．中国标准化，2020 (12)：124—127.

[98] 李剑飞，田成雍，贺雅琴，宋宝国．中药全产业链质量追溯系统研究 [J]．中国医药导刊，2019，21 (10)：619—622.

[99] 李平英．产业链结构与水产品质量管理研究 [D]．泰安：山东农业大学，2010.

[100] 李清光，王晓莉．低成本背景下水产品可追溯体系难以推广的原因分析——以可追溯猪肉为例 [J]．中国人口·资源与环境，2015 (7)：120—127.

[101] 李爽．中国汽车产业链协同发展的信息服务模式研究 [D]．长春：吉林大学，2017.

[102] 李坦．基于收益与成本理论的森林生态系统服务价值补偿比较研究 [D]．北京林业大学，2013.

[103] 李婉君．我国水产品精深加工与质量安全分析——中国海洋大学薛长湖教授专访 [J]．肉类研究，2018，32 (2)：11—14.

[104] 李维安．公司治理学（第二版） [M]．北京：高等教育出版社，2009.

[105] 李文瑛，肖小勇．价格波动背景下生猪养殖决策行为影响因素研究——基于前景理论的视角 [J]．农业现代化研究，2017，38 (3)：484—492.

[106] 李雪松，龚晓倩．地区产业链、创新链的协同发展与全要素生产率 [J]．经济问题探索，2021 (11)：30—44.

[107] 李玉梅，刘雪娇，杨立卓．外商投资企业撤资：动因与影响机理——基于东部沿海 10 个城市问卷调查的实证分析 [J]．管理世界，2016 (4)：37—51.

[108] 李志刚．中小水产品加工企业成长研究：基于扎根理论方法的分析 [M]．北京：经济管理出版社，2012.

[109] 李中东，孙焕．基于 DEMATEL 的不同类型技术对水产品质量安

全影响效应的实证分析——来自山东、浙江、江苏、河南和陕西五省农户的调查［J］. 中国农村经济，2011（3）：26—34，58.

［110］李竹青，胡求光. 追溯体系对水产企业绩效的影响分析［J］. 科技与管，2017，19（6）：18—24.

［111］李宗泰，肖红波，李华. 消费者对可追溯猪肉的认知和支付意愿研究［J］. 北京农学院学报，2019，34（1）：97—101.

［112］励建荣. 我国水产品加工业现状与发展战略［J］. 保鲜与加工，2005（3）：1—3.

［113］梁辉. 追溯体系：为水产品配备“身份证”［J］. 上海信息化，2018（1）：23—27.

［114］凌江怀，胡雯蓉. 企业规模、融资结构与经营绩效——基于战略性新兴产业和传统产业对比的研究［J］. 财贸经济，2012（12）：71—77.

［115］刘凤委，李琳，薛云奎. 信任、交易成本与商业信用模式［J］. 经济研究，2009（8）：60—72.

［116］刘广琛. 区块链技术融合背景下农业食品安全追溯体系构建研究［J］. 中国食品，2021（17）：110—111.

［117］刘华楠，李靖. 发达国家水产品追溯制度的比较研究［J］. 湖南农业科学，2009（9）：152—154.

［118］刘华楠，李靖. 基于可追溯机制的中国水产品供应链的优化［J］. 山西农业科学，2010（1）：95—97.

［119］刘慧波，黄祖辉. 产业链协同整合实证研究——一个循环经济的视角［J］. 技术经济，2007（9）：24—26，48.

［120］刘慧波. 产业链纵向整合研究［D］. 杭州：浙江大学，2009.

［121］刘俊荣. 冰岛水产品加工出口贸易的运营模式对我们的借鉴——冰岛联合冷冻集团水产品追溯体系的调查与研究［C］// 中国水产学会. 2005年渔业对外贸易跟踪研讨会论文集. 北京：中国水产学会，2006：50—62.

［122］刘堃，韩立民. 基于产业共性技术的海水苗种产业培育机制分析［J］. 中国渔业经济，2012，30（2）：43—48.

［123］刘勤，袁瑞. 多产业融合视角下渔村发展路径探究［J］. 中国渔业经济，2021，39（5）：19—24.

[124] 刘然，赵林度．消费者支付意愿与食品供应链溯源信息节点设置［J］．东南大学学报（自然科学版），2021，51（3）：535—541.

[125] 刘晓琳，吴林海，徐玲玲．消费者对可追溯茶叶额外价格支付意愿与支付水平的影响因素研究［J］．中国人口·资源与环境，2015（8）：170—176.

[126] 刘晓琳．水产品可追溯体系建设的政府支持政策研究［D］．无锡：江南大学，2015.

[127] 刘鑫．技术性贸易壁垒对山东水产品出口影响的实证研究［D］．济南：山东大学，2007.

[128] 刘学馨，杨信廷，宋怿，钱建平，吉增涛，孙传恒．基于养殖流程的水产品质量追溯系统编码体系的构建［J］．农业网络信息，2008（1）：18—21.

[129] 刘增金．基于质量安全的中国猪肉可追溯体系运行机制研究［D］．北京：中国农业大学，2015.

[130] 卢秀容．论水产企业“走出去”的贸易式模式——以湛江国联水产开发股份有限公司为例［J］．广东海洋大学学报，2012，32（5）：53—57.

[131] 罗必良．农业产业链：一个解释模型及其实证分析［J］．制度经济学研究，2005（1）：59—69.

[132] 罗元青．产业组织结构与产业竞争力研究：基于汽车产业的实证分析［M］．北京：中国经济出版社，2007.

[133] 罗元青．产业组织结构与产业竞争力研究——基于汽车产业的实证分析［D］．成都：西南财经大学，2006.

[134] 马莉，孙传恒，屈利华，赵丽，杨信廷．可追溯水产养殖质量安全管理系统设计［J］．农业网络信息，2011（11）：49—51.

[135] 毛蕴诗，熊炼．企业低碳运作与引入成本降低的对偶微笑曲线模型——基于广州互太和台湾纺织业的研究［J］．中山大学学报（社会科学版），2011，51（4）：202—209.

[136] 聂小林，李淑慧，熊晓辉．水产品质量安全可追溯体系建设探析［J］．现代食品，2019（23）：119—122.

［137］牛林伟，张桂春，尉京红．基于供应链的京津冀农产品质量安全体系构建［J］．对外经贸，2021（12）：77—80.

［138］农业部渔业局．中国渔业统计年鉴·2010［M］．北京：中国农业出版社，2010.

［139］潘澜澜，高天一．冰岛水产品可追溯体系的借鉴与思考［J］．水产科学，2011，30（8）：517—520.

［140］潘少芳．食品质量安全的供应链追溯研究［J］．中国物流与采购，2020（4）：66.

［141］潘为华，贺正楚，潘红玉．习近平关于产业链发展重要论述的理论内涵与实践价值［J］．湖南科技大学学报（社会科学版），2021，24（4）：67—75.

［142］彭超，曾寅初，黄波，周鸿．龙头企业与农户的连接方式对水产品出口的影响［J］．世界农业，2014（7）：39—45.

［143］平瑛．休闲渔业对建设社会主义新农村的意义及发展对策［J］．生态经济，2007（9）：131—133.

［144］綦振奕，赵志宏，于志新．当前中国海洋捕捞业面临的主要问题及可持续发展对策探讨［J］．齐鲁渔业，2006（7）：53.

［145］钱建平，杨信廷，刘学馨，吴晓明，范蓓蕾．水产品快速图形化追溯系统构建［J］．农业工程学报，2011，27（3）：167—171.

［146］郄海拓，李忠诚．基于可追溯体系的中国出口水产品供应链质量安全信息传递研究（英文）［J］．安徽农业科学，2013（23）：9843—9846.

［147］荣泰生．AMOS与研究方法［M］．重庆：重庆大学出版社，2010.

［148］芮明杰，刘明宇．产业链整合理论述评［J］．产业经济研究，2006（3）：60—66.

［149］沈颂东，亢秀秋．大数据时代快递与电子商务产业链协同度研究［J］．数量经济技术经济研究，2018，35（7）：41—58.

［150］沈媛．中国水产品流通过程中的质量安全影响因素分析［D］．上海：上海海洋大学，2014.

［151］盛楚雯，朱佳，于滨铜，封启帆．中国渔业产业化：发展模式、

增效机制与国际经验借鉴［J］. 经济问题，2021（6）：47—54.

［152］史艺萌，王军. 农业产业链治理优化模式的研究［J］. 河北农业科学，2021，25（5）：13—15.

［153］宋焕，王瑞梅，胡妤. 全程追溯制度下的食品企业与政府的演化博弈分析［J］. 大连理工大学学报（社会科学版），2018，39（4）：29—34.

［154］宋菊梅. 渔药对水产品质量安全的影响［J］. 中国渔业经济，2015，33（4）：39—42.

［155］宋胜洲，葛伟. 我国有色金属产业进入退出的影响因素——基于面板数据模型的实证分析［J］. 北方工业大学学报，2012，24（4）：1—5.

［156］宋胜洲. 产业经济学原理［M］. 北京：清华大学出版社，2012.

［157］苏昕，王波. 大力发展休闲渔业积极培植渔业经济新亮点［J］. 海洋水产研究，2006（3）：93—96.

［158］孙波. 出口水产品追溯体系建设探析［J］. 中国渔业经济，2012（1）：57—61.

［159］孙小静. 中国内地出口香港食品质量监管法律问题探讨［D］. 广州：暨南大学，2010.

［160］孙秀荣，王成林，庞婉婉，马峥锐. 基于水产品流通模式的追溯系统构建研究［J］. 物流工程与管理，2018，40（2）：115—117，85.

［161］陶德超，姜芳芳. 农产品质量安全问题研究——以追溯体系为视角［J］. 上海农村经济，2021（12）：25—27.

［162］田夏. 产业链组织结构对产业链技术进步的影响研究［D］. 上海：东华大学，2012.

［163］万克夫. 水产养殖质量安全管理体系的现状与启示［J］. 黑龙江畜牧兽医，2017（16）：54—56.

［164］汪爱娥，包玉泽. 农业产业链与绩效综述［J］. 华中农业大学学报（社会科学版），2014（4）：70—75.

［165］汪延明，杜龙政. 基于关联偏差的产业链治理研究［J］. 中国软科学，2010（77）：184—192.

［166］王常伟，顾海英. 基于委托代理理论的食品安全激励机制分析［J］. 软科学，2013，27（8）：65—68，74.

[167] 王春晓，宫悦．消费者可追溯水产品购买意愿影响因素分析 [J]．中国渔业经济，2021，39 (3)：101—109.

[168] 王东亭，饶秀勤，应义斌．世界主要农业发达地区水产品追溯体系发展现状 [J]．农业工程学报，2014，30 (8)：236—250.

[169] 王二朋，周应恒．城市消费者对认证蔬菜的信任及其影响因素分析 [J]．农业技术经济，2011 (10)：69—77.

[170] 王宏智，赵扬．水产品信息可追溯体系构建与对策——基于系统复杂性视角 [J]．江苏农业科学，2017，45 (5)：336—339.

[171] 王华书，韩纪琴．水产品安全监管体系建设的国际经验及启示 [J]．管理现代化，2012 (6)：112—114.

[172] 王慧敏，乔娟．农户参与水产品质量安全追溯体系的行为与效益分析——以北京市蔬菜种植农户为例 [J]．农业经济问题，2011 (2)：45—51，111.

[173] 王俊豪．产业经济学（第二版） [M]．北京：高等教育出版社，2012.

[174] 王可山．农产品质量安全保障机制研究 [M]．北京：中国物资出版社，2010.

[175] 王蕾，王锋．水产品质量安全可追溯系统有效实施的经济分析：一个概念框架 [J]．软科学，2009 (7)：109—113.

[176] 王秋梅，高天一，刘俊荣．可追溯水产品信息管理系统的实现 [J]．渔业现代化，2008 (5)：56—58.

[177] 王如意，宋玉兰．产业链视角下中国棉花生产布局演化及影响因素研究 [J]．资源开发与市场，2022，38 (3)：8.

[178] 王曙光，郭凯．要素配置市场化与双循环新发展格局——打破区域壁垒和行业壁垒的体制创新 [J]．西部论坛，2021，31 (1)：24—31.

[179] 王太祥，周应恒．“合作社+农户”模式真的能提高农户的生产技术效率吗——来自河北、新疆两省区 387 户梨农的证据 [J]．石河子大学学报（哲学社会科学版），2012，26 (1)：73—77.

[180] 王文瑜，胡求光．产业纵向一体化对水产品出口贸易的影响研究 [J]．国际贸易问题，2015 (5)：53—61.

[181] 王雯慧．食品溯源：亟需建立全产业链 [J]．中国农村科技，2018 (1)：49—51.

[182] 王武．我国水产养殖业的现状与发展趋势 [J]．渔业致富指南，2009 (7)：12—18.

[183] 王小贝．追溯体系加速走向标准化 [N]．国际商报，2018—01—15 (03)．

[184] 王新平，柴尚森．基于 MCDM 的食用农产品追溯体系效能影响因素分析 [J]．食品科学，2022，43 (5)：46—54.

[185] 王艳，杨忠直．产业结构与策略性贸易政策研究 [J]．数量经济技术经济研究，2005 (1)：50—57.

[186] 王兆丹，魏益民，郭波莉．从“农田到餐桌”全程水产品追溯体系的建立 [J]．江苏农业科学，2015，43 (1)：263—266.

[187] 王真．合作社治理机制对社员增收效果的影响分析 [J]．中国农村经济，2016 (6)：39—50.

[188] 温铁军．维稳大局与“三农”新解 [J]．中国合作经济，2012 (3)：29—32.

[189] 温忠麟，侯杰泰，马什赫伯特．结构方程模型检验：拟合指数与卡方准则 [J]．心理学报，2004，36 (2)：186—194.

[190] 吴海燕，张志华，朱文嘉，郭萌萌，谭志军，翟毓秀．水产品中兽药残留限量标准的对比分析 [J]．食品安全质量检测学报，2018，9 (18)：4877—4884.

[191] 吴红姣，倪卫红．电子商务环境下水产品可追溯体系研究 [J]．商业时代，2008 (17)：95—96.

[192] 吴金明，邵昶．产业链形成机制研究——“4+4+4”模型 [J]．中国工业经济，2006 (4)：36—43.

[193] 吴林海，卜凡，朱淀．消费者对含有不同质量安全信息可追溯猪肉的消费偏好分析 [J]．中国农村经济，2012 (10)：13—23，48.

[194] 吴林海，龚晓茹，陈秀娟，朱淀．具有事前质量保证与事后追溯功能的可追溯信息属性的消费偏好研究 [J]．中国人口·资源与环境，2018，28 (8)：148—160.

［195］吴林海，秦毅，徐玲玲．果蔬加工企业可追溯体系投资决策意愿：HMM 模型的仿真计算［J］．系统管理学报，2014，23（2）：179—190.

［196］吴曼，赵帮宏，宗义湘．农业公司与农户契约形式选择行为机制研究——基于水生蔬菜产业的多案例分析［J］．农业经济问题，2020（12）：74—86.

［197］吴萌，杨卫.SPS 措施对我国水产品出口质量影响的实证分析［J］．海洋开发与管理，2016，33（5）：59—63.

［198］吴明隆．结构方程模型：AMOS 的操作与应用［M］．重庆：重庆大学出版社，2010.

［199］吴晓萍．基于供应链的对虾可追溯系统的设计与实现［C］//江西省水产学会．泛珠三角区域渔业经济合作论坛第三次年会会议论文．江西省水产学会，2008：8.

［200］伍先福，杨永德．产业链治理的核心论题［J］．科技进步与对策，2016，33（18）：72—76.

［201］熙格．水产品追溯体系建设中生产者行为研究［D］．上海：上海海洋大学，2016.

［202］辛文，张红．基于 HHI 指数的我国房地产市场集中度统计分析［J］．中国房地产，2021（21）：8—15.

［203］熊瑞祥，万倩，梁文泉．外资企业的退出市场行为——经济发展还是劳动力市场价格管制？［J］．经济学，2021，21（4）：1391—1410.

［204］徐斌．规模经济、范围经济与企业一体化选择：基于新古典经济学习的解释［J］．云南财经大学学报，2010，26（2）：73—79.

［205］徐芬，陈红华．消费者对不同可追溯产品支付意愿及影响因素差异分析［J］．农业现代化研究，2020，41（6）：1011—1019.

［206］徐海峰．新型城镇化与流通业、旅游业耦合协调发展——基于协同理论的实证研究［J］．商业研究，2019（2）：45—51.

［207］徐汇宏．水产品质量追溯体系现状及完善策略分析［J］．南方农业，2020，14（33）：120—121.

［208］徐建伟．优化国内产业协作关系是产业链现代化的当务之急［J］．中国经贸导刊，2021（11）：61—63.

[209] 徐姝，夏凯，蔡勇. 消费者对农产品可追溯体系接受意愿的影响因素研究——基于扩展的技术接受模型视角 [J]. 贵州财经大学学报，2019 (1)：82—92.

[210] 徐运标. 基于物联网构建食品安全追溯系统探索 [J]. 中国食品工业，2021 (18)：53—55.

[211] 闫玉科. "国联模式" 对中国水产品出口的启示 [J]. 宏观经济研究，2008 (7)：63—66，73.

[212] 严北战. 产业势力、治理模式与集群式产业链升级研究 [J]. 科学学研究，2011，29 (1)：72—78.

[213] 颜波，石平，黄广文. 基于 RFID 和 EPC 物联网的水产品供应链可追溯平台开发 [J]. 农业工程学报，2013 (15)：172—183.

[214] 杨宏亮，黄珂，李刘冬，柯常亮，赵东豪，刘奇，莫梦松，陈洁文. 2015—2017 年市售贝类产品中氯霉素的暴露评估 [J]. 南方水产科学，2019，15 (1)：93—99.

[215] 杨蕙馨，纪玉俊，吕萍. 产业链纵向关系与分工制度安排的选择及整合 [J]. 中国工业经济，2007 (9)：14—22.

[216] 杨佳，屠康. 基于物联网技术的稻米产业链质量追溯系统研究 [J]. 水产品质量与安全，2018 (2)：8—12.

[217] 杨玲，张梦飞，郭征，杨云燕. 推进水产品质量安全追溯体系建设的思考 [J]. 水产品质量与安全，2018 (2)：45—48.

[218] 杨玲. 中国水产品质量安全追溯体系建设现状与发展对策 [J]. 世界农业，2012 (8)：105—107，112.

[219] 杨秋红，吴秀敏. 水产品生产加工企业建立可追溯系统的意愿及其影响因素——基于四川省的调查分析 [J]. 农业技术经济，2009 (2)：69—77.

[220] 杨天和. 基于农户生产行为的农产品质量安全问题的实证研究 [D]. 南京：南京农业大学，2006.

[221] 杨相玉，孙效敏. 水产品加工企业质量安全监管知识管理及绩效研究——兼评《猪肉加工企业质量安全可追溯行为及绩效研究》 [J]. 农业技术经济，2016 (12)：127—128.

[222] 杨信廷，钱建平，孙传恒，吉增涛．水产品及水产品质量安全追溯系统关键技术研究进展［J］．农业机械学报，2014（11）：212—222.

[223] 杨信廷，钱建平，张正，吉增涛，刘学馨，赵丽．基于地理坐标和多重加密的水产品追溯编码设计［J］．农业工程学报，2009，25（7）：131—135，318.

[224] 杨信廷，孙传恒，钱建平，吉增涛，贾丽，王正英，韩啸．基于流程编码的水产养殖产品质量追溯系统的构建与实现［J］．农业工程学报，2008（2）：159—164.

[225] 杨永亮．水产品生产追溯制度建立过程中的农户行为研究［D］．杭州：浙江大学，2006.

[226] 杨煜，陈艳．多主体视角下水产品质量追溯体系演化博弈分析［J］．青岛农业大学学报（自然科学版），2021，38（4）：280—289.

[227] 杨增科，樊瑞果，黄炜，石世英．政府干预下装配式建筑产业链核心企业协作策略研究［J］．中国管理科学：1—11［2022-04-25］.

[228] 叶少珍．加快建立水产品追溯体系［J］．政协天地，2017（10）：11—12.

[229] 叶元土．水产食品产业链发展关键问题的思考与发展机遇［J］．饲料工业，2021，42（6）：1—8.

[230] 于辉．我国食品企业实施可追溯体系研究——以蔬菜出口企业为例［D］．北京：中国农业大学，2006.

[231] 余华，吴振华．水产品追溯码的编码研究［J］．中国农业科学，2011，44（23）：4801—4806.

[232] 余建英．数据统计分析与 SPSS 应用［M］．北京：人民邮电出版社，2003.

[233] 余建宇，莫家颖，龚强．提升行业集中度能否提高水产品安全?［J］．世界经济文汇，2015（5）：59—75.

[234] 余君兰．湛江水产饲料企业竞争力和竞争战略分析［J］．科技经济市场，2017（12）：111—113.

[235] 俞菊生．都市农产品现代物流［M］．北京：中国农业出版社，2006.

［236］宇通．中国将建立健全水产品流通追溯体系［N］．中国渔业报，2013—06—17（005）．

［237］郁义鸿．产业链类型与产业链效率基准中国工业经济，2005（11）：35—42.

［238］袁静，毛蕴诗．产业链纵向交易的契约治理与关系治理的实证研究［J］．学术研究，2011（3）：59—67.

［239］岳冬冬，张锋，王鲁民．水产养殖合作组织化与水产品质量安全刍议［J］．中国农业科技导报，2012（6）：139—144.

［240］张成海．完善机制　共享数据　统一追溯编码标准——追溯的历史、现状、趋势与对策［J］．中国自动识别技术，2018（1）：31—39.

［241］张驰，张晓东，王登位，王亚辉．水产品质量安全可追溯研究进展［J］．中国农业科技导报，2017，19（1）：18—28.

［242］张铎．2018 年中国产品追溯标准年［J］．中国自动识别技术，2019（1）：47—50.

［243］张帆，郑壹鸣，金航峰．技术性贸易壁垒对大连市水产品出口影响及对策分析［J］．对外经贸，2017（10）：48—50.

［244］张桂春，牛林伟．河北省水产品质量安全可追溯体系构建的难点与对策［J］．对外经贸，2021（11）：75—77.

［245］张海涛，王锋，张健，傅泽田，张小栓．基于可追溯系统的水产品供应链结构优化机制及管理模式［J］．中国渔业经济，2008，26（6）：48—53.

［246］张利库，张喜才．现代农业产业链治理：主体与功能［J］．农业经济与管理，2010（1）：8—86.

［247］张玲玲，宁凌．基于转型升级中的对虾出口企业发展战略分析——以国联水产为例［J］．中国渔业经济，2013，31（4）：115—122.

［248］张平远．越南对水产品贸易壁垒实施反制措施［J］．水产科技情报，2013，40（5）：277.

［249］张其仔．产业链供应链现代化新进展、新挑战、新路径［J］．山东大学学报（哲学社会科学版），2022（1）：131—140.

［250］张倩云．基于第三方检测的鲜活水产品安全问题的演化博弈分析

[D]．杭州：浙江工业大学，2014.

[251] 张胜茂，唐峰华，张衡，樊伟，黄华文．基于北斗船位数据的拖网捕捞追溯方法研究 [J]．南方水产科学，2014，10 (3)：15—23.

[252] 张树华．数字时代的图书馆信息服务 [M]．北京：北京图书馆出版社，2005.

[253] 张伟．健康养殖与环境污染 [J]．渔业致富指南，2018 (1)：27—29.

[254] 张卫兵，周群霞，戴卫平．水产食品安全标准执行案例浅析 [J]．中国食品卫生杂志，2009，21 (5)：431—433.

[255] 张玉梅．中日水产品国际竞争力的比较研究 [D]．沈阳：辽宁大学，2016.

[256] 赵海军，蔡纯，廖鲁兴，黄武，吴阳奎，李红权，欧安，孙良娟，杨劲．我国进口冰鲜水产品质量安全现状及监管对策研究 [J]．检验检疫学刊，2015，25 (6)：41—46.

[257] 赵海军，王紫娟，李政，刘春阳，李志佳，王伟，邝留奎．2020年我国进口水产品情况分析及对策研究 [J]．食品安全质量检测学报，2021，12 (18)：7440—7445.

[258] 赵勤．浅议我国水产品物流的发展 [J]．物流科技，2005 (12)：7—10.

[259] 赵荣，乔娟．农户参与蔬菜追溯体系行为、认知和利益变化分析——基于对寿光市可追溯蔬菜种植户的实地调研 [J]．中国农业大学学报，2011，16 (3)：169—177.

[260] 赵文．刺参池塘养殖生态学及健康养殖理论 [M]．北京：科学出版社，2009.

[261] 赵又琳．渔业资源衰退背景下渔业补贴规制问题研究 [J]．农业经济问题，2020 (8)：91—102.

[262] 赵智晶，吴秀敏，谢筱．食用水产品企业建立可追溯制度绩效评价——以四川省为例 [J]．四川农业大学学报，2012 (1)：114—120.

[263] 郑建明，廖尹航．我国水产品质量安全可追溯治理问题考察及其对策 [J]．江苏农业科学，2018，46 (24)：5—9.

［264］郑建明，王上，徐忠．可追溯水产品消费者支付意愿的实证分析及其政策启示——基于北上广的调查［J］．农村经济，2016（2）：77—82.

［265］郑建明，郑久华．中美水产品质量安全可追溯政府治理机制比较分析［J］．中国农业资源与区划，2016，37（5）：3540.

［266］郑建明．渔业产业化组织与养殖水产品质量安全管理分析［J］．中国渔业经济，2012（5）：47—50.

［267］郑江谋，曾文慧．中国水产品质量安全问题与生产方式转型［J］．广东农业科学，2011（18）：132—134.

［268］郑鹏，邹丽．供给侧改革下水产品质量追溯体系建设研究［J］．中国渔业经济，2018，36（2）：86—92.

［269］郑思宁，娄静，郑逸芳．海峡两岸水产品兽药残留限量标准与国际标准比较及完善对策［J］．农药学学报，2018，20（1）：1—10.

［270］郑思宁，王淑琴，郑逸芳．福建与台湾渔业国际竞争力及其影响因素比较研究——兼论自贸区背景下闽台渔业合作的政策选择［J］．中国农业大学学报，2019，24（2）：237—250.

［271］郑妍妍，李磊，庄媛媛．国际质量标准认证与企业出口行为——来自中国企业层面的经验分析［J］．世界经济研究，2015（7）：74—80，115，128—129.

［272］中国食品工业奏响科技与产业对接主旋律：中国食品科学技术学会第十届年会暨第七届中美食品业高层论坛在南京召开［J］．食品与机械，2013，29（6）：1—2.

［273］钟慧中．中国贸易型对外直接投资的方式选择——基于交易治理与集聚理论的研究［J］．国际贸易问题，2013（2）：132—142.

［274］钟真，孔祥智．产业组织模式对水产品质量安全的影响：来自奶业的例证［J］．管理世界，2012（1）：79—92.

［275］周洪霞，陈洁．中国渔业产业结构现状分析［J］．中国渔业经济，2017，35（5）：25—31.

［276］周慧，张丽珍，李俊，陈雷雷．水产加工品供应链追溯系统的研究［J］．安徽农业科学，2009，37（17）：8232—8234，8295.

［277］周洁红，陈晓莉，刘清宇．猪肉屠宰加工企业实施质量安全追溯

的行为、绩效及政策选择——基于浙江的实证分析［J］．农业技术经济，2012（8）：29—37.

［278］周洁红，姜励卿．水产品质量安全追溯体系中的农户行为分析——以蔬菜种植户为例［J］．浙江大学学报（人文社会科学版），2007（2）：118—127.

［279］周洁红，李凯．水产品可追溯体系建设中农户生产档案记录行为的实证分析［J］．中国农村经济，2013（5）：58—67.

［280］周洁红，张仕都．蔬菜质量安全可追溯体系建设：基于供货商和相关管理部门的二维视角［J］．农业经济问题，2011，32（1）：32—38.

［281］周善祥．建立中国水产品追溯方法的相关研究［D］．青岛：中国海洋大学，2007.

［282］周应恒，宋玉兰，严斌剑．我国食品安全监管激励相容机制设计［J］．商业研究，2013（1）：4—11.

［283］周应恒，王二朋．中国水产品安全监管：一个总体框架［J］．改革，2013（4）：19—28.

［284］周真．中国水产品质量安全可追溯体系研究［D］．青岛：中国海洋大学，2013.

［285］朱安心，胡求光．我国水产业系统协同度评价［J］．科技与管理，2018，20（5）：1—5.

［286］朱宾欣，马志强，LEON Williams. 考虑声誉效应的众包竞赛动态激励机制研究［J］．运筹与管理，2020，29（1）：116—123，164.

［287］朱蕊．基于价值网的物联网产业链协同研究［D］．南京：南京邮电大学，2012.

［288］宗芳，许洪国，张慧永．基于 OrderedProbit 模型的交通事故受伤人数预测［J］．华南理工大学学报（自然科学版），2012（7）：41—45，56.

［289］H. 哈肯．协同学导论［M］．张纪岳，郭治安，译．西北大学科研处，1981.

［290］ALI Y，SHAMSUDDOHA A K．Mediated Effects of Export Promotion Programs on Firm Export Performance［J］．Asia Pacific Journal of Marketing & Logistics，2006，18（2）：93—110.

[291] ARROW K. Economic Welfare and the Allocation of Resources for Invention [J]. NBER Chapters, 1962, 12: 609—626.

[292] ASSOCIATION K S. Traceability in the feed and food chain - General principles and basic requirements for system design and implementation [J]. International Organization for Standardizationcisoy, 2007 (1): 8.

[293] BOLTON, PATRICK, and WHINSTON M D. Incomplete Contract, Vertical Integration and Supply Assurance [J]. The Review of Economics Studies, 1993, 60 (1): 121—148.

[294] BOSONA T, GEBRESENBET G, NORDMARK I, et al. Integrated Logistics Network for the Supply Chain of Locally Produced Food, Part I: Location and Route Optimization Analyses [J]. Journal of Service Science & Management, 2011, 4 (2): 174—183.

[295] BUHR, BRIAN L. Traceability and Information Technology in the Meat Supply Chain: Implications for Firm Organization and Market Structure [J]. Journal of Food Distribution Research, 2003, 34 (3): 1—14.

[296] BUHR, BRIAN L. Traceability and Information Technology in the Meat Supply Chain: Implications for Firm Organization and Market Structure [J]. Journal of Food Distribution Research, 2003, 34 (3): 13—26.

[297] CHEN C L, YANG J, FINDLAY C. Measuring the Effect of Food Safety Standardson China´s Agricultural Exports [J]. Review of World Economics, 2008, 144 (1): 83—106.

[298] FEARNE A. The evolution of partnerships in the meat supply chain: insights from the British beef industry [J]. Supply Chain Management, 1998, 3 (4): 214—231.

[299] FREDERIKSEN M, QSTERBERG C, SILBERG S, et al. Info-fisk. development and validation of an Internet based traceability system in a Danish domestic fresh fish chain [J]. Journal of Aquatic Food Product Technology, 2002, 11 (2): 13—34.

[300] FURNESS, OSMAN K A. Developing traceability systems across the supply chain [M]. Elsevier Inc.: 2003.

[301] GEREFFI G, HUMPHREY J, STURGEON T. The Governance of Global Value Chains [J] . Review of International Political Economy, 2005, 12 (1): 78—104.

[302] GOLAN E, KRISSOFF B, CALVIN L, et al. Traceability in the U. S. food supply: economic theory and industry studies [R] . Agricultural Economic Report, 2004.

[303] LAURA POPPO, TODD ZENGER. Do formal contracts and relational governance function as substitutes or complements? [J] . Strategic Management Journal J, 2002, 23 (8): 707—725.

[304] LIGON, E. Quality and Grading Risk [M] . Boston M A: Kluwer Academic Press Publisher, 2001: 353—359.

[305] LIU S, MA T. Construction of the Quality and Safety of Agricultural Products Traceability Multisided Platforms——An Example of Beef Quality and Safety Traceability in Xinjiang [J] . Agricultural Outlook, 2015, v. 11; No. 122 (11): 78—82.

[306] LIU S, MA T. Research on construction of the quality and safety of agricultural products traceability based on multisided platform——taking beef quality and safety traceability in Xinjiang as an example [C] // International Conference on Food Hygiene, Agriculture and Animal Science. 2016: 3—9.

[307] PAN J, ZHU X, YANG L, et al. Research and Implementation of Safe Production and Quality Traceability System for Fruit [J] . Ifip Advances in Information & Communication Technology, 2016, 368: 133—139.

[308] ABABIO P F, ADI D D, Vida Commey, Traceability: Availability and Efficiency among Food Industries in Ghana [J] . Food and Nutrition Sciences 2013, 4 (2): 131—135.

[309] JEREZ-GÓMEZ P, CÉSPEDES LORENTE J, VALLE CABRERA R. Organizational learning capability: a proposal of measurement [J] . Journal of Business Research, 2005, 58 (6): 715—725.

[310] POULIOT S, SUMNER D A. Traceability, Liability, and Incentives for Food Safety and Quality [J] . American Journal of Agricultural Economics, 2008,

90 (1): 15—27.

[311] WANG Y X, LI G P. Reviews on status research of industry chain [J]. Ind. Technol. Econ. 2006, 25 (10): 59—63.

[312] WU I L, CHUANG C H, HSU C H. Information sharing and collaborative behaviors in enabling supply chain performance: A social exchange perspective [J]. International Journal of Production Economics, 2014, 148 (1): 122—132.

[313] XIAO X, FU Z, ZHANG Y, et al. SMS - CQ: A Quality and Safety Traceability System for Aquatic Products in Cold - Chain Integrated WSN and QR Code [J]. Journal of Food Process Engineering, 2017, 40 (1): e12303.

[314] YANG HONG O U, XIU YIN X U. Problems and Suggestions on Quality Safety Traceability System of Agricultural Product [J]. Journal of Anhui Agricultural Sciences, 2017 (04): 69.

[315] ZHANG L. Comparative Study on Agricultural Products Traceability System at Home and Abroad [J]. Journal of Anhui Agricultural Sciences, 2016, v. 44; No. 535 (30): 211—212, 232.

后　记

一本书若没有人愿意去读，那是作者之过；一本书若有人读，但给人虚度时光的感觉，这是误人子弟；一本书若不仅有温度，更有深度，能引发更深入的思考，应该说实乃作者之幸事。

书稿得以顺利完成，感谢我的研究生同学的大力支持。渔业经济管理专业的魏昕伊博士和马劲韬博士两位同学分别负责第二、五第章和第四、六章的撰写和修改，感谢产业经济学专业的研究生朱安心和李竹青给予的倾情支持，感谢单亦轲、王睿敏、林龙、曹诗媛和黄黎静五位研究生同学的帮忙校稿，感谢沈伟腾和余璇博士的指导。

从国家自科基金的研究报告到本书初稿，再从初稿到一轮又一轮的修改稿，前后历时了四年之久。在此期间，得到了诸多专家学者和朋友师长等的关心支持。非常感谢在我提供调研帮忙的诸多水产企业和企业经理，感谢在我刊发论文的过程给予宝贵建议的杂志社编辑、审稿人，还有参加诸多会议时专家学者们的指导。特别要感谢我的访学导师韩立民教授，上海海洋大学的平瑛教授、陈廷贵教授以及世界粮农组织的渔业官员沈年军先生。

在本书的编写过程中，我常与水产领域的专家和朋友切磋讨论，得到不少的指导鼓励，也有一些启发性的头脑风暴；感谢我现在的工作单位宁波大学商学院的支持，感谢宁波大学东海战略研究院的支持。本书在撰写过程中，借鉴、参考和引用了诸多本领域专家的观点和看法，尽量都在文中一一标识并心存感激，但也难免会存在疏漏之处，敬请各位专家同仁批评指正。感谢大家一直以来的理解和支持。

限于我的经验、学识和创新能力，书中难免存在错、误、谬、浅、漏之处。敬请各位同仁不吝赐教，以推动与我们息息相关的水产品质量安全问题得到实质性解决。作为第一作者，也是全书的负责人，我本人对本书稿的可能存在的所有瑕疵和问题承担全部责任。

胡求光写于2022年1月17日